Patrick Mehlich, Torsten Brandenburg, Meinald T. Thielsch (Hrsg.)

Praxis der Wirtschaftspsychologie
Band 1
Auswahl und Entwicklung von Fach- und Führungskräften

Patrick Mehlich, Torsten Brandenburg,
Meinald T. Thielsch (Hrsg.)

Praxis der Wirtschaftspsychologie

Band 1:
Auswahl und Entwicklung von
Fach- und Führungskräften

PABST SCIENCE PUBLISHERS
Lengerich/Westfalen

Bibliografische Information der Deutschen Bibliothek
Die Deutsche Bibliothek verzeichnet diese Publikation in der Deutschen Nationalbibliografie; detaillierte bibliografische Daten sind im Internet über <http://dnb.ddb.de> abrufbar.

© 2021 Pabst Science Publishers · D-49525 Lengerich/Westf.
⊕ www.pabst-publishers.de
✉ pabst@pabst-publishers.de

ISBN   978-3-95853-683-8
ebook   978-3-95853-684-5

Layout: P. Orths

Druck: KM-Druck 2.0,
         D-64823 Groß-Umstadt

Inhalt

Vorwort

Treffen sich ein Professor, ein Beamter, ein Berater und ein Psychologe – so beginnen normalerweise Witze. In unserem Fall sind das jedoch alles Attribute, die in unterschiedlicher Kombination auf uns drei Herausgeber zutreffen. Das Ergebnis ist kein Witz (hoffentlich zumindest nicht), sondern ein ernst gemeinter und mit Leidenschaft betriebener Austausch zwischen psychologischer Wissenschaft und der Praxis der Wirtschaftspsychologie (wie der Name des Werkes bereits sagt). Die Psychologie kann der Wirtschaft einen großen Mehrwert bieten mit ihren empirisch fundierten Ansätzen und Lösungen für wirtschaftlich hochrelevante Themen (z.B. die Auswahl von Fach- und Führungspersonal, die Personalentwicklung, Markt- und Meinungsforschung, Mitarbeiterbefragungen, Coaching, Mediation oder Change-Management). Um diesen Mehrwert dauerhaft zu erhalten und weiter zu erhöhen, ist ein intensiver Austausch mit der psychologischen Wissenschaft erfolgskritisch. Gleichzeitig benötigt die Wissenschaft Anregungen aus der Praxis – sowohl um neue praxisrelevante Frage- und Problemstellungen zu erhalten als auch Forschung im Feld betreiben zu können. Diesem Austausch haben wir uns schon seit langem verschrieben.

Viele Beiträge des nun vorliegenden Werkes „Praxis der Wirtschaftspsychologie" sind bereits in einer früheren Version dieser Reihe erschienen. Aber wie das Wirtschaftsleben so spielt, ist der vorherige Verlag in die Insolvenz gegangen und die Bücher waren nicht mehr verfügbar. Die zahlreichen positiven Rückmeldungen, dass mit den Beiträgen gearbeitet wird und sie wertvolle Anregungen sowohl für Studierende als auch für Praktiker enthalten, haben uns nun zu dieser Neuveröffentlichung bewogen. Einige Beiträge sind inhaltsgleich nachgedruckt und andere vollständig überarbeitet worden. In jedem Fall sind wir überzeugt, wieder eine spannende und lehrreiche Zusammenstellung von Beiträgen rund um die Wirtschaftspsychologie vorlegen zu können. Aus ehemals drei Bänden sind nun zwei zusammengefasste Bände entstanden. Der vorliegende erste Band beinhaltet vor allem Beiträge zur Auswahl und Entwicklung von Fach- und Führungskräften. Der zweite Band „Fragen, Führen und Verändern" erscheint ebenfalls im Pabst-Verlag.

Wir wünschen Ihnen viel Freude beim Lesen!

Patrick Mehlich
Torsten Brandenburg
& Meinald T. Thielsch

Personaldiagnostik

1 Personalauswahl – Mythen, Fakten, Perspektiven

Uwe Peter Kanning

Die Personalauswahl gehört ohne Zweifel zu den wichtigsten Investitionen in die Leistungsfähigkeit und Zukunft einer jeden Organisation. Leider werden die Potenziale der Personalauswahl in den meisten Unternehmen nicht effektiv genutzt. Trotz jahrzehntelanger Forschung klafft nach wie vor eine sehr große Lücke zwischen Forschung und Praxis. Forschungsergebnisse sind in der Praxis entweder nicht bekannt oder werden ignoriert. Deutlich wird dies z.B. beim fehlenden Einsatz von Intelligenztest bei der Besetzung von Managementpositionen oder der starken Verbreitung unstrukturierter Einstellungsinterviews. Der Beitrag verdeutlicht grundlegende Schwächen der alltäglichen Auswahlpraxis, diskutiert Ursachen und zeigt Perspektiven zur Beseitigung des Missstandes auf. Dabei gibt es für beide Seiten – die Wissenschaft und die Praxis – wichtige Aufgaben zu bewältigen.

Einleitung

Seit vielen Jahrzehnten beschäftigt sich die psychologische Forschung mit der Frage nach den richtigen Methoden, mit deren Hilfe man in einer Gruppe von Bewerbern die geeignetsten Kandidaten für eine bestimmte Stelle identifizieren kann (Kanning, 2018; Schuler, 2014). Das Ziel der Forschung ist dabei die Entwicklung von Handlungsempfehlungen für die Praxis, in der jeden Tag aufs Neue viele tausend Auswahlentscheidungen in unzähligen Unternehmen und Behörden zu treffen sind. Die einschlägige Forschung trägt somit ein großes Potenzial zur Sicherung der Leistungsfähigkeit und wirtschaftlichen Effizienz einer jeden Organisation in sich. Dieses Potenzial wird in der Realität jedoch meist nur im Ansatz genutzt (Kanning, 2015). Es gibt wohl kaum ein Anwendungsfeld der Psychologie, in dem wir einerseits so deutlich wissen, wie Prozesse in der Praxis ablaufen sollten, und andererseits so wenig von diesem Wissen de facto umgesetzt wird. Fast jeder Studierende der (Wirtschafts-) Psychologie, der nach einem Praktikum in einer Personalabteilung an die Hochschule zurückkehrt oder selbst als Bewerber Auswahlverfahren durchlaufen hat, weiß von Praktiken zu berichten, die sich auf einem Kontinuum irgendwo zwischen „suboptimal" und „absurd" bewegen. Noch schlimmer wird es, wenn unsere gut ausgebildeten Absolventen später in der Berufspraxis von ihrer Arbeitsumwelt dazu genötigt werden, selbst Auswahlverfahren durchzuführen, die ihre eigene Fachkompetenz nicht selten beleidigen.

Im Folgenden werden wir zunächst einige der am häufigsten im Alltag der Personalauswahl anzutreffenden Überzeugungen und Handlungsmuster, vor dem Hintergrund wissenschaftlicher Erkenntnisse, reflektieren. Abschnitt zwei fragt nach den Gründen für die Diskrepanz zwischen wissenschaftlich fundierter und praktisch realisierter Personalauswahl. Er liefert die Vorlage für den dritten und letzten Abschnitt dieses Kapitels, in dem wir in die Zukunft schauen und der Frage nachgehen, wie sich diese Diskrepanz auf Dauer reduzieren lässt.

Eine Vorbemerkung mag gleich zu Beginn etwaigen Missverständnissen vorbeugen: Es wird hier nicht behauptet, dass die gesamte Praxis der Personalauswahl überwiegend durch Laienschauspieler, Ignoranten oder einfältige Zeitgenossen geprägt sei. Man trifft sie in diesem Metier allerdings sehr viel häufiger als beispielsweise in der Herzchirurgie oder der Atomphysik. Das vorliegende Kapitel soll all jenen Personalverantwortlichen Mut machen und Argumente liefern, die sich für eine Optimierung des Status quo einsetzen.

Ungünstige Praktiken

In den allermeisten Stellenanzeigen findet sich der Hinweis, dass die Bewerber über eine mehrjährige *Berufserfahrung* verfügen sollten. Dass dies offenbar kein KO-Kriterium ist, belegt die Tatsache, dass nahezu alle Hochschulabsolventen nach ihrem Studium einen Arbeitsplatz finden, obwohl die meisten von ihnen keine entsprechenden Erfahrungen aufweisen. Die häufige Verwendung dieser Floskel soll uns Anlass genug sein, einmal über die Bedeutung der Berufserfahrung nachzudenken.

Die meisten Menschen würden wahrscheinlich spontan annehmen, dass zwischen der beruflichen Erfahrung eines Menschen und seiner Leistung am Arbeitsplatz ein linear positiver Zusammenhang besteht (vgl. Abbildung 1, Kurve A). Demnach wächst mit den Jahren die Berufserfahrung kontinuierlich an und eben durch diesen Zuwachs – so glaubt man – steigt die berufliche Leistungsfähigkeit. Der Mitarbeiter kann seine Arbeitsaufgaben beispielsweise schneller erledigen, wobei ihm immer weniger Fehler unterlaufen. Wie ein guter Wein reift der Mitarbeiter und wird für sein Unternehmen, aber auch für potenziell andere Arbeitgeber von Jahr zu Jahr interessanter. Ist dieses Szenario für die meisten Berufe und Arbeitsplätze realistisch? Nein, wahrscheinlich nicht. Erfahrung kann nur dann zu einer Verbesserung der Leistung führen, wenn der Arbeitnehmer ein aussagekräftiges Feedback über die Qualität seiner Leistung erhält und sich gleichzeitig genötigt sieht, etwaige Leistungsdefizite auszugleichen. Bei vielen Handwerksberufen ist dies ganz unmittelbar gegeben. Der Zimmermann, der ein neues Fenster für ein denkmalgeschütztes Haus anfertigt, sieht beim Einbau des Fensters, ob er die Maße eingehalten hat und ob das Fenster dicht schließt. Spätestens beim nächsten Unwetter würde sich der Kunde bei ihm beschweren, wenn Regenwasser in seine Wohnung dringt und eine Nachbesserung einfordern. Durch das direkte Feedback und die drohenden negativen Konsequenzen kann er mit jedem neuen Fenster, das er herstellt, seine Technik verbessern, bis ein hinreichendes Qualitätsniveau erreicht ist. Ganz anders sieht es bei einer Führungskraft aus, die im Rahmen einer Leistungsbeurteilung regelmäßige Fehleinschätzungen der Soft Skills ihrer Mitarbeiter vornimmt. Zum einen enthält sie kein objektives Feedback über die Qualität der Einschätzung: Die Kriterien sind schwammig, Einwände der betroffenen Mitarbeiter werden als Ausdruck von Reaktanz abgewertet und letztlich nicht ernst genommen. Zum anderen drohen auch kaum Konsequenzen. Die Führungskraft kann über 20 Jahre hinweg Erfahrungen mit der Durchführung schlechter Leistungsbeurteilungen aufbauen, ohne dass hierdurch die Qualität der Beurteilungen auch nur im Geringsten ansteigt. Sie lernt daher in den 20 Jahren nichts hinzu, sondern repliziert immer nur die gleichen Fehler. Doch auch im Beispielfall des Zimmermanns ist nicht damit zu rechnen, dass seine Berufserfahrung und damit seine Leistung über Jahrzehnte hinweg, bezogen auf den Fensterbau, wächst. Wahrscheinlich ist er nach einigen Monaten in der Lage, die anfallenden Fenstertypen nahezu perfekt herzustellen. Ab diesem Zeitpunkt setzt Routine ein. Es geht nur noch darum, das Leistungsniveau zu halten, ohne dass etwas Neues hinzukommt oder die Leistung qualitativ nennenswert gesteigert werden kann. Der Zimmermann erreicht mithin ein Plateau seiner beruflichen Leistung: Obwohl die Dauer der beruflichen Tätigkeit voranschreitet, ist eine Leistungssteigerung nicht mehr möglich (vgl. Abbildung 1, Kurve B). Für sehr viele Berufe, in denen vor allem Routineaufgaben zu erledigen sind, dürfte die Kurve B ein realistischeres Abbild der wahren Begebenheiten liefern als die stark idealisierte Kurve A. Hinzu kommen Tätigkeiten, bei denen es kein Leistungsfeedback gibt und/oder keine Konsequenzen aus einer Minderleistung erwachsen. Alles in allem ist vor diesem Hintergrund nicht damit zu rechnen, dass die berufliche Erfahrung – operationalisiert über die Dauer, mit der ein Bewerber eine bestimmte Tätigkeit ausgeübt hat – eine besonders gute Abschätzung der zukünftigen beruflichen Leistung ermöglicht. Diese Erwartung wird durch die Ergebnisse einer Metaanalyse von Quinones, Ford und Teachout (1995) bestätigt. Die prognostische Validität der bloßen Dauer der Berufstätigkeit erreicht gerade einmal einen Wert von r =.21. Das ist besser als nichts, rechtfertigt aber kaum, der Berufserfahrung eine entscheidende Rolle im Auswahlprozess zuzuweisen. Wahrscheinlich ist es in den meisten Berufen relevant, ob ein Bewerber gar keine Erfahrung oder ein Jahr Erfahrung hat. Ob jemand 10, 20 oder 30 Jahre Erfahrungen aufweist, spielt dann keine Rolle mehr, da die betreffenden Personen schon lange die Pla-

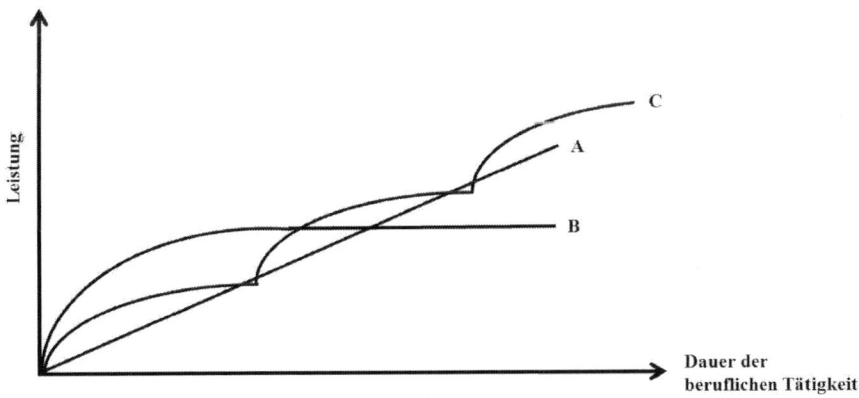

Abbildung 1   Zusammenhang zwischen Berufserfahrung und beruflicher Leistung

teauphase erreicht haben. Ganz anders sieht es aus, wenn man nicht die Dauer, sondern die Vielfalt der Erfahrungen heranzieht. Eine größere Vielfalt bietet die Möglichkeit mehr zu lernen und somit ein höheres Leistungsniveau zu erreichen (vgl. Abbildung 1, Kurve C). Sobald eine Plateauphase erreicht ist, würde der Mitarbeiter im Idealfall mit einer neuen anspruchsvollen Aufgabe betraut, an deren Lösung er weiter wachsen kann. In der Tat erweist sich die Vielfalt der Aufgaben als ein deutlich besserer Prädiktor des Berufserfolges (0.43; Quinones et al., 1995). Aus dieser Perspektive wäre ein Bewerber, der in einem Jahr drei anspruchsvolle unterschiedliche Aufgaben erfolgreich bewältigt hat, einem Konkurrenten mit zwar fünfjähriger, aber einseitiger Berufserfahrung vorzuziehen. Das Modell der Berufserfahrung als „reifender Wein" ist somit recht fragwürdig, wird aber sicherlich auch in Zukunft überleben, da es einfach ist, durch kulturelle Werte gestützt wird und jedem von uns die selbstwertdienliche Illusion ermöglicht, dass wir mit zunehmendem Alter immer besser werden.

Welchen Schulnoten sollte man bei der Auswahl von Auszubildenden eine besondere Relevanz beimessen? Würde man insbesondere in kleinen Unternehmen nachfragen, so würde man bestimmt erfahren, dass den Hauptfächern Deutsch, Mathematik und Englisch eine besondere Aussagekraft zugeschrieben wird. Darüber hinaus schaut man sich die Noten derjenigen Fächer an, die eine Verwandtschaft zur Ausbildung aufweisen, also z.B. die Physiknote bei der Einstellung eines Auszubildenden im Kfz-Gewerbe. Wie viele der Entscheidungsträger in den Unternehmen berechnen aber wohl die Durchschnittsnote bei den Zeugnissen von Haupt- oder Realschülern? Dies dürfte nur äußerst selten der Fall sein. Aus der Laienperspektive erscheint die Durchschnittsnote nicht besonders sinnvoll. Was soll der Durchschnitt aus Mathematik, Erdkunde, Sport etc. inhaltlich denn auch bedeuten? Warum soll dieses merkwürdige Konstrukt etwas mit dem Ausbildungserfolg von Krankenschwestern oder Einzelhandels-

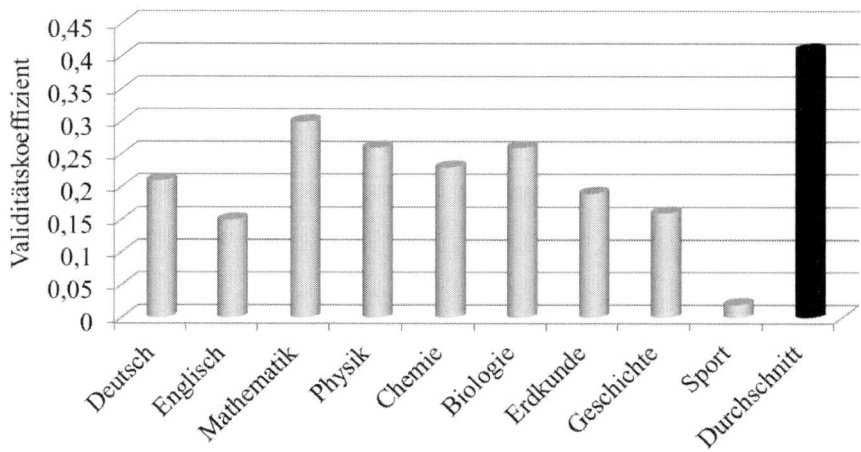

Abbildung 2   Vorhersagegüte von Schulnoten (nach Baron-Boldt, Funke & Schuler, 1989)

verkäufern zu tun haben? Die Metaanalyse von Baron-Boldt, Funke und Schuler (1989) zeigt im klaren Widerspruch zu diesen Plausibilitätsannahmen, dass man mit Hilfe der Durchschnittsnote den Ausbildungserfolg erheblich besser vorhersagen kann als mit jeder Einzelnote (vgl. Abbildung 2). Eine mögliche Erklärung ergibt sich aus den Messfehlern, die jeder einzelnen Schulnote zwangsläufig anhaften. Die Über- und Unterschätzungen der Leistungsfähigkeit, die mit jeder Note einhergehen, können sich bei der Mittelwertbildung zumindest der Tendenz nach aufheben, so dass die Durchschnittsnote weitestgehend fehlerbereinigt ist. Inhaltlich handelt es sich um ein komplexes Maß der Leistungsfähigkeit in schulischen Lernsituationen, das teilweise diejenigen Kompetenzen umfasst, die auch im Rahmen der beruflichen Ausbildung gefordert sind. Vor dem Hintergrund derartiger Forschungsergebnisse kann mithin nur dazu geraten werden, in der Praxis immer auch die Durchschnittsnote zu berechnen.

Seit 2006 ist es aufgrund des Allgemeinen Gleichbehandlungsgesetzes (AGG) Arbeitgebern in Deutschland nicht mehr erlaubt, von den Bewerbern *Lichtbilder* anzufordern. Ist dies nicht ein unzulässiger Eingriff in die legitime Entscheidungsfreiheit eines jeden Arbeitgebers? Ja mehr noch, beraubt man die Personalverantwortlichen nicht um ein wichtiges Entscheidungskriterium? Es ist menschlich verständlich, dass man wissen möchte, wie ein Bewerber aussieht. Aus wissenschaftlicher Sicht besteht in den Informationen über das Aussehen aber auch eine Quelle der systematischen Fehleinschätzung, genauer gesagt geht es um die physische Attraktivität der Kandidaten. Die Attraktivität löst einen sogenannten *Halo-Effekt* (engl. Halo = Heiligenschein) aus. Obwohl die Attraktivität eines Menschen nur eines von vielen Merkmalen einer Person darstellt, überstrahlt es im Prozess der Beurteilung andere Merkmale des Bewerbers mitunter sehr stark. In der Folge werden besonders gut aussehende Menschen z.B. im Hinblick auf ihre kognitiven und sozialen Fähigkeiten eher überschätzt und daher mit höherer Wahrscheinlichkeit auch zum Einstellungsgespräch eingeladen (Marlowe, Schneider & Nelson, 1996; Schuler & Berger, 1979). Besonders gefährlich ist dabei, dass dieser Prozess unbewusst abläuft. Wohl kaum ein Personalverantwortlicher glaubt explizit, dass eine besonders gut aussehende Bewerberin intelligenter ist, weil sie gut aussieht. Dennoch stuft er ihre Intelligenz unabsichtlich höher ein. Nun gibt es sicherlich Berufe, in denen das Aussehen wichtig ist. In diesem Fall sollte man vor der Sichtung der Bewerbungsunterlagen festlegen, was genau hierunter zu verstehen ist. Soll der künftige Stelleninhaber beispielsweise Sexappeal, Vertrauen oder Distanz ausstrahlen? In allen übrigen Auswahlverfahren ist man gut beraten, wenn die Lichtbilder gar nicht oder erst nach der Auswertung der Bewerbungsmappe angeschaut werden.

Intelligenztests werden in Deutschland nur von etwa 30 % der größeren Unternehmen (> 500 Mitarbeiter) zur Personalauswahl herangezogen (Schuler et al., 2007). Wir können davon ausgehen, dass die Zahl in kleineren Unternehmen noch viel geringer ist. Möglicherweise hängt diese geringe Verbreitung damit zusammen, dass der klassische Intelligenztest per Augenschein sehr wenig mit der Realität des beruflichen Alltags zu tun hat und daher von Bewerbern, wie Personalverantwortlichen gleichermaßen keine Billigung erfährt. Ist dies vor dem Hintergrund der Forschungsergebnisse gerechtfertigt? Metaanalysen, wie etwa die von Schmidt und Hunter (1998) deuten darauf hin, dass man ganz im Gegenteil sehr viel häufiger Intelligenztests zur Personalauswahl einsetzen sollte, handelt es sich hierbei doch um eine derjenigen Einzelmethoden, mit denen man beruflichen Erfolg nachweislich am besten prognostizieren kann. Dies bedeutet natürlich nicht, dass der Einsatz eines Intelligenztests immer sinnvoll ist. Sicherlich wäre es aber in der Mehrheit der Fälle hilfreich, ein solches Verfahren einzusetzen.

Umgekehrt verhält es sich mit dem zunehmenden Einsatz von *Persönlichkeitsfragebögen* und vergleichbaren *Kompetenzfeststellungsverfahren,* die oftmals computergestützt ablaufen. Prinzipiell ist gegen deren Einsatz nichts zu sagen, wenn die Entscheidungsträger tatsächlich in der Lage sind, die messtechnische Qualität derartiger Verfahren zu hinterfragen (Objektivität, Konsistenz, Stabilität, Kriterienbezogene Validität, Konstruktvalidität, Normierung etc.). Dies dürfte in der Praxis meist jedoch nicht der Fall sein, zumal manche kommerziellen Anbieter unter dem Vorwand des Schutzes eigener Verfahren, keine Kennzahlen offenlegen. Wer ein solches Produkt einkauft, kann auch gleich die Fahrzeugflotte seines Unternehmens mit Autos bestücken, von denen er weder weiß, über welchen Antrieb sie verfügen, welche Leistung sie bringen oder wie viel Kraftstoff sie verbrauchen. Aus Unsicherheit orientiert sich manch ein Entscheidungsträger dann an der Verbreitung der Verfahren auf dem Markt (König, Klehe, Berchtold & Kleinmann, 2010). Dies ist psychologisch verständlich – soziale Vergleichsprozesse treten an die Stelle der Analyse objektiver Fakten (Festinger, 1954) – aber nicht zielführend. Im Laufe der Zeit setzen immer mehr Unternehmen ein bestimmtes Verfahren allein deshalb ein, weil andere es einsetzen. Damit setzen sie eine Lawine der Scheinvalidierung in Gang, an deren Ende sich Verfahren auf dem Markt etablieren, deren tatsächlicher Nutzen überhaupt nicht mehr in Frage gestellt wird.

In etwa 50 % der deutschen Großunternehmen ist es üblich, dass sie die Beobachter im *Assessment Center* (AC) gezielt mit Vorinformationen über die Bewerber versorgen, ihnen also beispielsweise die Bewerbungsunterlagen aushändigen. Aus einer Laienperspektive heraus betrachtet ist dies durchaus ein verständliches Vorgehen. Die Beobachter sollen sich ein möglichst vollständiges Bild von den Bewerbern machen. Je mehr man über einen Menschen weiß, desto zutreffender ist das anschließende Urteil – so glaubt man. Aus psychologischer Perspektive wäre man hier von vornherein skeptischer, weil man um die Gefahren des seit Jahrzehnten bekannten *Erwartungseffektes* weiß. Die Folgen des Erwartungseffektes im Assessment Center werden z.B. in der Studie von Kanning und Klinge (2005) dokumentiert. In einem Experiment zeigt man AC-Beobachtern den Videofilm einer gängigen AC-Übung. Zu sehen sind vier Bewerber in einer Gruppendiskussion. Die Aufgabe der Probanden besteht darin, einen der Bewerber auf drei Merkmalsdimensionen zu bewerten und dabei jeweils bis zu sieben Punkte zu vergeben. Zusätzlich sind die Beobachter – ohne es zu wissen – einer von drei Untersuchungsbedingungen zugeteilt worden. In der ersten Bedingung erhalten sie keinerlei Vorinformationen über den Bewerber. In der zweiten händigt man ihnen vor der Präsentation des Films manipulierte Bewerbungsunterlagen aus, in denen der

Kandidat eher negativ erscheint (schlechtere Noten, länger studiert, vorher eine Ausbildung abgebrochen etc.). Die dritte Bedingung stellt die Umkehrung der zweiten dar. Diesmal wurden die Informationen so manipuliert, dass der Bewerber als Überflieger erscheint (hervorragende Noten, im Ausland studiert, sehr schnell studiert etc.). Nun stellt sich die Frage, inwieweit sich die Beobachter von diesen Vorinformationen beeinflussen lassen. In Abbildung 3 ist deutlich erkennbar, dass die Beobachter bei der Bewertung des Verhaltens in der AC-Übung die zuvor durch die Manipulation induzierte Bewertung des Bewerbers replizieren. Wurde durch die Manipulation die Erwartung erzeugt, es handele sich um einen besonders guten Bewerber, wird ein und dasselbe Verhalten signifikant positiver bewertet, im Vergleich zu der Bedingung, in der man zuvor die genau gegenteilige Erwartung erzeugt hat. Der Erwartungseffekt besteht darin, dass wir in die Beurteilung eines Menschen unsere Erwartung hineinlegen und der Tendenz nach diese Erwartungen anschließend bestätigen. Bezogen auf die Personalauswahl ergeben sich hieraus zwei Probleme: Zum einen können fehlerhafte Erwartungen, die z.B. durch verzerrte Voreinschätzungen eines Kandidaten leicht entstehen, durch nachfolgende Auswahlmethoden nicht mehr revidiert werden. Zum anderen kann die Voreinschätzung – selbst wenn sie zutreffend ist – im Sinne eines Halo-Effektes die nachfolgende Bewertung auch in solchen Kompetenzbereichen beeinflussen, über die zuvor gar keine Informationen vorlagen. Der Bewerber erscheint somit grundsätzlich positiv oder negativ. Vor dem Hintergrund der Forschungsergebnisse wäre es daher anzuraten, die Voreinschätzungen der Kandidaten so lange geheim zu halten, bis auch die nachfolgenden Einschätzungen vorliegen. Nur durch eine solchermaßen unabhängige Mehrfachuntersuchung der interessierenden Kompetenzen können die Messfehler, die jeder einzelnen Untersuchung inhärent sind, einander wechselseitig aufheben.

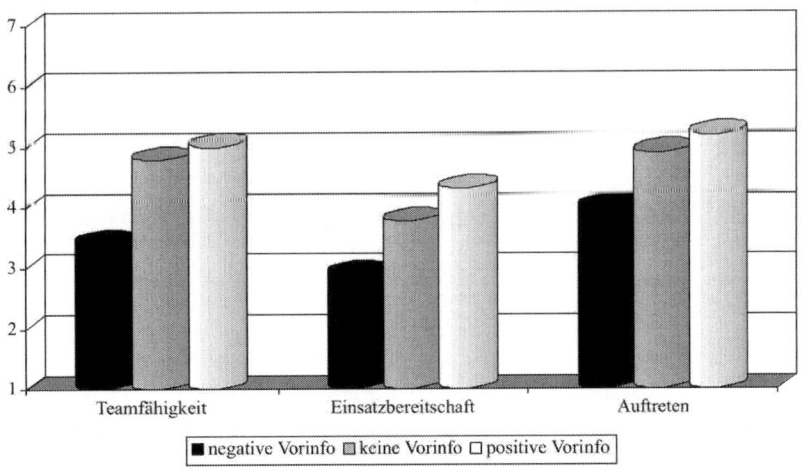

Abbildung 3   Erwartungseffekt im Assessment Center (nach Kanning & Klinge, 2005)

Die Forschung liefert uns reichhaltige Hinweise zur Konstruktion aussage-kräftiger Assessment Center (vgl. Kanning, 2018). Wirft man einen Blick in deutsche Großunternehmen, so stellt man fest, dass viele dieser Qualitätsstan-dards unbekannt sind oder doch zumindest nicht umgesetzt werden (Kanning, Pöttker & Gelléri, 2007). Wie wichtig derartige Standards sind, verdeutlicht die Studie von Boltz, Kanning und Hüttemann (2009). In einem großen deutschen Kreditinstitut wurde die prognostische Validität verschiedener Assessment Cen-ter über einen Zeitraum von 1 bis 2 Jahren hinweg berechnet. Dabei wurden die unterschiedlichsten Assessment Center des Konzerns hinsichtlich der Menge der Qualitätsstandards, die in ihnen zur Umsetzung kamen, eingeteilt (vgl. Tabelle 1). Die Ergebnisse könnten kaum eindeutiger sein (vgl. Abbildung 4). Diejeni-gen Assessment Center, in denen nur sehr wenige Standards umgesetzt wurden, sind ohne jede Aussage im Hinblick auf deren späteren Berufserfolg. Ebenso gut hätte man eine Münze werfen können, was zwar gleichermaßen sinnlos, aber ungleich kostengünstiger gewesen wäre. Assessment Center, in denen sehr viele Standards zum Einsatz kamen, erreichen hingegen eine Prognosekraft, die weit über dem internationalen Durchschnitt liegt. Das eigentlich Traurige dabei ist, dass die Verantwortlichen selbst nicht in der Lage waren, die extrem unter-schiedliche Qualität der Verfahren zu identifizieren. In der Konsequenz sind sie auch nicht in der Lage, gezielt ein gutes AC zu entwickeln.

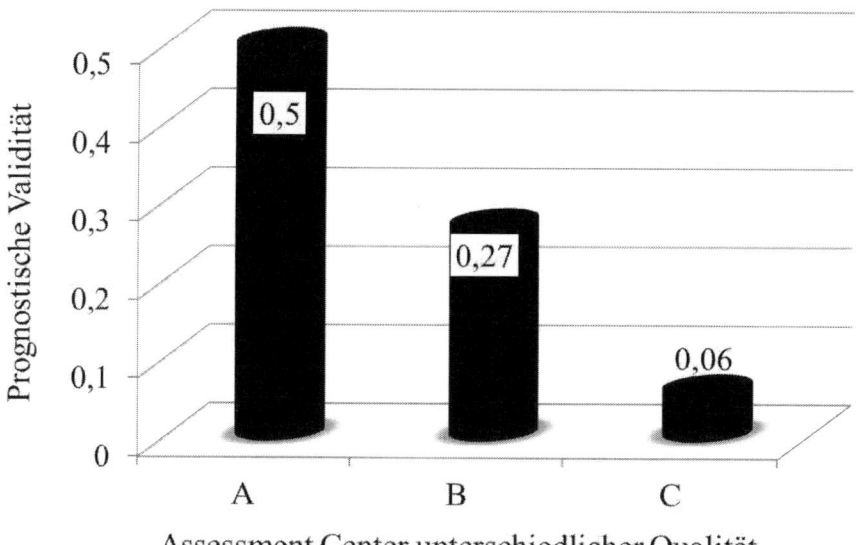

Abbildung 4   Prognostische Validität der verschiedenen Assessment Center in der Studie von Boltz, Kanning und Hüttemann (2009)

Tabelle 1   Qualität der Assessment Center in der Studie von Boltz, Kanning & Hüttemann (2009)

Standards	AC		
	A	B	C
1. Wurde vor der Entwicklung des AC eine Anforderungsanalyse durchgeführt?	👍	👍	👎
2. Kommen auf jeden AC-Beobachter maximal zwei Kandidaten?	👍	👍	👍
3. Wurden die Beobachter geschult?	👍	👍	👍
4. Erhielten die Beobachter keine Vorinformationen über die Kandidaten?	👎	👎	👎
5. Wurde jede Anforderungsdimension in mehreren Übungen untersucht?	👍	👍	👍
6. Wurde in Gruppenübungen auf eine Rollenanweisung verzichtet?	👍	👍	👎
7. Wurde auf geführte Gruppendiskussionen verzichtet?	👍	👍	👍
8. Wurden geschulte Rollenspieler eingesetzt?	👍	👍	👍
9. Wurden u. a. Psychologen als Beobachter eingesetzt?	👍	👍	👎
10. Erfolgte die Bewertung auf der Basis verbindlicher Bewertungsskalen?	👎	👎	👎
11. Erfolgte die Bewertung der Kandidaten allein auf der Basis der AC-Übungen?	👍	👍	👍
12. Wurde dafür gesorgt, dass sich die Beobachter zwischen den Übungen nicht über die Kandidaten austauschen dürfen?	👍	👎	👎
13. Erfolgte in Gruppenübungen eine Beobachterrotation?	👍	👎	👎
14. Erhielten die Teilnehmer eine ausführliche Rückmeldung über ihr Abschneiden im AC?	👍	👍	👍
15. Wurde das AC evaluiert?	👎	👎	👎
Qualität des AC insgesamt	hoch	mittel	gering

👍 = Qualitätsstandard wird erfüllt
👎 = Qualitätsstandard wird nicht erfüllt

Auch wenn *Einstellungsinterviews* bei weitem nicht so komplex sind wie Assessment Center, gibt es auch hier eine Reihe von Qualitätsstandards zu erfüllen (vgl. Kanning, 2004). Eine Umfrage von Stephan und Westhoff (2002) unter mittelständischen Unternehmen in Deutschland zeigt, dass 12 % der Unternehmen nicht einmal eine Anforderungsanalyse durchführt, wenn es um die Besetzung einer Führungsposition geht. Weitere 57 % beschränken sich darauf, mit abstrakten Eigenschaftsbegriffen die Anforderungen grob zu skizzieren. Nur 15 % der Unternehmen verwenden bei den anschließenden Einstellungsinterviews Leitfäden, welche die Basis für ein aussagekräftiges Interview bilden. Bedenken wir, dass es sich hierbei um Führungspositionen handelt, bekommt man eine Ahnung davon, wie wenig diese Unternehmen investieren, wenn es um unwichtigere Stellen geht. Seit langer Zeit ist in der Forschung bekannt, dass hochstrukturierte Einstellungsinterviews – also Interviews, bei denen Fragen anforderungsbezogen gestellt werden, alle Bewerber dieselben Fragen erhalten und verbindliche Kriterien zur Bewertung der Antworten existieren – einem klassischen Einstellungsgespräch in der Prognose der beruflichen Leistung der Bewerber haushoch überlegen sind (0.56 vs. 0.20; Huffcutt & Athur, 1994; Kanning, Pöttker & Klinge, 2008). Dennoch werden solche Interviews so gut wie gar nicht in deutschen Unternehmen eingesetzt (Kanning, 2016).

Besonderen Anlass zur Sorge bietet die Renaissance einer alten pseudowissenschaftlichen Methode, die seit einigen Jahren in Deutschland wieder ihr Unwesen treibt. Die Rede ist von der *Schädeldeutung* – vornehmer ausgedrückt: „Psycho-Physiognomik". Inzwischen gibt es zahlreiche kleinere Personalberatungsfirmen, die ihr Geld damit verdienen, dass sie z.B. aus dem Abstand der Augen oder der Größe der Ohrläppchen eines Bewerbers Aussagen über deren Persönlichkeit ableiten. Natürlich ist dies kompletter Blödsinn (Kanning, 2010, 2017a). Die Tatsache, dass Vertreter diesen absurden Methoden nachweislich mit Personalabteilungen von Großunternehmen zusammenarbeiten, Seminare für Spitzenmanager veranstalten und sogar die IHK einer deutschen Großstadt eine Weiterbildung zu diesem Thema angeboten hat, macht deutlich, dass es sich hierbei nicht mehr um ein marginales Problem handelt. Die Schädeldeutung bildet ähnlich wie die Graphologie letztlich die Spitze des Eisbergs personaldiagnostischer Inkompetenz.

Gründe für den mangelnden Transfer

Die Gründe für den mangelnden Transfer wissenschaftlicher Erkenntnisse in die Personalauswahlpraxis sind sicherlich mannigfaltig. An dieser Stelle sollen die wichtigsten Probleme hervorgehoben werden (vgl. Abbildung 5; siehe auch Kanning, 2017b).

Der wichtigste und gleichsam einfachste Grund dafür, dass wissenschaftliche Erkenntnisse in der praktischen Personalarbeit nicht umgesetzt werden, liegt darin, dass die einschlägigen Befunde den Verantwortlichen nicht bekannt sind. Dies hat zum einen damit zu tun, dass im Personalwesen Vertreter unterschiedlichster Berufsgruppen zusammenkommen, die sich in ihrer *Berufsausbildung* – selbst wenn es ein Studium war – meist nicht tiefergehend mit Fragen der Personaldiagnostik beschäftigt haben. Zum anderen mangelt es an einer fundierten *Weiterbildung*.

Begünstigt wird dieser Missstand durch verschiedene *dysfunktionale Überzeugungen* der Betroffenen. Hierzu gehört z.B. die laienpsychologische Sicht, man könne andere Menschen am besten einschätzen, wenn man über „Menschenkenntnis" verfüge, seinem „Bauchgefühl" oder der „Intuition" folge. Es würde den Rahmen dieses Kapitels bei weitem sprengen, wollte man an dieser Stelle verdeutlichen, dass die menschliche Urteilsbildung in erheblichem Maße durch systematische Verzerrungen geprägt ist, und dass die viel beschworene „Menschenkenntnis" wohl nicht viel mehr ist als eine selbstwertdienliche Illusion (siehe Kanning, 1999; Kanning, Hofer, Schulze Willbrenning, 2004). Wir wollen hier nur beispielhaft eine dysfunktionale Überzeugung ausführen – die Annahme, es käme in der Personalauswahl in besonderem Maße auf die „Erfahrung" der Diagnostiker an. Weiter oben wurde bereits verdeutlicht, dass „Erfahrung" nur dann mit einem Kompetenzzuwachs einhergeht, wenn es ein eindeutiges Feedback gibt, und die Betroffenen auch bereit sind, aus diesem Feedback zu lernen.

In der Personalauswahl liegt meist *kein eindeutiges Feedback* vor. Weitestgehend objektivierte Leistungskriterien, mit deren Hilfe sich die Arbeitsqualität der neu eingestellten Mitarbeiter messen ließe, sind eher die Ausnahme. An ihre Stelle treten z.B. Vorgesetztenurteile, die oft in starkem Maße subjektiv geprägt sind. Ist nun der Vorgesetzte gleichzeitig auch diejenige Person, die seinerzeit die Personalauswahlentscheidung getroffen hat, so besteht die Gefahr eines Erwartungseffektes: Man hat den Bewerber positiv eingeschätzt und nutzt nun in der anschließenden Leistungsbeurteilung alle gegebenen Interpretationsspielräume aus, um dieses positive Bild aufrechterhalten zu können. Sollte sich ausnahmsweise langfristig ein Mitarbeiter dennoch als ungeeignet erweisen, sieht man die Verantwortung hierfür nicht in den Unzulänglichkeiten der Personalauswahlprozedur, sondern allein in der Persönlichkeit des Mitarbeiters. Auf diesem Weg *immunisiert man sich gegen ein Feedback*, aus dem man eigentlich lernen könnte. Und so kommt es, dass manche Personalverantwortliche über mehr als 10 Jahre hinweg reichhaltige Erfahrungen mit der Durchführung schlechter Auswahlverfahren sammeln, ohne dass dies zu einem Kompetenzzuwachs oder gar zu einer Verbesserung der Auswahlverfahren führen würde. Erfahrung kann mangelnde Kompetenz wohl nur selten kompensieren.

Mäßig gute Verfahren werden zudem nicht selten über einen *Vergleich* der eigenen Vorgehensweise mit der von Kollegen oder anderen Unternehmen gerechtfertigt: „Die anderen machen es ja genauso."

Jenseits der Gründe, die in der Ausbildung und Urteilsbildung der Personalverantwortlichen liegen, gibt es Faktoren in ihrer *Arbeitsumgebung*, die einer optimierten Personalauswahl im Wege stehen.

Das größte Problem stellt sicherlich der große *Zeitdruck* dar, unter dem in vielen Personalabteilungen gearbeitet werden muss. Die Durchführung einer empirischen Anforderungsanalyse, die Entwicklung eines differenzierten Interviewleitfadens oder die Konstruktion verhaltensverankerter Beurteilungsskalen für ein Assessment Center benötigt ebenso Zeit wie die fundierte Analyse von Bewerbungsunterlagen, die Auswahl eines geeigneten Testverfahrens oder die Schulung von AC-Beobachtern. So wenig, wie man von einem Chirurgen erwarten kann, dass er die Lebertransplantation mal eben zwischen zwei Verwaltungsakte schiebt, so wenig kann man von qualifiziertem Personal erwarten, dass sie professionelle Auswahl quasi nebenbei erledigen. Die viel beschworenen „Sachzwänge", die in diesem Zusammenhang gern ins Feld geführt werden, sind nur Scheinargumente. Letztlich ist es eine Frage der Prioritäten, die von der Organisationsleitung gesetzt werden. Von einem Ingenieur, der an der Entwicklung eines neuen Computertomografen arbeitet, erwartet man auch nicht, dass er auf notwendige Berechnungen verzichtet und die Fachliteratur ignoriert, nur damit er schneller fertig wird.

Der Grund für die geringe Wertschätzung der Personalauswahl im Vergleich zu anderen Arbeitsfeldern des Unternehmen (Forschung & Entwicklung, Produktion, Vertrieb) liegt darin, dass die Personalauswahl nicht in angemessener Weise unter *wirtschaftlichen Gesichtspunkten* betrachtet wird. So manche Maschine, die in der Anschaffung hunderttausend Euro kostet, wird mit mehr Sorgfalt ausgewählt, als ein Mitarbeiter, der in zwei Jahren dieselben Kosten verursacht. Die Kosten-Nutzen-Betrachtung, die für Produktionsgüter völlig selbstverständlich ist, wird nicht auf die Personalauswahl übertragen, so dass der wahre ökonomische Nutzen qualitativ hochwertiger Diagnostik für die Entscheidungsträger in der Organisationsspitze im Verborgenen bleibt.

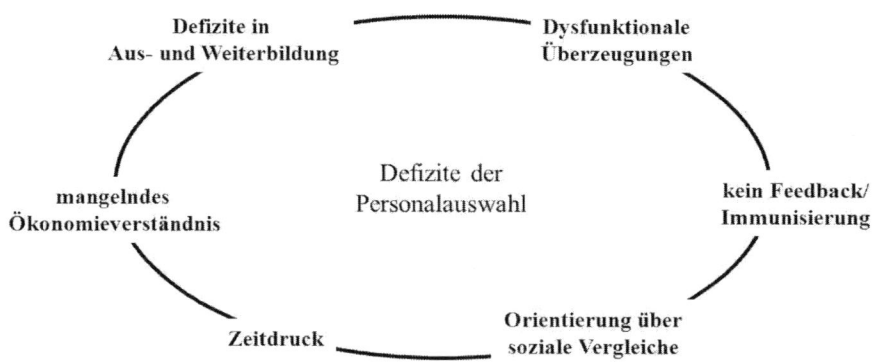

Abbildung 5   Zentrale Gründe für den mangelnden Transfer wissenschaftlicher Erkenntnisse in die Personalauswahlpraxis

Was ist zu tun?

Die skizzierten Probleme sind vielfältig und verstärken einander z. T. wechselseitig. Will man das Übel an der Wurzel packen, müssen die Bemühungen grundsätzlich auf eine verstärkte *Professionalisierung* der Personalarbeit im Allgemeinen und der Personalauswahl im Besonderen ausgerichtet sein. Solange in vielen Unternehmen und Behörden der Grundsatz gilt: „Personal kann jeder.", wird sich nichts ändern. Wie absurd eine solche Haltung ist, wird besonders deutlich, wenn man sich einen Automobilkonzern vorstellt, in dem die Motoren von Juristen entwickelt werden, Germanisten die Marktforschung übernehmen und Sinologen für das Finanzcontrolling zuständig sind. Ein solches Unternehmen würde nicht lange überleben. Interdisziplinarität ist dort angemessen, wo durch die Vielfalt der Perspektiven ein tatsächlicher Mehrwert entsteht – alles andere ist Ideologie. Ein Germanist ist für die Personalauswahl ebenso hilfreich, wie ein Ägyptologe am OP-Tisch. Ein erster Schritt muss also darin bestehen, dass man bei der Besetzung der Positionen in der Personalabteilung die Fachkompetenzen – und nicht die Erfahrung – in das Zentrum rückt. Dies begünstigt junge, gut ausgebildete Hochschulabsolventen, denen man dann aber auch die Freiheiten zur Umsetzung ihrer Kompetenzen lassen muss. Viele Unternehmen werden ihren eigenen Werbesprüchen des Personalmarketings nicht gerecht, wenn sie auf der einen Seite hoch qualifizierte, leistungsstarke und -willige Bewerber suchen, von ihnen dann aber kurz nach der Einstellung erwarten, dass sie nichts verändern, sondern nur gelehrig den alten Meistern lauschen. Von gut ausgebildeten Hochschulabsolventen könnten die Unternehmen mindestens so viel lernen wie die Hochschulabsolventen von Unternehmen. Dort, wo die Bewerber und Mitarbeiter die entsprechenden Fachkompetenzen nicht mitbringen, ist eine Schulung des Personals zwingend notwendig.

Der zweite wichtige Schritt ist, dass die Personalverantwortlichen von sich aus die *Wirtschaftlichkeit ihres Handelns unter Beweis stellen* und der Organisationsleitung damit Argumente für wichtige Weichenstellungen zu Gunsten professioneller Personalauswahl liefern. Gute Personalauswahl, die sich an den Erkenntnissen der Forschung orientiert, braucht die Evaluation nicht zu scheuen. Konkret bedeutet dies, dass man aus eigener Initiative heraus empirische Studien zur Validierung der Auswahlverfahren durchführt und den Nutzen der Personalauswahl in Euro umrechnet. Gerade letzteres ist leichter zu bewerkstelligen, als mancher denkt. Dabei offenbart die monetäre Nutzenanalyse in hervorragender Weise, wie ökonomisch sinnvoll eine wissenschaftlich fundierte Personalauswahl ist. In dem Buch von Krumm und Schmidt-Atzert (2009) finden sich hierzu einfache Anleitungen. Fehlen für derartige Analysen die personellen Ressourcen im Unternehmen, werden sich an jeder Hochschule Examenskandidaten der Psychologie finden, die dies gern im Rahmen einer Bachelor- oder Masterarbeit übernehmen.

Die Arbeit liegt aber nicht nur auf Seiten der Praxis. Auch die *Wissenschaft* muss ihre Hausaufgaben erledigen (Kanning, v. Rosenstiel & Schuler, 2010).

Wenn in der Praxis wissenschaftliche Befunde nicht zur Kenntnis genommen werden, so hat dies auch etwas damit zu tun, wie wissenschaftliche Erkenntnisse publiziert werden (Kanning, Thielsch & Brandenburg, 2011). Die Wissenschaft darf letztlich nicht im Elfenbeinturm verharren und darauf warten, dass die Gesellschaft die Ergebnisse der Forschung irgendwann einmal abfragt, sondern muss von sich aus aktiv ihr Know-how einbringen. Dies geschieht z.B. durch praxisbezogene Bücher, Websites, Vorträge und Publikationen in Zeitschriften, die von der Praxis wahrgenommen werden, aber auch durch direkte Kooperationen mit Firmen und Behörden, wenn es um die Entwicklung und Evaluation von Auswahlverfahren geht.

Literaturverzeichnis

Baron-Boldt, J., Funke, U. & Schuler, H. (1989). Prognostische Validität von Schulnoten: Eine Metaanalyse der Prognose des Studien- und Ausbildungserfolgs. In R. S. Jäger, R. Horn & K. Ingenkamp (Hrsg.), Test und Trends: Jahrbuch der pädagogischen Diagnostik Bd. 7 (S. 11-21). Weinheim: Beltz.

Boltz, J., Kanning, U. P. & Hüttemann, T. (2009). Qualitätsstandards für Assessment Center – Treffende Prognosen durch Beachtung von Standards. Personalführung, 10, 32-37.

Festinger, L. (1954). A theory of social comparison processes. Human Relations, 7, 117-140.

Huffcut, A. I. & Arthur, W. Jr. (1994). Hunter and Hunter (1994) revisited: Interview validity for entry-level jobs. Journal of Applied Psychology, 79, 184-190.

Kanning, U. P. (1999). Die Psychologie der Personenbeurteilung. Göttingen: Hogrefe.

Kanning, U. P. (2010). Von Schädeldeutern und anderen Scharlatanen: Unseriöse Methoden der Psychodiagnostik. Lengerich: Pabst.

Kanning, U. P. (2015). Personalauswahl zwischen Anspruch und Wirklichkeit – Eine wirtschaftspsychologische Analyse. Berlin: Springer.

Kanning, U. P. (2016). Einstellungsinterviews in der Praxis. Report Psychologie, 11, 442-450.

Kanning, U. P. (2017a). Face-Reading – Eine Pseudowissenschaft im Aufwind. Wirtschaftspsychologie aktuell, 2/2017, 9-12.

Kanning, U. P. (2017b). Wissenschafts-Praxis-Transfer im Personalwesen – Potentiale, Probleme, Perspektiven. Zeitschrift für Sozialmanagement, 15, 97-107.

Kanning, U. P. (2018). Standards der Personaldiagnostik (2. Aufl.). Göttingen: Hogrefe.

Kanning, U. P., Hofer, S. & Schulze Willbrenning, B. (2004). Professionelle Personenbeurteilung: Ein Trainingsmanual. Göttingen: Hogrefe.

Kanning, U. P. & Klinge, K. (2005). Wenn zu viel Wissen in der Personal-auswahl zum Problem wird – Wie Vorinformationen über Bewerber die Bewertung im Assessment Center verzerren können. Personalführung, 3, 64-67.

Kanning, U. P., Pöttker, J. & Gelléri, P. (2007). Assessment Center Praxis in deutschen Großunternehmen – Ein Vergleich zwischen wissenschaftli-chem Anspruch und Realität. Zeitschrift für Arbeits- und Organisations-psychologie, 51, 155-167.

Kanning, U. P., Pöttker, J. & Klinge, K. (2008). Personalauswahl: Leitfaden für die Praxis. Stuttgart: Schäffer-Poeschel.

Kanning, U. P., Rosenstiel, L. v. & Schuler, H. (Hrsg.). (2010). Jenseits des Elfenbeinturms: Psychologie als nützliche Wissenschaft. Göttingen: Van-denhoeck & Ruprecht.

Kanning, U. P., Thielsch, M. T. & Brandenburg, T. (2011). Strategien zur Untersuchung des Wissenschafts-Praxis-Transfers. Zeitschrift für Arbeits-und Organisationspsychologie, 55 ,3, 153-157..

König, C. J., Klehe, U.-C., Berchtold, M., & Kleinmann, M. (2010). Rea-sons for being selective when choosing personnel selection procedures. International Journal of Selection and Assessment, 18, 17-27.

Krumm, S. & Schmidt-Atzert, L. (2009). Leistungstests im Personalma-nagement. Göttingen: Hogrefe.

Marlowe, C.M., Schneider, S.L. & Nelson, C.E. (1996). Gender and attrac-tiveness biases in hiring decisions: Are more experienced managers less biased? Journal of Applied Psychology, 81, 11-21.

Quinones, M. A., Ford, J. K. & Teachout, M. S. (1995). The relationship between work experience and job performance: A conceptual and meta-analytic review. Personnel Psychology, 48, 887-910.

Schmidt, F. L. & Hunter, J. E. (1998). The validity and utility of selection methods in personnel psychology: practice and theoretical implications of 85 years of research findings. Psychological Bulletin, 124, 262-274.

Schuler, H. & Berger, W. (1979). Physische Attraktivität als Determinante von Beurteilung und Einstellungsempfehlung. Psychologie und Praxis, 23, 59-70.

Schuler, H., Hell, B., Trapmann, S., Schaar, H. & Boramir, I. (2007). Die Nutzung psychologischer Verfahren der externen Personalauswahl in deutschen Unternehmen: Ein Vergleich über 20 Jahre. Zeitschrift für Per-sonalpsychologie, 6, 60-70.

Stephan, U. & Westhoff, K. (2002). Personalauswahlgespräch im Führungs-kräftebereich des deutschen Mittelstandes: Bestandsaufnahme und Ein-sparungspotential durch strukturierte Gespräche. Wirtschaftspsycholo-gie, 9, 3-17.

2 Anforderungsanalysen mittels Critical Incident Technique

Patrick Mehlich

Die Critical Incident Technique ist ein qualitatives Verfahren, welches sich hervorragend zur Durchführung von Anforderungsanalysen eignet. Es werden Interviews mit erfolgreichen Stelleninhaberinnen und Stelleninhabern sowie deren Vorgesetzten und Beschäftigten durchgeführt. So können erfolgskritische Situationen erhoben werden, die Herausforderungen beschreiben, bei deren Lösung sich hervorragende Stelleninhaber oder Stelleninhaberinnen von durchschnittlichen unterscheiden. Mit ihrem Verhalten machen sie einen Unterschied für den Erfolg der Organisation aus. Aus den erhobenen Situationen und den Verhaltensbeschreibungen, mit denen diese Situationen zum Erfolg geführt werden, können diagnostische Instrumente (z.B. strukturierte Interviewfragen oder Rollenspiele) entwickelt werden. Außerdem können wichtige Informationen für die Personalentwicklung (z.B. Development Center oder Fortbildungskonzepte) gewonnen werden.

Theoretischer Hintergrund

Alle praktisch arbeitenden Psychologen, die sich mit dem Thema Personaldiagnostik oder auch Personalentwicklung beschäftigen, müssen sich früher oder später die Frage stellen „Was macht eine Person im Job XY eigentlich erfolgreich?". Wird im Unternehmen die Frage an Vertreter der Fachbereiche gestellt, bekommt man häufig zu hören, dass die Antwort doch ganz einfach sei. Es folgen viele mehr oder weniger konkrete Schlagworte oder Personenbeschreibungen. Kommunikation, Konfliktmanagement und allgemeine Führungskompetenzen sind hier nur Beispiele. Die jeweilige Erläuterung wird nun sehr unterschiedlich ausfallen, abhängig davon, wen man gerade befragt. Welche Kompetenzen konkret in Weiterbildungsmaßnahmen trainiert werden oder was genau in diagnostischen Verfahren wie Assessment Centern oder Einstellungsinterviews getestet werden soll, weiß man so noch immer nicht. An dieser Stelle kommt eine strukturierte Arbeits- und Anforderungsanalyse als Grundlage dieser Personalarbeit ins Spiel. Gerade bei komplexen Führungstätigkeiten ist ein solches Vorgehen unabdingbar. Da diesen Aufgaben mit einfachen Tätigkeitsinventaren oder ähnlichen Vorgehensweisen nur schwer nahe zu kommen ist, bietet sich ein qualitatives Vorgehen mittels der *Critical Incident Technique (CIT)* an. In diesem Kapitel wird diese Methode beispielhaft und praxisnah anhand eines Anwendungsbeispiels in einem mittelgroßen Unternehmen (<10.000 Beschäftigte) beschrieben. Es sei darauf hingewiesen, dass es sich empfiehlt, diese qualitative Methode immer mit quantitativen Methoden zu kombinieren und ihre Ergebnisse empirisch zu überprüfen. Im dargestellten Projekt wurden die Ergebnisse mit verschiedenen anderen Untersuchungen abgeglichen, z.B. mit den quantitativen Ergebnissen, die aus Auswertungen interner diagnostischer Verfahren gewonnen wurden.

Die Critical Incident Technique wurde erstmalig 1954 von Flanagan beschrieben. Anfangs war sie als Verfahren zur Leistungsbewertung gedacht, allerdings hat sie sich zu diesem Zweck als nicht geeignet erwiesen. Sie gehört zu den meist genutzten Methoden der qualitativen Verfahren der Anforderungsanalyse (Schuler, 2002). Für einen Überblick über die historische Entwicklung der Methode sei auf Chell (2004) verwiesen und für einen Überblick über die Entwicklung von Arbeits- und Anforderungsanalysen generell sei auf Sanchez & Levine (2012) verwiesen. Der große Vorteil der Critical Incident Technique ist, dass sich ihre Ergebnisse unmittelbar zur Verwendung in diagnostischen Instrumenten oder auch für die Gestaltung von Trainingsmaßnahmen (zum Beispiel zur Konstruktion von Rollenspielen) eignen. Es handelt sich um eine arbeitsplatzspezifische Methode (Schuler, 2006), was bedeutet, dass sie sich stark an konkreten Situationen ausrichtet und sich daher nicht für Gruppierungen von ähnlichen Positionen (z.B. gleiche Führungsebene bei heterogenen Abteilungen) oder für ganze Berufszweige eignet. Nach Schuler ist die Methode ebenfalls nicht als Grundlage eigenschaftsorientierter Diagnoseinstrumente geeignet, da ihr absolut verhaltensorientierter Ansatz keinen Rückschluss auf zugrunde liegende Eigenschaften ermöglicht oder diesen zumindest stark erschwert (Schuler, 2002). Dieser Einschränkung sollte man sich bei der Anwendung der Methode bewusst sein. Aber für Personalentwickler mit der Überzeugung „Verhalten ist erlernbar" bieten die Ergebnisse der Methode nichtsdestotrotz eine Vielzahl an spannenden und interessanten Anwendungsmöglichkeiten.

Die deutsche Übersetzung für Critical Incident Technique ist die Methode der kritischen Ereignisse. Diese Bezeichnung ist jedoch etwas unkonkret, daher wird sie hier als Methode der *erfolgs*kritischen Ereignisse betitelt. Denn genau darum geht es: die Sammlung von Situationen, die für eine Position oder Funktion erfolgskritisch sind, und die Beschreibung der Verhaltensweisen, die diese Situationen zum Erfolg führen. Es handelt sich also um Situationen, in denen der Stelleninhaber durch sein Verhalten den Erfolg in seiner Position bestimmt und damit auch einen Mehrwert für das Unternehmen schafft. Darüber hinaus ist es im Rahmen der Anforderungsanalyse sinnvoll, neben diesem bestmöglichen Umgang mit einer erfolgskritischen Situation weitere alternative Verhaltensweisen zu erheben und im Hinblick auf ihre Güte zu bewerten. Eine Situation ist gerade dann besonders interessant, wenn durch eine Bandbreite verschiedener Verhaltensweisen unterschiedliche Ergebnisse erzielt werden, denn es ist eine Grundannahme der CIT, dass sich die Qualität von Mitarbeiterinnen und Mitarbeitern anhand dieser unterschiedlichen Verhaltensweisen erkennen lässt (Reimann, 2010).

Anforderungsanalyse für Schlüsselpositionen

Das beschriebene Projekt ist ein Teilprojekt eines größeren Projekts, welches sich mit der Neukonzeption des internen Entwicklungsprozesses zur Führungskraft beschäftigt. Einer der ersten Schritte des Projekts ist die strukturierte Anforderungsanalyse der Zielpositionen, also der ersten Führungspositionen. Es soll sichergestellt werden, dass die internen Entwicklungskandidaten möglichst effektiv und effizient auf die neue Aufgabe vorbereitet werden und sie befähigt werden, die Herausforderungen (zum Beispiel die erfolgskritischen Situationen) der neuen Position zu meistern. Der Fokus liegt in diesem Projekt auf zwei Schlüsselpositionen des Unternehmens, Leiter/in einer Niederlassung im Vertrieb und Teamleiter/-in in einer Zentraleinheit.

Um sich den Verhaltensanforderungen für die Position zu nähern, wurden jeweils knapp 20 Interviews mit der Methode der erfolgskritischen Ereignisse durchgeführt.

Das Unternehmen arbeitet mit einem verhaltensorientierten Kompetenzmodell, das heißt einer Taxonomie von Kompetenzen, die die Anforderungs- und Beurteilungskriterien für alle Mitarbeiterinnen und Mitarbeiter darstellen. Dieses Kompetenzmodell bildet den gedanklichen Rahmen für die Einordnung und Analyse der Ergebnisse der Interviews. Hier wird deutlich, dass der Fokus der Methode auf Verhalten sehr gut zur Haltung des Unternehmens passt. Das Kompetenzmodell enthält keine Eigenschaften, sondern reine Verhaltenskompetenzen, die bis zu einem gewissen Grad erlernbar und damit auch trainierbar sind. Die erhobenen Verhaltensweisen in erfolgskritischen Situationen können also sehr gut in das Kompetenzmodell eingeordnet werden und damit als beispielhafte positionsspezifische Konkretisierung dessen genutzt werden.

Die Initiative zum Projekt kam aus dem Personalbereich. Da eine Konsequenz des Projekts allerdings prozessuale und inhaltliche Änderungen der internen Entwicklung zur Führungskraft sind, betreffen die Ergebnisse viele weitere Einheiten des Unternehmens. Diese Interessensgruppen wurden von Anfang an in den Prozess eingebunden, da es wichtig ist schon bei der Initialisierung eines solchen Projektes die Grundlagen für eine größtmögliche Akzeptanz der Ergebnisse zu schaffen, z.B. über frühzeitige Präsentation des Projektes in den Entscheidungsgremien. Dies gilt auch bei einem Projekt, in dem der Input direkt aus den betroffenen Bereichen erhoben wird.

Besonders empfiehlt es sich auch die Arbeitnehmervertreter von Anfang an in das Projekt einzubinden. Änderungen in Standardprozessen der Personalentwicklung und inhaltliche Änderungen in Schulungsmaßnahmen unterliegen der Mitbestimmungspflicht. Da beides ein Ergebnis der Anforderungsanalyse mittels CIT sein kann, ist es sinnvoll schon zum Projektstart ein Verständnis für das Vorgehen und die möglicherweise aus den Ergebnissen resultierenden Maßnahmen sicherzustellen.

Bei der Nutzenargumentation sei der geneigte Leser auf entsprechende Kosten-Nutzen-Analysen vor allem für diagnostische Verfahren, zum Beispiel Taylor-Russel-Tafeln, oder die Kosten-Nutzen-Analyse nach Cronbach und Gleser verwiesen (vgl. Holling, 2004). Auch wenn an diesen Analysen sicherlich berechtigte methodische Kritik geäußert wurde, so können sie doch einfache und eindrucksvolle Argumentationshilfen für den Mehrwert der Verfahren darstellen.

Die Critical Incident - Interviews

Auswahl der Interviewpartner

Bei der Auswahl der Interviewpartner wurde eine 360-Grad Perspektive angestrebt. Das bedeutet, dass neben Stelleninhabern auch Vertreter der Gruppe der Vorgesetzten und Mitarbeiter/innen der Zielposition interviewt wurden. Es liegt nahe, Stelleninhaber zu befragen, die aktuell hervorragende Arbeit leisten, aber auch Mitarbeiter/innen und Vorgesetzte haben einen intensiven Kontakt mit Vertretern der Zielposition und können daher wichtige und aussagekräftige Informationen liefern. Es ist zudem unbestritten, dass die Gestaltung der Beziehungen zu Mitarbeiterinnen, Mitarbeitern und Vorgesetzten für den Erfolg einer Führungskraft eine große Bedeutung hat.

Bei der Auswahl der Stelleninhaber ist es wichtig eine neutrale und objektive Auswahl zu treffen. Die Alternative ist eine Nominierung durch Experten (z.B. durch Vertreter der Personalabteilung oder die Leitung der Unternehmenseinheiten), die jedoch die Gefahr birgt, in den Ergebnissen eine Beschreibung der Rollenmodelle der Expertengruppe zu erreichen. Besser ist es, die Auswahl aufgrund von möglichst objektiven Daten zu treffen. Es wurden Interviewpartner ausgewählt, die eine kontinuierliche Leistung sowohl in den Geschäftsergebnissen ihrer Niederlassung oder ihres Teams als auch in ihren jährlichen Leistungsbeurteilungen vorweisen konnten.

Die befragten Mitarbeiter/innen wurden aus einer Potenzialgruppe (Potenzial zur Führungskraft) rekrutiert, wodurch sichergestellt wurde, dass eine intensive Reflexion der Anforderungen der Zielposition schon stattgefunden hat. Zudem wurden nur Mitarbeiter/innen befragt, die in ihrer Historie im Unternehmen mindestens unter drei verschiedenen Führungskräften der Zielposition gearbeitet haben und so auch die Arbeits- und Verhaltensweisen von unterschiedlichen Stelleninhabern vergleichen konnten.

Die Auswahl der Vorgesetzten der Zielposition fand über eine Expertennominierung durch den Vorstand und die Entscheidungsgremien des Vertriebs bzw. der Zentrale statt.

Die Teilnahme an den Interviews war für alle Beteiligten freiwillig und die Auswertung erfolge anonym.

Neben dem Autor als Vertreter der Personalentwicklung bestand die Gruppe der Interviewer aus Vertretern der operativen Personalbetreuung. Die ersten Interviews wurden im Tandem von zwei Interviewern durchgeführt, um eine Standardisierung des Vorgehens sicherzustellen. Insgesamt kamen für die Position Teamleiter/in zwei und für die Position Leiter/in einer Niederlassung drei Interviewer/innen zum Einsatz.

Konstruktion des Interviewleitfadens

Bei der Konstruktion des Interviewleitfadens war es dem Projektteam besonders wichtig Situationen zu erheben, die beispielhaft für die individuellen Vorstellungen der interviewten Personen zu den Erfolgsfaktoren in der jeweiligen Position sind. Im Interviewleitfaden werden die Fragen zu den erfolgskritischen Situationen mit der Abfrage dieser individuellen Vorstellungen eingeleitet und es wird abschließend erfragt, ob die genannten Situationen aus Sicht des Interviewten repräsentativ für diese Erfolgsfaktoren sind. Dieser Ablauf vermeidet ein reines „Storytelling", also die Erzählung außergewöhnlicher Geschichten aus dem eigenen Arbeitsalltag ohne tatsächliche Aussagekraft über die Zielposition. Zudem werden die genannten Situationen auf einer Skala bezüglich der Bedeutung für den Erfolg in der Position sowie der Häufigkeit von Situationen dieser Art im Arbeitsalltag der Zielposition eingeschätzt. Diese Einschätzungen wurden nach den Interviews in je einem Expertenworkshop pro Zielposition validiert.

Im Herzstück der Interviews, der Erfragung erfolgskritischer Situationen, ist es von besonderem Interesse, die reine Situationsbeschreibung von dem Verhalten der Positionsinhaber zu trennen. Außerdem wird erfragt, woran der Interview-Partner den erfolgreichen Umgang mit der jeweiligen Situation festmacht. Neben dem bestmöglichen Umgang mit der Situation werden auch alternative Verhaltensweisen erfragt. Auf einer 4er Skala (siehe Box Interviewleitfaden) beurteilen die Interviewten die Güte aller genannten Verhaltensweisen. Im beschriebenen Projekt wurden diese Beurteilungen ebenfalls in den anschließenden Expertenworkshops pro Zielposition validiert.

Interviewleitfaden für die Position Leiter/in einer Niederlassung

Allgemeine Erfolgsfaktoren

a. Woran machen Sie persönlich fest, dass ein/e Leiter/in einer Niederlassung erfolgreich ist? Was sind Ihre Messkriterien für den Erfolg einer Leiter/in?

b. Was sind die Faktoren, die eine/n Leiter/in einer Niederlassung erfolgreich machen (persönlich, methodisch, fachlich)?

Erfolgskritische Situationen

Grundfrage:
In welchen Situationen kann ein/e hervorragende/r Leiter/in einer Niederlassung von einer durchschnittlichen Leitung besonders gut unterschieden werden?
In welchen Situationen zeigt sich, dass ein/e Leiter/in hervorragende Leistung zeigt?

Wiederholungsschleife pro Situation

a. Bitte beschreiben Sie die Situation (Ort, beteiligte Personen, Bedingungen, Handlungen – so konkret wie möglich).

b. Woran machen Sie in dieser Situation Erfolg und Misserfolg fest?

c. Mit welchen Verhaltensweisen führt ein/e hervorragende/r Leiter/in in dieser Situation das bestmögliche Ergebnis herbei?

d. Was sind alternative Verhaltensweisen, z.B. eines/einer durchschnittlichen Leiters/Leiterin? Wie ordnen Sie diese Verhaltensweisen auf einer Skala von 1 bis 4 ein (1=schlecht; 4=hervorragend)?

e. Sie haben anfangs Ihre persönlichen Erfolgsfaktoren für Leiter/innen einer Niederlassung genannt. Ist diese Situation repräsentativ / bedeutsam für mindestens einen dieser Erfolgsfaktoren? (Wenn nein, wird die Situation nicht in die Auswertung mit einbezogen)

Es sollen drei Situationen pro Interview und drei Verhaltensweisen pro Situation erfragt werden.

Wichtigkeit / Häufigkeit der Situationen

Lassen Sie uns zum Abschluss die Situationen noch einmal durchgehen. Ich bitte Sie um eine letzte Einschätzung zu den Situationen, bezogen auf 2 Dimensionen:

a. Wichtigkeit
Auf einer Skala von 1 bis 4 (1 = etwas wichtig; 4 = äußerst wichtig) - Wie wichtig ist die Bewältigung von Situationen dieser Art für den Gesamterfolg eines/einer Leiters/Leiterin einer Niederlassung?

b. Häufigkeit
Auf einer Skala von 1 bis 4 (1 = selten; 4 = sehr häufig) - Wie häufig kommen Situationen dieser Art im Arbeitsalltag eines/einer Leitung einer Niederlassung vor?

Auswertung der Interviews

Wie beschrieben diente das Kompetenzmodell des Unternehmens als Rahmen für die Kategorisierung der Ergebnisse. Es sei hier nur darauf hingewiesen, dass das beschriebene Vorgehen auch beim Aufbau eines solchen verhaltensorientierten Kompetenzmodells beziehungsweise beim Aufbau positionsspezifischer Kompetenzprofile verwendet werden kann.

Ergebnis der jeweils 20 Interviews waren 50 erfolgskritische Situationen pro Zielposition. Für die Auswertung der Situationen können zwei Perspektiven eingenommen werden. Zum einen kann eine Betrachtung der Situationsbeschreibung als Äquivalent der Herausforderungen der Position stattfinden und zum anderen kann ein Fokus auf die Verhaltensweisen in der Situation gelegt werden. Für die Generierung von diagnostischen Instrumenten oder von Rollenspielen benötigt man selbstverständlich beides.

Zu Beginn der Auswertung wurden die Situationen im Hinblick auf gemeinsame Themen und Grundarten analysiert. Schon hier zeigte sich, dass es wiederkehrende erfolgskritische Situationen für die beiden Zielpositionen gibt (z. B. Planung des Niederlassungsgeschäftes, Motivation von Mitarbeiterinnen und Mitarbeitern oder Best-Practice Austausch im Unternehmen).

Bei den Verhaltensbeschreibungen in den einzelnen Situationen handelt es sich um komplexe Verhaltensweisen mit Abfolgen mehrerer Schritte, die Aspekte aus verschiedenen Kompetenzen enthalten. Daher wurden aus diesen komplexen Verhaltensbeschreibungen einfache und leicht generalisierte einzelne Verhaltensanker generiert (z. B. „Der/Die Leiter/in einer Niederlassung konzentriert sich bei Vereinbarungen mit Mitarbeiterinnen und Mitarbeitern auf Verhaltensänderungen und nicht auf reine quantitative Zielvorgaben"). Diese Verhaltensanker können eindeutig den Kompetenzen des Kompetenzmodells zugeordnet werden und sind durch ihre generalisierte Formulierung auch ohne den Hintergrund der konkret beschriebenen Situation verständlich. Über diese Zuordnung war auch eine quantitative Auswertung der qualitativen Daten möglich. Die Verteilung der Anzahl der Verhaltensanker pro Kompetenz kann einen Aufschluss darüber geben, welche Kompetenzen besonders erfolgskritisch sind und wo ein besonders breites Verhaltensrepertoire nötig ist.

In abschließenden Expertenworkshops wurden die Situationen noch einmal auf ihre Relevanz für den Erfolg in der entsprechenden Position überprüft. Außerdem wurden die Bewertungen der einzelnen Situationen nach Wichtigkeit und Häufigkeit kritisch diskutiert und wenn nötig geändert. Gleiches gilt für die Bewertung der verschiedenen Verhaltensweisen in den Situationen. Auch hier wurde die Einschätzung der interviewten Personen von den Experten überprüft und wenn nötig angepasst. Dieses Vorgehen ist sinnvoll und notwendig, da ansonsten die numerischen Bewertungen auf der Einschätzung einer einzigen individuellen Person beruhen. Über die Diskussion mit Experten wird ein einheitlicher Standard bei der Bewertung gewährleistet. Als Experten dienten Vorgesetzte der Zielpositionen, die während des Projektes nicht interviewt wurden, sowie Vertreter/innen der Personalabteilung.

Die Betrachtung der Situationen nach Wichtigkeit für den Erfolg in der Zielposition und Häufigkeit im Arbeitsalltag dient als Unterstützung bei der Auswahl einzelner Situationen für die Konstruktion von diagnostischen Verfahren und Trainings. Es ist wichtig, Situationen auszuwählen, die eine hohe Relevanz für den Erfolg in der Zielposition haben und gleichzeitig im Arbeitsalltag relativ häufig vorkommen. Abbildung 1 gibt einen Überblick über die in diesem Projekt verwendete Kategorisierung der Situationen. Es ist zu empfehlen, sich bei der direkten Verwendung von Situationen für Diagnostik und Entwicklung auf Situationen der Kategorie A (Fokus-Situationen) zu konzentrieren und diese mit Situationen der Kategorie B (Ergänzungs-Situationen) bei Bedarf anzureichern. Situationen der Kategorie C (Sonstige Situationen) sind im Allgemeinen auf das bereits erwähnte „Storytelling" zurückzuführen.

Kategorisierung der Situationen

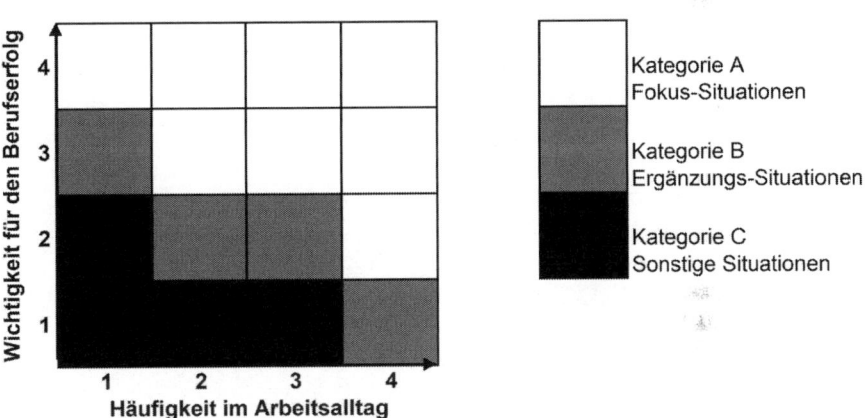

Abbildung 1   Kategorisierung der erhobenen Situationen nach Wichtigkeit und Häufigkeit
(Wichtigkeit: 1=etwas wichtig, 4=äußerst wichtig; Häufigkeit: 1=selten, 4=sehr häufig)

Nutzung der Ergebnisse in der Praxis

Eignungsdiagnostik

In der Praxis ergeben sich nun viele Anwendungsmöglichkeiten der Ergebnisse. Je nach geplantem Verwendungszweck sollte das genaue Vorgehen bei der CIT-Analyse entsprechend geplant werden.

Wie bereits erwähnt, eignen sich die erhobenen Situationen direkt für die Konstruktion von diagnostischen Instrumenten. Aus den Situationsbeschreibungen können beispielsweise strukturierte Interviewfragen für Einstellungsinterviews generiert werden und aus den Verhaltensbeschreibungen die Maßstäbe für die Bewertung der Antworten (Beispiele strukturierter Interviewfragen finden sich bei Schuler, 2002). Es ist wichtig zu beachten, dass die Situationen aus Sicht aktueller Stelleninhaber/innen, Vorgesetzter und Mitarbeiter/innen erhoben wurden. Wenn diese Situationen nun für Interviewfragen genutzt werden, muss sichergestellt sein, dass diese für die Zielgruppe der diagnostischen Interviews verständlich und sinnvoll zu beantworten sind. Gerade wenn es sich bei den Inhalten um Besonderheiten des eigenen Unternehmens handelt, sind die Fragen für externe Kandidatinnen und Kandidaten häufig schwer zu beantworten oder die Bewertungsmaßstäbe unpassend. Dies gilt in abgeschwächter Form auch für interne Kandidatinnen und Kandidaten. Über diese Methode gewonnene Interviewfragen sollten daher immer einem Praxistest mit der geplanten Zielgruppe unterzogen werden, sowie einer strukturierten Evaluation im Sinne einer internen Studie zur Validität zugeführt werden. Bei einem erfolgreichen Praxistest kann diese Studie allerdings parallel zur Einführung des diagnostischen Tools stattfinden. Neben klassischen Interviewfragen können auch interaktive Assessment Center-Übungen aus den Ergebnissen generiert werden. Vor allem Rollenspiele können so besonders praxisnah und an den erfolgskritischen Erfordernissen der Position ausgerichtet werden.

Personalentwicklung

Der zweite große Anwendungsbereich ist die Trainings-Perspektive der Personalentwicklung. Wie angedeutet, wurden die einzelnen Verhaltensweisen dem Kompetenzmodell des Unternehmens zugeordnet. So konnten die Kompetenzen des Kompetenzmodells hinsichtlich der jeweiligen Breite des nötigen Verhaltensrepertoires in der Zielposition eingeschätzt werden. Daraus ergeben sich Schwerpunkte oder besser gesagt intensiv zu trainierende Kompetenzen. Im Anschluss an die Auswertung der Interviews wurde daher im beschriebenen Projekt überprüft, ob die Schwerpunkte des internen Entwicklungsprozesses zur Führungskraft den Ergebnissen entsprechen. Bei der kritischen Prüfung dieses Prozesses dienten die Ergebnisse der CIT-Interviews als wichtige Informationsquelle. Um einen Entwicklungsprozess erfolgreich zu überprüfen und anzupassen, sind selbstverständlich noch weitere Informationsquellen nötig, zum Beispiel eine Dokumentenanalyse von Tätigkeitsbeschreibungen, Schwerpunkte in den Stärken und den Entwicklungsfeldern aus diagnostischen Instrumenten oder die jeweilige Human Resources-Strategie, um nur einige zu nennen. Des Weiteren können die erhobenen Situationen ebenfalls für die Konstruktion von Rollenspielen oder Praxisfällen für Schulungen eingesetzt werden.

Wie bereits angedeutet, kann die Methode der erfolgskritischen Ereignisse einen wichtigen Beitrag bei der Generierung von positionsspezifischen Kompetenzprofilen leisten.

Abschließende Bemerkung

Ziel des Kapitels war es, ein Praxisvorgehen zur Methode der erfolgskritischen Ereignisse exemplarisch darzustellen. Wichtig ist, dass die CIT keine starre Methode mit fest vorgeschriebenem Ablauf und Vorgehen ist. Je nach Verwendungszweck der Ergebnisse und Besonderheiten der jeweiligen Organisation können das Vorgehen, der Fragebogen und die Auswertung angepasst werden. Es ist zum Beispiel möglich auf die entsprechenden Interviews gänzlich zu verzichten und die erfolgskritischen Situationen in Workshops zu generieren. Außerdem haben wir es mit einer qualitativen Methode zu tun, deren großer Vorteil es ist, sehr konkrete und leicht zu verwendende Ergebnisse zu liefern. Dies sollte jedoch nicht darüber hinwegtäuschen, dass die Ergebnisse nicht per se valide sind. Das bedeutet, dass eine Kombination der Methode mit quantitativen Vorgehensweisen ratsam ist und gerade diagnostische Instrumente einer empirischen Prüfung unterzogen werden sollten, um die Generalisierbarkeit der Ergebnisse sicherzustellen. Nichtsdestotrotz kann die CIT eine wichtige Informationsquelle für Personalentwicklung und Personaldiagnostik sein. Es darf auch nicht unterschätzt werden, dass die konkreten an den Zielpositionen ausgerichteten Ergebnisse die Personalarbeit praxisnäher gestalten. So findet die Personalarbeit nicht im Elfenbeinturm statt, sondern richtet sich direkt am Arbeitsalltag der internen Kunden aus.

Literaturverzeichnis

Chell, E. (2004). Critical Incident Technique. In C. Cassel & G. Symon (Hrsg.), Essential Guide to Qualitative Methods in Organizational Research (S.45-60). Thousand Oaks, CA: Sage.

Flanagan, J.C. (1954) The Critical Incident Technique. Psychological Bulletin, 51, (4), 327-358.

Holling, H. (2004). Monetäre Nutzenanalyse. In U. P. Kanning & H. Holling (Hrsg.). Handbuch personaldiagnostischer Instrumente (S. 545 - 556). Göttingen: Hogrefe.

Reimann, G. (2010). Arbeits- und Anforderungsanalyse. In K. Westhoff, C. Hagemeister, M. Kersting, F. Lang, H. Moosbrugger, G. Reimann, G. Stemmler (Hrsg.). Grundwissen für die berufsbezogene Eignungsbeurteilung nach DIN 33430. Lengerich: Pabst.

Sanchez, J. I. & Levine, E.L. (2012). The Rise and Fall of Job Analysis and the Future of Work Analysis. Annual Review of Psychology, 63, 397-452.

Schuler, H. (2002). Das Einstellungsinterview. Göttingen: Hogrefe. (Kapitel 5)

Schuler, H. (2006). Arbeits- und Anforderungsanalyse. In: H. Schuler (Hrsg.), Lehrbuch der Personalpsychologie (S. 45-68). Göttingen: Hogrefe.

3   Interkulturelle Kompetenz – Eine Herausforderung im Rahmen internationaler Personalauswahl

Jessica Boltz

Im folgenden Artikel wird die Herausforderung der Erfassung interkultureller Kompetenzen im Rahmen internationaler Personalauswahl erörtert. Im Vordergrund stehen dabei zwei verschiedene Herausforderungen an die Personalauswahl bei der Deutschen Lufthansa AG. Zum einen die Erfassung des Konstrukts interkultureller Kompetenzen bei Bewerbern, zum anderen die benötigten interkulturellen Kompetenzen von Auswählenden der Deutschen Lufthansa AG bei der Auswahl internationaler Bewerber. Je ein Praxisbeispiel für diese beiden Szenarien wird samt Herausforderungen und möglichen Problemlösungen geschildert.

Einleitung

Interkulturelle Kompetenz ist ein zunehmend wichtigerer Faktor für Mitarbeiter vieler großer Unternehmen. Denn im Zuge der Globalisierung und Internationalisierung von Unternehmen ist das Handeln im internationalen Kontext eine wichtige Aufgabe, welcher die Mitarbeiter von Unternehmen gegenüberstehen.

Einer dieser großen internationalen Konzerne ist die Deutsche Lufthansa AG. Viele der Mitarbeiter bei der Deutschen Lufthansa AG besetzen Positionen, in denen der Kontakt zu internationalen Kunden im Vordergrund ihrer Tätigkeit steht. Hier seien Positionen im Service z. B. die Flugbegleiter und das Bodenpersonal beispielhaft hervorgehoben. Somit stellt die Internationalität der Deutschen Lufthansa AG spezielle Anforderungen an die Personalauswahl. Hier muss unter anderem darauf geachtet werden, interkulturell kompetentes Personal auszuwählen. Zudem müssen die Auswählenden auch internationales Personal auswählen. Die Auswählenden müssen hierbei selbst interkulturelle Kompetenzen besitzen und z. B. kulturell unterschiedliches Verhalten der internationalen Bewerber angemessen bewerten können. Hier seien als Beispiel die regionalen Flugbegleiter genannt (beispielsweise japanische Flugbegleiter, welche vorwiegend auf Flugstrecken zwischen Deutschland und Japan eingesetzt werden). Die interkulturellen Kompetenzen stellen somit eine wesentliche Schlüsselvariable im Personalauswahlkontext der Deutschen Lufthansa AG dar. Doch wie erfasst man interkulturelle Kompetenzen am besten? Und wie kann man sich als Auswählender am besten auf internationale Bewerber einstellen?

Die Literatur erörtert vor allem die Problemstellung der Auswahl von Expatriates, also von aus Deutschland ins Ausland entsandten Fach- und Führungskräften, und deren Vorbereitung auf ihren Auslandseinsatz (z.B. Stahl, 1995). Dabei steht vor allem das Sich-Einstellen auf eine bestimmte Kultur für einen längeren Auslandseinsatz im Vordergrund. Das Personal der Deutschen Lufthansa AG steht jedoch vor einer etwas anderen Herausforderung. Flugbegleiter müssen sich beispielsweise täglich auf Passagiere aus mehreren unterschiedlichen Kulturen einstellen und allen einen exzellenten Service bieten. Daher soll hier besonders die Herausforderung der Rekrutierung von Personal hervorgehoben werden, das sich sehr flexibel auf unterschiedlichste Kulturen einstellen muss.

Dazu wird zunächst beschrieben, was interkulturelle Kompetenzen bedeuten, wie man diese erfassen kann und wie sich Kulturen unterscheiden können. Danach werden zwei Beispiele interkultureller Auswahl beschrieben und anschließend Tipps gegeben, wie man selbst mit Auswahlsituationen umgehen kann, in denen interkulturelle Kompetenzen ein wesentlicher Faktor sind.

Theoretischer Hintergrund

Zunächst soll geklärt werden, was die Wissenschaft unter dem Konstrukt „interkulturelle Kompetenz" versteht und welche Methoden es bereits gibt diese zu erfassen. Im darauf folgenden Abschnitt werden konkrete Personalauswahlbeispiele bei der Deutschen Lufthansa AG geschildert.

Was ist interkulturelle Kompetenz?

Hinz-Rommel (1996) definiert interkulturelle Kompetenz als Fähigkeit, angemessen und erfolgreich in einer fremdkulturellen Umgebung oder mit Angehörigen anderer Kulturen zu kommunizieren. In dieser Definition liegt das Hauptaugenmerk auf der Kommunikation zwischen Angehörigen verschiedener Kulturen. Nach Thomas (2003) enthält interkulturelle Kompetenz zusätzlich Aspekte. Neben der Funktion interkultureller Kompetenz als Voraussetzung für eine angemessene Kommunikation, Begegnung und Kooperation zwischen Menschen aus unterschiedlichen Kulturen, stellt interkulturelle Kompetenz das Resultat eines Lern- und Entwicklungsprozesses dar. Gezeigt wird interkulturelle Kompetenz in der Fähigkeit, die kulturelle Bedingtheit der Wahrnehmung, des Urteilens, des Empfindens und des Handelns bei sich selbst und bei anderen Personen zu erfassen, zu respektieren, zu würdigen und produktiv zu nutzen (vgl. Thomas, 2003). Interkulturelle Kompetenz enthält somit mehrere Aspekte. Es geht um eine Interaktion von Menschen unterschiedlicher Kulturen sowie Wissen um kulturelle Unterschiede und Gemeinsamkeiten und um das respektvolle Betrachten, um Toleranz sowie den sensiblen Umgang mit der Andersartigkeit. Zudem kann interkulturelle Kompetenz als Resultat eines Lern- und Entwicklungsprozesses auch gefördert werden.

Thomas (2003) unterscheidet somit zwischen kognitiven, affektiven und verhaltensorientierten Elementen der interkulturellen Kompetenz sowie der Lernmotivation und Lernfähigkeit. Wobei man unter dem kognitiven Aspekt der interkulturellen Kompetenz beispielsweise ein Grundverständnis des Phänomens Kultur sowie landeskundliches Faktenwissen versteht. Die affektive Komponente beschreibt unter anderem die Akzeptanz von Unterschieden und den Perspektivenwechsel bei der Betrachtung unterschiedlicher Kulturen. Unter der verhaltensorientierten Dimension sind Kulturstandards und Aspekte der non- und paraverbalen Kommunikation gefasst, beispielsweise Besonderheiten in der Mimik und Gestik sowie des Sprachtempos (vgl. Herbrand, 2002).

Wie kann man interkulturelle Kompetenz erfassen?

Nachdem verschiedene Definitionen der interkulturellen Kompetenz vorgestellt wurden, stellt sich nun die Frage, wie man interkulturelle Kompetenz so operationalisieren kann, dass man sie erfassen und als Prädiktor für erfolgreiches interkulturelles Handeln einsetzen kann.

Zu diesem Aspekt findet man vorwiegend Literatur und Forschungsansätze, die sich mit der Leistung von Führungskräften im Ausland oder Expatriates im Allgemeinen beschäftigen. So hat sich gezeigt, dass die mangelnde Leistung von Expatriates nicht auf mangelnde Fachkompetenz, sondern oft auf ungenügende interkulturelle Fähigkeiten zurückzuführen ist (vgl. Graf, 2003). Das bedeutet, dass eine Führungskraft, die im Inland eine gute Führungskraft ist, diese Kompetenz nicht unbedingt auch im internationalen Kontext beherrscht. So können mangelnde interkulturelle Kompetenzen zu Reibungsverlusten führen, die sich dann wieder auf den Berufserfolg auswirken. Diese Reibungsverluste können beispielsweise Missverständnisse durch kulturelle Unterschiede oder unklare Entscheidungen sein. Ein gezielter Blick auf die interkulturellen Kompetenzen bei der Auswahl geeigneter Expatriates kann solche negativen Auswirkungen vermindern.

Betrachtet man verschiedene Studien, die versucht haben, Prädiktoren für einen erfolgreichen Auslandseinsatz zu finden, findet man Zusammenhänge zwischen verschiedenen Persönlichkeitsfaktoren und einer guten Leistung im Ausland: So zeigt zum Beispiel Caligiuri (2000) einen Zusammenhang zwischen verschiedenen Aspekten der Big-Five-Persönlichkeitsfaktoren und der Leistung im Auslandseinsatz. Gewissenhaftigkeit korreliert beispielsweise mit dem Vorgesetztenurteil. Extraversion und Verträglichkeit stehen in Zusammenhang mit dem geringeren Wunsch, die Auslandsentsendung vorzeitig abzubrechen. Shaffer et al. (2006) zeigten darüber hinaus auch einen negativen Zusammenhang zwischen der Leistung und Ethnozentrismus, also der Favorisierung der eigenen sowie der Ablehnung der anderen Gruppe.

Zudem existieren verschiedene speziellere Testverfahren zur Messung individueller Ausprägungen des Konstrukts interkultureller Kompetenzen. Zum einen existieren Verfahren, die interkulturelle Kompetenz in Teilkompetenzen, z. B. affektive, kognitive und verhaltensbezogene Kompetenzen, unterteilen. Die Testverfahren sollen Aussagen über die Ausprägung dieser interkulturellen Teilkompetenzen treffen. Ein Beispiel für ein solches Verfahren stellt die „Intercultural Sensitivity Scale" (ISS) von Chen und Starosta (2000) dar, beziehungsweise die deutsche Version von Fritz und Möllenberg (1999). Der Test erfasst mit 24 Items 5 Dimensionen interkultureller Kompetenzen, wie beispielsweise das Engagement in interkulturellen Interaktionen und den Respekt interkultureller Unterschiede. Zum anderen existieren Verfahren, die versuchen die verschiedenen Teilkompetenzen der interkulturellen Kompetenz zu integrieren und in konkreten interkulturellen Handlungskontexten zu realisieren, zum Beispiel im Kontext von Assessment Centern. Diese Verfahren sind jedoch sehr komplex und die Güte der Verfahren muss noch wissenschaftlich belegt werden.

Deller (1996) fordert zudem, die kulturgenerelle Eignungsdiagnostik, d. h. die Feststellung der allgemeinen Auslandseignung, zu ersetzen durch eine kulturspezifische Eignungsdiagnostik, die die spezifischen Anforderungen einer Kultur berücksichtigt. Dazu müssen zunächst kulturspezifische Anforderungen unterschieden werden.

Wie unterscheiden sich Kulturen?

Will man kulturspezifische Anforderungen an Bewerber klarer spezifizieren, muss zunächst einmal betrachtet werden, inwieweit sich Kulturen überhaupt voneinander unterscheiden und was Kultur bedeutet.

Schon der Anthropologe Edward Burnett Tylor hat sich am Ende des 19. Jahrhunderts mit dem Thema Kultur beschäftigt und Kultur als „Inbegriff von Wissen, Glauben, Kunst, Moral, Gesetz, Sitte und allen übrigen Fähigkeiten und Gewohnheiten, welche der Mensch als Glied der Gesellschaft sich angeeignet hat." (zitiert nach Fischer 1996, S. 19) beschrieben.

Es existieren verschiedene Untersuchungen, die versuchen, kulturspezifische Denk-, Verhaltens- und Kommunikationsweisen zu beschreiben, in Beziehung zu setzen und aus diesen Erkenntnissen praktische Handlungsempfehlungen ableiten zu können. Die wohl bekannteste Untersuchung, die sich mit dem Kulturvergleich beschäftigt, stammt von Geert Hofstede (Hofstede, 1980). Dieser hat Befragungen bei über 100.000 IBM-Mitarbeitern in mehr als 40 verschiedenen Ländern durchgeführt und Kulturdimensionen definiert. Diese wurden benannt als Machtdistanz, Unsicherheitsvermeidung, Individualismus / Kollektivismus und Maskulinität / Feminität. Auf diesen Dimensionen können sich Kulturen unterscheiden. Zu erwähnen bleibt, dass dieser Ansatz der populärste, jedoch keinesfalls der einzige ist, Kulturen zu unterscheiden. An dieser Stelle soll jedoch lediglich der Ansatz von Hofstede als Beispiel für Unterscheidungsmöglichkeiten von Kulturen erwähnt bleiben.

Internationale Personalauswahl bei der Deutschen Lufthansa AG

Nachdem geklärt wurde, was interkulturelle Kompetenzen bedeuten, wie bisher interkulturelle Kompetenzen erfasst werden und wie sich Kulturen voneinander unterscheiden können, wird nun der internationale Personalauswahlprozess bei der Deutschen Lufthansa AG (Stand 2008) näher beschrieben. Dazu soll zwischen zwei unterschiedlichen Szenarien unterschieden werden. Zum einen beschäftigt sich die Deutsche Lufthansa AG mit der Auswahl von Bewerbern für Positionen, bei denen der Kontakt zu internationalen Kunden stark im Vordergrund steht. Als Beispiel für diese Positionen sei hier der Auswahlprozess für deutsche Flugbegleiter genannt. Zum anderen beschäftigt sich die Deutsche Lufthansa AG auch mit der Auswahl von internationalen Bewerbern. Hier sei zur Veranschaulichung der Auswahlprozess der sogenannten regionalen Flugbegleiter genannt. In beiden Prozessen stehen interkulturelle Kompetenzen im Fokus der Personalauswahl. Im Beispiel der deutschen Flugbegleiterbewerber geht es vor allem darum, deren interkulturelle Kompetenzen zu erheben. Bei der Auswahl der regionalen Flugbegleiter geht es darüber hinaus auch um die interkulturellen Kompetenzen der Auswählenden, beobachtetes Verhalten in der Auswahlsituation angemessen interpretieren zu können.

Im Folgenden sollen zunächst jeweils der gesamte Personalauswahlablauf und anschließend die Erfassung interkultureller Kompetenzen sowie daraus resultierende Probleme dargestellt werden.

Auswahl von Flugbegleitern in Deutschland

Der Auswahlprozess von Flugbegleitern bei der Deutschen Lufthansa AG (Stand 2008) gestaltete sich in verschiedenen Auswahlschritten. So mussten sich die Bewerber zunächst online bewerben. In einem Online-Bewerbersystem wurden vor allem Grundvoraussetzungen für die Tätigkeit als Flugbegleiter erhoben. Als Beispiel seien hier die Mindestgröße von 1,60 m und die Bereitschaft zum Schichtdienst genannt. Hier erfolgreiche Bewerber mussten im Anschluss Online-Tests (beispielsweise einen Englischtest) bestehen. Im weiteren Auswahlschritt wurden die geeigneten Bewerber zu einem Telefoninterview eingeladen. Wer auch dieses Telefoninterview positiv durchlief, bekam eine Einladung zu einem persönlichen Auswahltag auf der Lufthansa Basis in Frankfurt. Dieser persönliche Auswahltag unterteilte sich wiederum in verschiedene Bausteine. So sollten die Bewerber in einer Gruppenübung ihre Teamfähigkeit unter Beweis stellen, anschließend noch einmal in einem Englischtest ihre Englischkenntnisse zeigen und dann zuletzt in einem persönlichen Gespräch ihre Eignung für den Flugbegleiterberuf beweisen. Diesem persönlichen Gespräch zugrunde lagen Anforderungsdimensionen, die für den Beruf eines Flugbegleiters essenziell sind, hier seien als Beispiel die Kontaktfähigkeit sowie die interkulturellen Kompetenzen der Bewerber genannt.

Die Erfassung der interkulturellen Kompetenzen erfolgte also bei der Auswahl der Flugbegleiter nicht über Testverfahren, sondern über die Erfragung im Gespräch. Dies stellte eine besondere Herausforderung an die Auswählenden dar. Es müssen Interviewfragen identifiziert werden, mit denen interkulturelle Kompetenzen erhoben werden können. So könnte zum Beispiel eine Frage lauten: „Wie unterscheiden sich beispielsweise die beiden Kulturen Deutschland und USA voneinander?" Mit dieser Frage können das Wissen um die andere Kultur, also eine kognitive Komponente, aber auch die Toleranz der anderen Kultur gegenüber, eine affektive Komponente, erfasst werden. Diese Frage bietet sich vor allem dann an, wenn ein Bewerber schon einmal für eine längere Zeit in einem bestimmten Land (zum Beispiel im Rahmen eines Schüleraustauschs in den USA) gewesen ist. Allerdings birgt diese Frage unterschiedliche Probleme. Es zeigte sich im Auswahlalltag, dass man anhand der Antworten auf diese Art von Frage nicht etwa den Grad der interkulturellen Kompetenz unterscheiden kann (beispielsweise auf einer fünfstufigen Skala). Man kann lediglich identifizieren, ob sich ein Bewerber sehr negativ über das fremde Land äußert und somit eher keine interkulturelle Kompetenz besitzt. Auch zeigt die Erfahrung, dass sich die Antworten inhaltlich meist nicht sehr stark zwischen den einzelnen abgefragten Ländern, zum Beispiel der Unterscheidung zwischen Deutschland und den USA sowie zwischen Deutschland und Japan, unterscheiden, sondern die Bewerber eher sehr oberflächlich und pauschal beschrieben, dass „die anderen" beispielsweise sehr viel freundlicher als die Deutschen sind. Es gibt also Probleme mit der Reliabilität und Validität derartiger Fragen.

Ein weiteres Problem bei der Frage nach der Unterscheidung von Kulturen stellt sich bei Bewerbern, die noch keinerlei Auslandserfahrung gesammelt haben, da man bei diesen nicht auf deren früheren Erfahrungen mit der anderen Kultur eingehen kann. Auch zeigt sich das Problem der sozialen Erwünschtheit von Antworten auf diese Frage. Bewerber bereiten sich in den meisten Fällen auf ihren Auswahltag vor, lesen Erfahrungsberichte über den Ablauf des Auswahltages und mögliche Interviewfragen im Internet und überlegen sich schon vorher, welche Antworten wohl angemessen wären. Die Auswählenden können daher nicht unbedingt davon ausgehen, dass die Antwort auf eine solche Frage die tatsächliche Einstellung der Bewerber darstellt.

Während eines internen Evaluationsprozesses bei der Deutschen Lufthansa AG wurden diese Probleme der Erfassung interkultureller Kompetenzen erörtert und überlegt, wie man interkulturelle Kompetenzen noch besser erfassen könnte. Dazu wurden zunächst mögliche positive und negative Ausprägungen auf der Dimension interkulturelle Kompetenz beschrieben. Positiv zu deuten wären beispielsweise wertfreie Formulierungen über Personen anderer Herkunft, das Berichten von Lernerfahrungen zum Beispiel durch einen Auslandsaufenthalt, also eine Bereicherung durch die andere Kultur, sowie die Tatsache, dass ein Bewerber nicht die eigene Kultur als Maßstab zur Bewertung anderer Kulturen nimmt, also nicht ethnozentrisch orientiert ist. Negativ zu bewerten sind dagegen Generalisierungen, Pauschalurteile, Stereotype und das Missachten kultureller Unterschiede im Handeln und Denken.

Möglichkeiten, interkulturelle Kompetenzen zu erfassen, ergeben sich daraus z. B. in Form von situativen Fragen. Interkulturelle Situationen werden antizipiert und simuliert und die Reaktion der Bewerber in solchen Situationen wird erfragt. Ein Beispiel wäre die Bitte, sich die Arbeit in einem internationalen Team vorzustellen, wie es durchaus als Flugbegleiter vorkommt, und die Frage danach, welche Informationen verschiedene Teammitglieder benötigen, um effektiv miteinander arbeiten zu können. Zudem könnte man nach Problemen fragen, mit denen man konfrontiert werden könnte, wenn eine Person einer anderen Kultur Gast an Bord eines Flugzeuges wäre. Konkretere Situationen an Bord, die zum Beispiel mit Hilfe der sogenannten Critical Incident Technik (Flanagan, 1954) erhoben werden können, könnten geschildert werden. Hier wäre eine typische Situation zum Beispiel ein Moslem an Bord, der beten möchte, und die Frage danach, wie der Bewerber in einer solchen Situation reagieren würde. Weitere Situationen könnten sein, dass bei der Essensverteilung am Ende für einen jüdischen Gast kein koscheres Essen mehr zur Verfügung steht oder ein Passagier nicht neben einem indischen Gast sitzen möchte, da dieser sich „so komisch verhält". All dies und natürlich noch viele mehr sind Situationen, denen Flugbegleiter täglich im Berufsleben begegnen und bei denen sie interkulturelles Fingerspitzengefühl gegenüber vielfältigen Kulturen beweisen müssen. Solche situativen Fragen sind den im vorherigen Abschnitt genannten Fragen, z. B. der Frage danach, wie sich die beiden Kulturen Deutschland und USA voneinander unterscheiden, diagnostisch sehr überlegen.

Auswahl regionaler Flugbegleiter am Beispiel Japan

Im oberen Abschnitt wurde geschildert, wie erhoben werden kann, ob die deutschen Bewerber der Deutschen Lufthansa AG interkulturelle Kompetenzen besitzen oder nicht. Es gibt jedoch auch Auswahlsituationen bei der Deutschen Lufthansa AG, bei denen es darüber hinaus auch auf die interkulturellen Kompetenzen der Auswählenden ankommt. Das sind Situationen, in denen deutsche Auswählende internationale Bewerber interviewen. Ein Beispiel für eine solche Situation stellt die Auswahl regionaler Flugbegleiter bei der Deutschen Lufthansa AG dar.

Regionale Flugbegleiter sind Flugbegleiter aus einer anderen Kultur, in diesem Beispiel aus Japan, die speziell auf den Flugstrecken zwischen Deutschland und Japan eingesetzt werden. Auf diesen Flugstrecken befinden sich sehr viele japanische Gäste an Bord. Wie die Erfahrung und Kulturvergleiche gezeigt haben, unterscheiden sich das Servicekonzept und das Kontaktverhalten zwischen Japanern und Deutschen mitunter sehr voneinander (vgl. zum Beispiel Lutterjohann, 2007). So wird es zum Beispiel in Japan als unhöflich erachtet Blickkontakt zu halten, in Deutschland jedoch ist der Blickkontakt eines der wichtigsten Merkmale eines guten Kontaktes im Service. Weitere Unterschiede im Service in Japan zeigen sich beispielsweise in sehr devotem Verhalten gegenüber dem Gast. Dieses zeigt sich unter anderem in mehrfach wiederholten Entschuldigungen, sobald ein Wunsch des Gastes nicht erfüllt werden kann, sowie der tiefen Verbeugung beziehungsweise dem Niederknien vor dem Gast. Auch spiegelt die japanische Sprache die starken Hierarchiegedanken der japanischen Kultur wider. Denn je nach hierarchischem Status des Gegenübers werden zum Teil unterschiedliche Ausdrücke in der Sprache verwendet. Die Deutsche Lufthansa AG setzt daher auf diesen japanischen Flugstrecken japanische Flugbegleiter ein, denn nur diese können das erwünschte japanische Verhalten zeigen und sprechen eine gehobene japanische Sprache.

Ausgewählt wurden die japanischen Flugbegleiter von deutschen Auswählenden direkt vor Ort in Japan. Der Auswahlprozess gestaltete sich ähnlich wie der bei deutschen Flugbegleitern, also auch über eine Bewerbung im Online-Bewerbersystem und einem Telefoninterview vor dem eigentlichen Auswahltag. Der Auswahltag beinhaltete einen Englischtest und ein persönliches Gespräch in englischer Sprache. Um auch die gehobenen japanischen Sprachkenntnisse und das Verhalten gegenüber Japanern zu erfassen, war in jedem Gespräch ebenfalls eine japanische Auswählende anwesend. Die zu erfassenden Dimensionen der persönlichen Eignung überschnitten sich zum größten Teil mit denen der Auswahl deutscher Flugbegleiter, jedoch wurde bei der Auswahl der regionalen Flugbegleiter ein starker Fokus auf deren interkulturelle Kompetenz sowie deren japanisches Kontaktverhalten und Servicekonzept gelegt. Die Einordnung des Verhaltens und der Antworten der Japaner stellt eine große Herausforderung für die deutschen Auswählenden dar. Denn achtete man zuvor bei deutschen Flugbegleitern vor allem darauf, dass sie ein offenes Kontaktverhalten, also beispielsweise viel Blickkontakt sowie viel Freundlichkeit und Herzlichkeit zeigen, ist genau dieses extravertierte Verhalten in Japan eher unerwünscht. Zwar sollen die Bewerber ebenfalls freundlich und herzlich sein, aber den Blickkontakt eher meiden und eine devotere Haltung einnehmen. Das heißt, die Bewerber sollen möglichst „japanisch" und nicht zu westlich geprägt sein.

Große Unterschiede im Verhalten von deutschen und japanischen Flugbegleiterbewerbern zeigten sich auch häufig in dem während des Interviews eingesetzten Rollenspiel. Hier wird eine mögliche Servicesituation, beispielsweise die Tatsache, dass kein japanisches Essen mehr für einen japanischen Gast zur Verfügung steht, dargestellt und das direkte Verhalten der Bewerber beobachtet. In Japan zeigte sich sehr oft, dass die Bewerber regelrecht vor den Auswählenden auf die Knie fielen, also ein sehr devotes Verhalten zeigten, und sich mehrfach entschuldigten, obwohl sie nichts falsch gemacht haben. Würde dieses Verhalten bei deutschen Bewerbern eher als zu wenig selbstbewusst und unangemessen angesehen werden, ist es in Japan dagegen völlig angemessen so zu reagieren.

Die Herausforderung für die deutschen Auswählenden liegt also hier vor allem darin, kulturell unterschiedliches Verhalten angemessen einzustufen und hinsichtlich der Eignung der Bewerber zu bewerten. Die Auswählenden benötigen dazu Wissen über die jeweilige Kultur der Bewerber und Informationen dazu, welches Verhalten im späteren Berufsleben positiv zu bewerten ist.

Tipps für die internationale Personalauswahl

Fasst man die Betrachtungen der beiden Auswahlszenarien bei der Deutschen Lufthansa AG zusammen, kommen wir zu dem Schluss, dass sowohl die Bewerber als auch die Auswählenden interkulturelle Kompetenzen beweisen müssen. Die deutschen Bewerber müssen vor allem sehr flexibel auf ganz unterschiedliche Kulturen reagieren und deren kulturelle Gegebenheiten angemessen einordnen und darauf reagieren können. Die Auswählenden müssen sich in der jeweiligen Auswahlsituation vor allem auf eine bestimmte Kultur einstellen und vom Bewerber gezeigtes Verhalten hinsichtlich der kulturellen Prägung einordnen und für die Eignung in der jeweiligen Position bewerten. Für alle diejenigen, die sich ebenfalls mit der Personalauswahl im internationalen Rahmen beschäftigen sind hier getrennt für die beiden Szenarien Tipps für das weitere Vorgehen aufgelistet.

Szenario A:
Auswahl von deutschen Bewerbern, die sich im internationalen Kundenkontakt befinden

Zunächst ist eine Unterscheidung dahingehend notwendig, ob der Bewerber sich in der späteren Position vor allem mit einer bestimmten oder mit sehr vielen unterschiedlichen Kulturen beschäftigt.

- Beschäftigung mit einer bestimmten Kultur

Erfragen von Wissen über diese Kultur und spezielle Unterschiede im Wahrnehmen, Denken und Handeln

Erfragen der Lernbereitschaft, sich Wissen über die Kultur anzueignen und sich auf die Unterschiede im Wahrnehmen, Denken und Handeln der Kultur einzulassen und sie zu respektieren

- Beschäftigung mit vielen unterschiedlichen Kulturen

Erstellung situativer Fragen, um Respekt vor anderen Kulturen und Flexibilität des eigenen Verhaltens bezüglich anderer Kulturen zu erfassen:

Schritt 1:	Sammlung von Critical Incidents bezüglich interkulturellem Handeln aus dem Berufsalltag
Schritt 2:	Identifikation der angemessenen und weniger angemessenen Verhaltensweisen in solchen Situationen
Schritt 3:	Ableitung von Fragen und anderen Assessment Methoden, z. B. Rollenspielen aus diesen Critical Incidents mit Verhaltensankern

Szenario B:
Auswahl von internationalen Bewerbern
– Herausforderungen für die Auswählenden

Schritt 1:   Sammlung von Wissen über die bestimmte Kultur des Bewerbers und Feststellen von Unterschieden im Wahrnehmen, Denken und Handeln der anderen Kultur

- Durch spezielle Literatur über die jeweilige Kultur

- Durch Befragung von deutschen Mitarbeitern darüber, wie sich Kollegen der anderen Kultur im Verhalten unterscheiden, welche Überraschungen in der Zusammenarbeit aufgetreten sind usw.

- Durch direkte Beobachtung und Befragung der schon im Konzern anwesenden Kollegen der jeweiligen Kultur

Schritt 2:   Antizipation von möglichen auftretenden Unterschieden im Verhalten in der Auswahlsituation

Schritt 3:   Festlegung neuer Verhaltensanker der erfassten Dimensionen für die jeweilige Kultur

Schritt 4:   Bei Unklarheiten bezüglich der Einordnung des gezeigten Verhaltens Nachfrage bei und Diskussion des Verhaltens mit Kollegen der jeweiligen Kultur (z. B. japanischem Auswählenden im Interview)

Literaturverzeichnis

Caligiuri, P. M. (2000). The Big Five personality characteristics as predictors of expatriates desire to terminate the assignment and supervisor-rated performance. Personnel Psychology, 53, 67-88.

Chen, G. M. & Starosta, W. J. (2000). The development and validation of the intercultural communication sensitivity scale. Human Communication, Vol. 3, 1-15.

Deller, J. (1996). Interkulturelle Eignungsdiagnostik. In: A. Thomas (Hrsg.): Psychologie interkulturellen Handelns. Göttingen: Hogrefe.

Fischer, M. (1996). Interkulturelle Herausforderungen im Frankreichgeschäft. Kulturanalyse und Interkulturelles Management. Wiesbaden: Gabler.

Flanagan, J. C. (1954). The critical incident technique. Psychological Bulletin, 51, 4, 327-358.

Fritz, W. & Möllenberg, A. (1999). Die Messung interkultureller Sensibilität in verschiedenen Kulturen – Eine internationale Vergleichsstudie. Braunschweig: Arbeitspapier der Technischen Universität.

Graf, A. (2003). Interkulturelle Kompetenz als Herausforderung. Personal, 6, 26-30.

Herbrand, F. (2002). Fit für fremde Kulturen: Interkulturelles Training für Führungskräfte. Bern: Haupt.

Hinz-Rommel, W. (1996): Interkulturelle Kompetenz und Qualität. Zwei Dimensionen von Professionalität in der Sozialen Arbeit. IZA – Zeitschrift für Migration und Soziale Arbeit. Heft 3+4, 20–25.

Hofstede, G. (1980). Culture`s Consequences. International Differences in Work Related Values. Beverly Hills: Sage.

Lutterjohann, M. (2007). Kulturschock Japan. Bielefeld: Reise Know-how Verlag Peter Rump GmbH.

Shaffer, M., Harrison, D. A., Gregersen, H., Black J. S. & Ferzandi, L. A. (2006). You can take it with you: individual differences and expatriate effectiveness. Journal of Applied Psychology, 91, 109-125.

Stahl, G. (1995). Die Auswahl von Mitarbeitern für den Auslandseinsatz: Wissenschaftliche Grundlagen. In: T. Kühlmann (Hrsg.), Mitarbeiterentsendung ins Ausland: Auswahl, Vorbereitung, Betreuung und Wiedereingliederung. Göttingen: Hogrefe.

Thomas, A. (2003). Was ist interkulturelle Handlungskompetenz? Universität Regensburg, abgerufen unter: http://www.icunet.ag/uploads/media/Vortrag_Thomas.pdf, Abrufdatum 08.11.2008.

4   Kreativität messen: Ein trimodaler Ansatz

Julia Maier

„Kreativität" – eine Fähigkeit, die im beruflichen Kontext oft gefordert, selten aber genau gemessen wird. Um Kreativität im beruflichen Kontext nutzen zu können, ist ebendies jedoch unerlässlich: Einerseits ist zu klären, was Kreativität im speziellen Fall ausmacht und wie sie sich konkret beschreiben lässt; andererseits ist festzulegen, auf welche Weise kreative Fähigkeiten bestmöglich diagnostiziert werden können, um Personalentscheidungen zu optimieren. Hilfreich hierbei ist einerseits eine prozessbasierte Definition von Kreativität und andererseits die Berücksichtigung unterschiedlicher methodischer Zugänge entsprechend dem trimodalen Ansatz der Eignungsdiagnostik (Schuler, 2007). Dieser sieht vor, dass verschiedene Datenquellen herangezogen werden, um z.B. Kreativität und Innovativität zu erfassen. Konkret wären dies etwa die Biografie, Testleistungen oder Arbeitsproben. Insgesamt liefert das prozessorientierte Vorgehen dabei den Vorteil, dass individuelle Stärken- und Schwächenprofile erstellt werden können, die eine Basis für Personalplanungen zum Zwecke der Innovationsorientierung von Unternehmen darstellen.

Einleitung

Dass Kreativität für zahlreiche berufliche Tätigkeiten eine wichtige Anforderung darstellt, ist zweifelsfrei erwiesen. Schuler und Görlich (2007) nehmen an, dass Kreativität für all diejenigen Tätigkeiten von Bedeutung ist, die „a) ein gewisses Ausmaß an Autonomie zulassen, sowie für diejenigen, die b) darauf ausgerichtet sind, Produkte oder Prozesse zu verbessern" (S. 4). Somit sind kreative Fähigkeiten nicht nur für künstlerische und gestalterische Berufe eine erfolgskritische Anforderung, sondern auch zahlreiche weitere Tätigkeiten, wie Führungs- und Managementberufe, Unternehmer, Berater und Therapeuten, werden den innovationsbezogenen Berufen zugeordnet.

Voraussetzung dafür, Kreativität oder Innovativität in Unternehmen verfügbar zu machen, ist neben der Schaffung entsprechender situativer Bedingungen und der Förderung kreativen Verhaltens besonders auch die Auswahl kreativer Personen. Basiert diese Personalauswahl auf wissenschaftlich erarbeiteten Diagnoseinstrumenten, so können kreative Personen auf zuverlässige und gültige Weise identifiziert und hinsichtlich ihrer spezifischen Eignung geprüft werden.

Welche Instrumente sind aber dazu geeignet, Kreativität zu messen? Im beruflichen Kontext werden kreative Fähigkeiten größtenteils über Selbstbeschreibungen, Vorgesetzten- und Kollegenurteile oder die Bewertung von Portfolios erfasst – Methoden, die jeweils eigene Vorteile haben, aber auch Schwachstellen aufweisen. Selbst- wie Fremdbeurteilungen unterliegen häufig Urteilstendenzen, die die Qualität der Messung beeinträchtigen. Auch die Analyse von Portfolios bringt einige Nachteile mit sich, da deren Erstellung mit einigem Aufwand verbunden und eine standardisierte Bewertung nicht immer einfach ist. Ein geeignetes Vorgehen, um die Schwächen einzelner Verfahren auszugleichen, ist der kombinierte Einsatz unterschiedlicher diagnostischer Maße. Der trimodale Ansatz der Eignungsdiagnostik (Schuler, 2007) sieht vor, dass verschiedene Datenquellen, z. B. Tests, Simulationen und biografische Daten, simultan berücksichtigt werden, um die den jeweiligen Anforderungen entsprechenden Fähigkeitsbereiche zu messen – ein Ansatz, der auch für die Kreativitätsdiagnostik von Nutzen sein kann.

Was ist „Kreativität"?

Soll es nun darum gehen, Kreativität zu messen, ist zunächst zu fragen, was Kreativität eigentlich ist. Schon 1865 befasste sich Galton mit der Analyse kreativer Personen. Dennoch hat sich das Unterfangen, Kreativität zu definieren, über die Jahre hinweg als nicht ganz einfach erwiesen und nach wie vor ist die Frage nach „der einen" Definition Thema aktueller Forschungsarbeiten (Acar, Burnett & Cabra, 2017; Simonton, 2017). Inzwischen existieren über 100 Kreativitätsdefinitionen, die sich in mehr oder weniger großem Ausmaß überschneiden (Smith, 2005). Im Psychologischen Wörterbuch hält Groeben (2018) zusammenfassend fest:

> Kreativität „wird daher heute zumeist als eine besondere Qualität des Problemlösens verstanden […].
> In Übereinstimmung mit der Alltagspsychologie gilt in der empirischen Forschung die Neuheit (oder Originalität) als das wichtigste (Produkt-)Kriterium. […] Genauso unverzichtbar ist allerdings die Angemessenheit bzw. Brauchbarkeit der (neuen) Problemlösung, die daher zus. mit der Neuheit die (für K.) notwendige und zugleich hinreichende Kriterien Kombination darstellt." (S. 894)

Hilfreich für ein besseres Verständnis des Kreativitätsbegriffs ist darüber hinaus die Klassifikation bestehender Definitionsansätze entlang eines viel zitierten Schemas von Rhodes (1957). In diesem werden vier traditionelle Sichtweisen oder auch „Facetten" der Kreativität unterschieden: das kreative Produkt, die kreative Person, die kreative Umwelt und der kreative Prozess (s. a. Groeben, 2018). Die meisten Versuche, Kreativität begrifflich zu fassen, beziehen sich auf eine oder mehrere dieser vier Facetten. Die Gemeinsamkeiten existierender Ansätze werden im Folgenden zusammenfassend dargestellt:

Ein *kreatives Produkt* wird – wie in der Definition von Groeben (2018) – zumeist über seine Neuheit bzw. Originalität und seine Brauchbarkeit bzw. Nützlichkeit definiert. Es ist somit eine „effektive Neuheit" eines Produkts gefordert, um es als kreativ zu bezeichnen.

Die *kreative Person* ist durch spezifische Fähigkeiten und Eigenschaften charakterisiert, die ihr Potenzial zu kreativer Leistung bestimmen. Dazu gehört in praktisch allen Definitionen die Fähigkeit, viele neue Ideen zu generieren, wobei diese aus möglichst unterschiedlichen Kategorien stammen sollten. Auch allgemeine analytische Fähigkeiten werden häufig als Bestimmungsfaktor kreativer Personen verstanden, ebenso wie die Persönlichkeitseigenschaften „Offenheit", „Impulsivität" oder „Introvertiertheit" (z.B. Feist, 1998).

Die *Umgebung* einer Person ist in dem Ausmaß kreativ, in dem sie förderlich für kreatives Verhalten ist. Die auszuübende Tätigkeit sollte demnach möglichst komplex sein, um kreative Leistungen herauszufordern. Vorgesetzte sollten die Mitarbeiter unterstützen und ihnen Handlungsfreiräume lassen; Kollegen sollten stimulierend auf die Mitarbeiter wirken, indem sie sie zu kreativen Leistungen anregen (Cummings & Oldham, 1997).

Der *kreative Prozess* wird generell als mindestens dreistufig beschrieben, wobei den meisten Definitionsansätzen gemeinsam ist, dass ein bestimmtes Problem den Ausgangspunkt des kreativen Prozesses darstellt, welches genau identifiziert und schließlich in Form einer Idee „gelöst" werden muss. Die entwickelte Lösung muss schließlich auch in die Praxis umgesetzt werden. Mit dem Ziel, eine für personalpsychologische Zwecke geeignete Struktur des Kreativitätsprozesses zu formulieren, entwickelten Schuler und Görlich (2007) basierend auf theoretisch und empirisch bewährten Modellvorstellungen eine integrative und als idealtypisch zu bezeichnende achtstufige Aufgliederung der Stufen des kreativen Prozesses (s. Abb. 1): Ausgehend von einem als solches identifizierten Problem werden Informationen zusammengetragen und neuartig kombiniert, so dass eine Idee entsteht. Diese muss anschließend praktisch umgesetzt, bewertet, gegebenenfalls angepasst und schließlich implementiert werden.

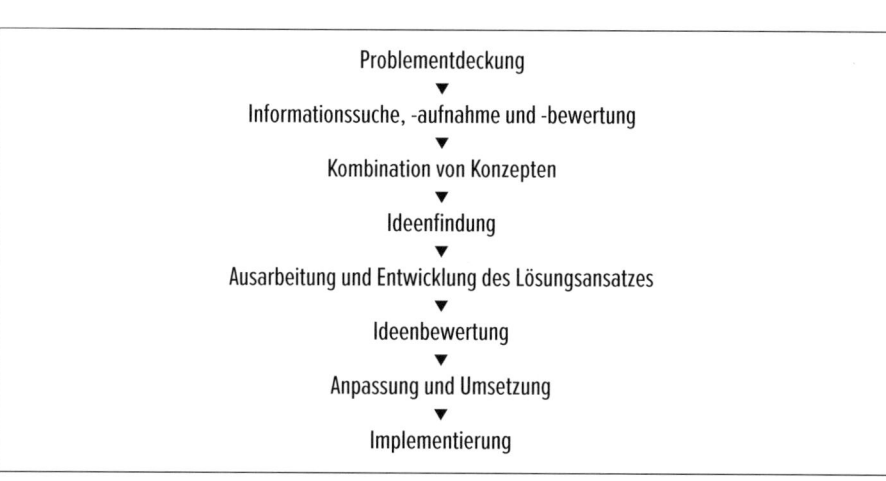

Problemdeckung
▼
Informationssuche, -aufnahme und -bewertung
▼
Kombination von Konzepten
▼
Ideenfindung
▼
Ausarbeitung und Entwicklung des Lösungsansatzes
▼
Ideenbewertung
▼
Anpassung und Umsetzung
▼
Implementierung

Abbildung 1   Die Stufen des kreativen Prozesses nach Schuler und Görlich (2007, S. 30)

Für die Kreativitätsmessung im Berufskontext bietet sich eine Begriffsdefinition basierend auf dem kreativen Prozess an. Findet man Mitarbeiter, die alle Schritte beherrschen (oder sich in diesen gegenseitig ergänzen können), so sind bestenfalls alle Voraussetzungen dafür gegeben, dass nicht nur viele Ideen entwickelt, sondern diese letztlich auch praktisch umgesetzt werden. Nur so können Unternehmen innovativ sein.

Messung von Kreativität

Ebenso wie die Begriffsfassung hat auch die Messung von Kreativität eine lange Geschichte und mittlerweile vielfältige Blüten getrieben. In einer Übersicht stellt Hocevar (1981) zehn Verfahrensklassen einander gegenüber – angefangen von kognitiven Kreativitätstests über Einstellungs- und Interessentests bis hin zu Beurteilungen durch Außenstehende. Insgesamt wurden so bis Mitte der 1990er Jahre bereits mehr als 200 Verfahrenstypen dokumentiert. Mit seinem heuristischen Rahmenmodell liefert Batey (2012) einen Ansatz, um die verschiedenen methodischen Ansätze zur Kreativitätsmessung zu ordnen. Basis ist eine 4x4x3 Matrix, die über die Dimensionen Level (Individuum, Team, Organisation, Kultur), Facette (Person, Prozess, Umwelt, Produkt) und Messansatz (objektiv, Selbstbeurteilung, Fremdurteil) aufgespannt wird. Für die Berufseignungsdiagnostik sind vorrangig all solche Verfahrenstypen relevant, die das Individuum betreffen.

Diese lassen sich hinsichtlich ihrer Methodik weiter in drei verschiedenartige eignungsdiagnostische Zugänge klassifizieren. Schuler (2007) unterscheidet in seinem trimodalen Ansatz der Eignungsdiagnostik den *Eigenschafts- oder Konstruktansatz*, den *Simulationsansatz* und den *biografischen Ansatz*, von denen jeder schwerpunktmäßig einer eigenen Verfahrens- (und Validierungs-) Logik folgt (s. Abb. 2).

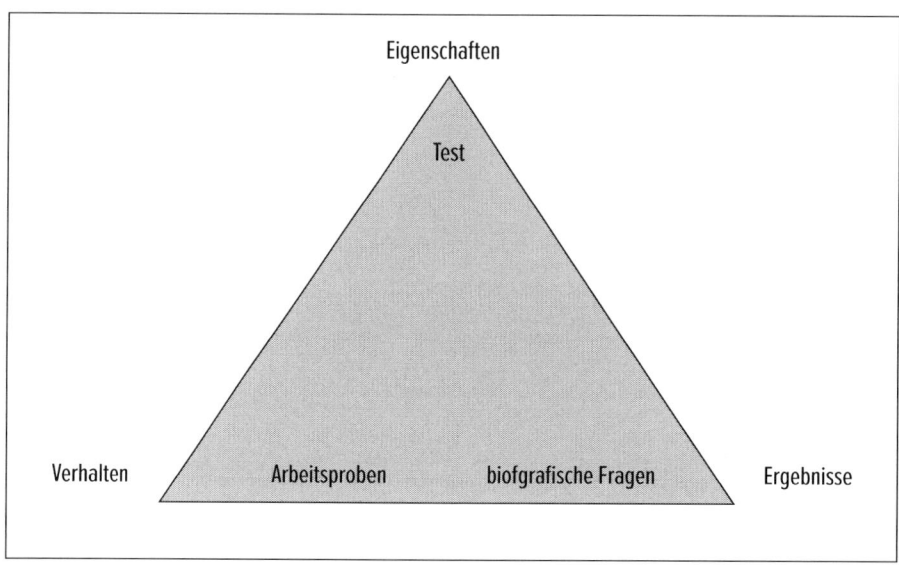

Abbildung 2   Der trimodale Ansatz der Eignungsdiagnostik nach Schuler (2018, S. 29)

Im *Eigenschafts-* oder *Konstruktansatz* geht es darum, relativ stabile Konstrukte, wie etwa die Kreativität, aber auch allgemeine kognitive Fähigkeiten (Intelligenz) oder Persönlichkeitsmerkmale (bspw. Big Five), über psychologische Tests zu erfassen. Bei der Untersuchung der kreativen Fähigkeiten oder Eigenschaften einer Person werden klassischerweise ein *kognitiver* und ein *persönlichkeitsorientierter* Ansatz unterschieden: Zum einen steht somit die Art der Informationsverarbeitung, das heißt des Denkens, im Vordergrund, zum anderen wird Kreativität als Eigenschaft bzw. Eigenschaftskonglomerat verstanden, das nicht-kognitive Aspekte wie Einstellungen, Interessen, Motivationen oder Werte umfasst. Zu den rein kognitiven Kreativitätstests zählen beispielsweise die „Analyse Schlussfolgernden und Kreativen Denkens" (ASK, Schuler & Hell, 2005) oder der „Verbale Kreativitäts-Test" (VKT, Schoppe, 1975), während der „Test zum schöpferischen Denken-Zeichnerisch" (TSD-Z, Urban & Jellen, 1995) ein Mischverfahren darstellt und auch persönlichkeitsbezogene Merkmale erfasst.

Der *Simulationsansatz* dient der Erfassung von Verhalten, das typisch für die Leistungserbringung in einem bestimmten Bereich ist. Entsprechend wichtig ist in diesem Zusammenhang die inhaltliche Übereinstimmung zwischen der eignungsdiagnostischen Aufgabe und der späteren Tätigkeit. Im Kontext kreativer Berufe werden häufig Arbeitsproben zur Eignungsdiagnose eingesetzt (Schuler & Görlich, 2007). Auch in Interviews können anhand situativer Fragen kreative Fähigkeiten simulationsorientiert erhoben werden. Schuler (2018) stellt beispielhaft einige Interviewfragen dar, die zur Erfassung von berufsbezogenem Einfallsreichtum geeignet sind und als Anregung für die Entwicklung strukturierter Interviews dienen können (z. B.: „Welche Verwendungsmöglichkeiten können Sie sich für unsere Produktionsabfälle vorstellen?", S. 185).

Eine modernere Entwicklung ist der Einsatz von Computerszenarios, die die Kontrolle, Steuerung und Lösung komplexer Problemsituationen in digitaler Form erfordern und eine mehr oder weniger realistische Abbildung beruflicher Anforderungssituationen ermöglichen (s. Rüppell & Vohle, 2004).

Schließlich beruht der *biografische Ansatz* auf der Annahme, vergangenes Verhalten sei der beste Prädiktor zukünftigen Verhaltens: Hat ein Individuum in der Vergangenheit bereits kreative Leistungen erbracht, so ist es wahrscheinlich, dass es sich auch in Zukunft kreativ verhalten wird. Demnach wird auf vergangenes Verhalten und erbrachte Ergebnisse zurückgegriffen, um Leistungen zu prognostizieren. Die Daten können durch Interviews, Dokumentenanalysen oder mit Hilfe biografischer Fragebogen erfasst werden. Im englischen Sprachraum existieren einige standardisierte Verfahren zur biografischen Kreativitätsmessung, z. B. die „Creative Achievement Scale" (CAS; Ludwig, 1992) oder der „Creative Achievement Questionnaire" (CAQ; Carson, Peterson & Higgins, 2005).

Möchte man nun ein komplexes Konstrukt wie die Kreativität vollständig erfassen, erscheint eine Kombination der drei dargelegten Ansätze im Sinne einer multimodalen Diagnostik angeraten. Jeder einzelne Ansatz berücksichtigt unterschiedliche Aspekte kreativer Fähigkeiten und ist somit dazu geeignet, einen jeweils eigenen Erklärungsbeitrag in Bezug auf die (berufsbezogene) Kreativität zu leisten. Ein multimethodaler Auswahlprozess bedingt auch eine erhöhte Generalisierbarkeit der Diagnosebefunde auf die zukünftige berufliche Leistung und trägt zu einer verbesserten Reliabilität der Messwerte bei (Schuler, Höft & Hell, 2014). Zudem können auf diese Weise methodenbedingte Verzerrungen vermieden werden.

Trimodale Messung des Kreativitätsprozesses

Die meisten Verfahren zur Kreativitätsmessung sind nicht explizit für den Anwendungskontext der beruflichen Eignungsdiagnostik entwickelt worden und einige erfassen Kreativität auf recht abstrakte Weise. So fokussieren Tests häufig ausschließlich auf das Konstrukt des Divergenten bzw. Kreativen Denkens, also die Fähigkeit, viele seltene und unterschiedliche Ideen zu produzieren, was dem Wesen kreativer Leistungen nicht immer vollständig gerecht wird. Biografische Inventare zielen zumeist auf die Identifikation außergewöhnlicher kreativer Leistungen; Simulationen sind insgesamt äußerst rar.

Ergiebiger besonders für den beruflichen Kontext ist demgegenüber die Umsetzung eines breiteren Verständnisses von Kreativität im Sinne des kreativen Prozesses. Auf diese Weise können etwa zum Zweck der Personalauswahl explizite Anforderungen an neue Mitarbeiter prozessbezogen formuliert werden. Individuelle Leistungsdefizite können genau identifiziert und ferner kompensiert werden, indem z.B. Arbeitsteams aus Leistungsträgern unterschiedlicher Prozessstufen zusammengesetzt werden oder Personalentwicklungsmaßnahmen auf individuelle Bedürfnisse abgestimmt werden.

Basierend auf dem Kreativitätsprozessmodell von Schuler und Görlich (2007, s. o.) wurden an der Universität Hohenheim verschiedene Verfahren zur Kreativitätsmessung entwickelt. Ziel war es, kreative Fähigkeiten im Rahmen einer trimodalen Messung möglichst breit abzubilden. Neben einem klassischen Test wurden daher auch Instrumente zur simulationsbasierten und biografischen Erfassung von Kreativität erarbeitet, die sich bezüglich der gelieferten diagnostischen Informationen sinnvoll ergänzen können.

Eigenschaftsbezogener Ansatz

Zur Messung von Eigenschaften eignen sich besonders standardisierte Tests. Unter einem Test versteht man „ein wissenschaftliches Routineverfahren zur Untersuchung eines oder mehrerer empirisch abgrenzbarer Persönlichkeitsmerkmale mit dem Ziel einer möglichst quantitativen Aussage über den relativen Grad der individuellen Merkmalsausprägung" (Lienert & Raatz, 1998, S. 1). Je nach Art des zu erfassenden Merkmals unterscheiden die Autoren Intelligenz-, Leistungs- und Persönlichkeitstests.

Die „Diagnose berufsbezogener Kreativität – Planung und Gestaltung" (DBK-PG; Schuler, Gelléri, Winzen & Görlich, 2013) zur prozessbezogenen Kreativitätsmessung wurde in Form eines Leistungstests umgesetzt. Die Probanden müssen im Test tatsächliche Leistungen erbringen, die anhand eines festgelegten Beurteilungsmaßstabs bewertet werden. Die acht Stufen des kreativen Prozesses werden über jeweils mindestens zwei Aufgabentypen erfasst; insgesamt besteht der Test aus 8 Aufgaben, deren vollständige Bearbeitung 36 ½ Minuten beansprucht.

Um die Testaufgaben in einen anschaulichen und realistischen Rahmen einzubetten, wurde das Themengebiet „Stadtpark" als Coverstory für die Testaufgaben festgelegt. Abbildung 3 zeigt ein Aufgabenbeispiel für die Erfassung der siebten Prozessstufe, „Anpassung und Umsetzung".

Park-Export

Das von Ihrer Firma entwickelte Parkkonzept ist ein voller Erfolg. Ihre Aufgabe ist es nun, das Stadtparkkonzept auch in anderen Regionen der Erde umzusetzen. Es kommen Sibirien, eine Wüstenregion und der Tropenwald in Frage.
Was müssten Sie grundsätzlich bedenken, wenn Sie das unten geschilderte Konzept in den angegebenen Regionen realisieren wollten?

Parkkonzept: ...

Abbildung 3   Beispielaufgabe des Kreativitätstests (TPG)

Die empirischen Analysen – insgesamt wurde der Test an mehr als 3000 Probanden, darunter Schüler, Studenten und Berufstätige, erprobt (Gelléri, 2012; Winzen, 2009) – weisen auf eine gute Qualität des entwickelten Verfahrens hin. Der Test kann Leistungen gleichmäßig über den gesamten Fähigkeitsbereich hinweg differenzieren, wobei ein tendenzieller Schwerpunkt auf dem oberen Fähigkeitsbereich liegt. Obwohl die Aufgaben ein ungebundenes Format haben, ist die Auswertungsobjektivität praktisch ausnahmslos gegeben ($ICC \geq .73$, $N = 101$). Bezüglich der Reliabilität findet sich eine hohe interne Konsistenz der Gesamtskala (Cronbachs Alpha = .84, $N = 1957$) sowie eine sehr zufriedenstellende Retestreliabilität ($r_{tt} = .81$, $N = 114$). Zudem lassen sich signifikante positive Zusammenhänge zu anderen Kreativitätstests, zur Intelligenz und zu kreativitätsrelevanten Persönlichkeitsmerkmalen nachweisen, so dass dem Test diesbezügliche Konstruktvalidität zugeschrieben werden kann (Winzen, 2009). Schließlich zeigen sich für den DBK-Gesamtwert auch bedeutsame Korrelationen zu manifesten Kriterien berufsrelevanter kreativer Leistung, so z. B. zu einer Fremdbeurteilung der Kreativität durch den Vorgesetzten ($r = .28$, $p \leq .10$, $N = 38$, Bereich Forschung & Entwicklung), der Anzahl eingereichter Patente ($r = .40$, $p \leq .01$, $N = 44$, Bereich Forschung & Entwicklung), der Anzahl an ausgestellten eigenen künstlerischen Werken ($r = .43$, $p \leq .05$, $N = 34$, Künstler) und der Entwicklung einer Geschäftsidee ($r = .35$, $p \leq .05$, $N = 38$, Bereich Marketing/Werbung Schuler, Gelléri, Winzen & Görlich, 2013).

Simulationsbezogener Ansatz

Simulationsbezogene Daten können unter anderem mit Hilfe von simulativen Aufgaben erfasst werden. Die „Diagnose berufsbezogener Kreativität – Technik und Entwicklung" (Palmer, 2016) – das Schwesterverfahren der DBK-PG zur prozessorientierten Kreativitätsmessung für technische und entwicklungsbezogene Tätigkeiten – umfasst neben klassischen Testaufgaben zwei wirklichkeitsnahe Simulationen zur prozessorientierten Kreativitätsmessung. Die Phasen „Problementdeckung" und „Implementierung" (Schuler & Görlich, 2007) wurden über einen Film bzw. ein Rollenspiel operationalisiert. Basis der Aufgabenentwicklung war eine Anforderungsanalyse, die unter Verwendung der Critical Incident Technique (Flanagan, 1954) durchgeführt wurde. Im Rahmen von Experteninterviews konnte so besonders effektives und ineffektives kreatives Arbeitsverhalten für verschiedene betriebswirtschaftliche, technische und kreative Berufe identifiziert werden. In der psychometrischen Analyse erweisen sich beide Aufgaben als ausreichend reliabel (Interkorrelation $r = .29$, $p \leq .01$, $N = 303$) und konstrukt- wie kriterienbezogen valide (Palmer, 2016): Es ergeben sich bedeutsame Zusammenhänge zu anderen Kreativitätsmaßen (z.B. ASK-Kreatives Denken [Schuler & Hell, 2005]: $r = .40$, $p \leq .01$, $N = 60$) und berufsrelevanten Kriterien (z.B. „eigene Ideen umgesetzt": $t = -2.49$, $p \leq .01$, $N = 443$).

Parallel zur Entwicklung simulativer Aufgaben wurde auch der Ansatz, kreatives Verhalten anhand eines „Situational Judgment Tests" (SJTs) zu erfassen, realisiert. Kennzeichen von SJTs ist die Verwendung situativer Fragen, welche eine Beschreibung einer typischen und für den zu messenden Merkmalsbereich relevanten Situation liefern. Zur Beantwortung der Fragen werden die Probanden gebeten anzugeben, wie sie sich in der dargelegten Situation verhalten würden (s. Latham, Saari, Pursell & Campion, 1980); Verhalten wird somit auf kognitiver Ebene simuliert. Die Antworten werden schließlich hinsichtlich ihrer Eignung zum Umgang mit der vorgegebenen Situation bewertet.

Zur prozessorientierten Erfassung von Kreativität wurde ein SJT konzipiert, der die einzelnen von Schuler und Görlich (2007) spezifizierten Prozessstufen abbildet. Grundlage für die Entwicklung der situativen Fragen war eine Sammlung erfolgskritischer Ereignisse aus unterschiedlichen Branchen. Für alle acht Stufen des Prozessmodells benannten Führungskräfte typische erfolgsrelevante Situationen (z. B. Stufe 1: Situation, in der es entscheidend war, den Kern eines Problems genau zu identifizieren), die schließlich verdichtet sowie sprachlich und formal als SJT-Item umgearbeitet wurden. Ergebnis war ein 25 Items umfassender Testbogen, der nach ersten empirischen Überprüfungen auf 21 Items reduziert wurde (Weiß, 2006). Jede Stufe wird durch zwei bis vier Items erfasst; ein Beispiel für die Stufe „Ideenfindung" illustriert Abbildung 4. Die Aufgabenbeantwortung erfolgt über die Bildung einer Rangreihe entsprechend der Ausführungswahrscheinlichkeit der vorgegebenen Verhaltensalternativen durch den Probanden. Zur Bewertung wird diese mit der durch die Führungskräfte eingeschätzten Effizienz der einzelnen Verhaltensweisen abgeglichen.

Die Verfahrensqualität konnte in nachfolgenden Studien nur teilweise belegt werden. Mit einem Alpha von .70 ($N = 404$) ergibt sich ein zufriedenstellender Wert für die interne Konsistenz des Instruments. Demgegenüber erweisen sich die Zusammenhänge des SJT zu externen Leistungskriterien und zu anderen Maßen der Kreativitäts- bzw. Intelligenzmessung als niedrig bis unbedeutend. Eine Revision des Verfahrens findet sich bei Gelléri, Hornung, Winter, Winzen und Schuler (2009).

Sie arbeiten in Ihrem Unternehmen in der Personalbetreuung und sollen für die Abteilungsleitung ein neues Konzept zur Gestaltung der Prämienvergabe für die Mitarbeiter erstellen. Wie gehen Sie an diese Aufgabe heran?

- Ich orientiere mich an den bereits bestehenden Konzepten in diesem Bereich und versuche, diese in den wichtigsten Punkten weiterzuentwickeln.

- Ich stelle, unabhängig von bisherigen Entwürfen, ein komplett neues Konzept auf.

- Ich leite die Aufgabe an einen einfallsreichen Mitarbeiter weiter.

- Ich orientiere mich an bestehenden Konzepten und versuche, diejenigen Aspekte zu verbessern, deren Veränderung am leichtesten zu bewerkstelligen ist.

- Ich informiere mich über bereits bestehende Lösungsansätze, um Ideen zu sammeln, und entwerfe dann selbst ein neues Konzept.

Abbildung 4   Beispielitem des Situational Judgment Tests zur Kreativitätsmessung

Biografischer Ansatz

Die dritte Quelle des trimodalen Ansatzes (Schuler, 2007) stellt schließlich der biografische Ansatz dar. Für gewöhnlich werden biografische Daten in der Eignungsdiagnostik anhand von Bewerbungsunterlagen, also Anschreiben, Lebenslauf, Zeugnissen und Referenzen, oder über Einstellungsgespräche, d. h. Interviews, erfasst. Zwar liefern diese umfassende Informationen in Bezug auf bisherige Leistungen, Verhaltensweisen oder Ergebnisse – es fehlt ihnen jedoch zumeist ein standardisiertes Aus- bzw. Bewertungsschema. Gerade Bewerbungsunterlagen werden häufig „klinisch" beurteilt, das heißt, die vorliegenden Daten werden allein anhand des Fachwissens und der Intuition des Beurteilers interpretiert, was eine unzureichende Zuverlässigkeit sowie eine geringe Nachvollziehbarkeit und Ökonomie der gezogenen Schlussfolgerungen bedingen kann. Selbiges gilt für Interviews, wenn diese – wie häufig der Fall ist – als freie Gespräche ohne Anforderungsbezug und Struktur durchgeführt werden.

Um biografische Daten ökonomisch auf zuverlässige und vergleichbare Weise erfassen zu können, ist der Einsatz biografischer Inventare angeraten. Hierbei handelt es sich um psychometrisch fundierte Fragebögen, mit deren Hilfe Informationen zur Biografie in standardisierter Form erhoben werden können. Kennzeichen der Items biografischer Fragebögen ist neben Merkmalen wie „external", „objektiv", „verifizierbar" oder „allgemein zugänglich" notwendigerweise ihre Historizität (Mael, 1991). Explizit für die Kreativitätsmessung konzipierte biografische Fragebögen sind im deutschen Sprachraum rar, da die Konstruktion solcher Messinstrumente zeit- und ressourcenaufwendig ist.

Aus diesem Grund wurde, wiederum auf Basis des Prozessmodells von Schuler und Görlich (2007), ein umfassender biografischer Fragebogen zur Kreativitätsmessung entwickelt (Förster, 2007). Hierzu wurden zunächst, einem deduktiven Konstruktionsprinzip folgend, biografische Items zusammengestellt, die die einzelnen Stufen des kreativen Prozesses in angemessener Weise repräsentieren. Aus diesen wurden dann mit Hilfe statistischer Verfahren die besten Items ausgewählt, so dass der Fragebogen in seiner endgültigen Form insgesamt 87 Items umfasst. Die Einschätzung der biografiebezogenen Aussagen erfolgt über eine siebenstufige Ratingskala, die die Ausprägungen „trifft gar nicht zu" bis „trifft voll zu" hat (s. Abb. 5).

	Trifft gar nicht zu	Trifft nicht zu	Trifft eher nicht zu	Teils-teils	Trifft eher zu	Trifft zu	Trifft voll zu
1. Aus meinen Ideen ist schon einmal etwas praktisch Brauchbares geworden.	☐	☐	☐	☐	☐	☐	☐
2. Wenn mir etwas wichtig war, dann habe ich es auch durchgesetzt.	☐	☐	☐	☐	☐	☐	☐

Abbildung 5   Beispielitems des Biografischen Fragebogens zur Kreativitätsmessung

Die psychometrische Qualität des Fragebogens wurde in mehreren Untersuchungen nachgewiesen. Die internen Konsistenzen der acht Skalen liegen zwischen $\alpha = .61$ und $.74$; der gesamte Bogen weist eine entsprechende Reliabilität von $\alpha = .92$ auf ($N = 461$). Signifikante Zusammenhänge von mittlerer Höhe zur DBK-PG, zur kreativen Persönlichkeit und zum Einfallsreichtum belegen die Konstruktvalidität des Verfahrens (Behringer, 2008). Zudem kann der Biografische Fragebogen Kriterien wie den Ausbildungserfolg ($r = .29$, $p \leq .01$, $N = 124$) oder das Interesse an einem kreativen Beruf ($r = .42$, $p \leq .01$; $N = 124$) vorhersagen und liefert dabei einen Validitätszugewinn gegenüber dem SJT (Behringer, 2008).

Kreativitätsmessung in der Praxis

Wie die vorangehenden Ausführungen darlegen, ist Kreativität als berufliche Anforderung prinzipiell definier- und messbar. Davon sollten Unternehmen profitieren! Innovativität gilt weithin als entscheidender Faktor für unternehmerische Erfolge. Wie aber kann ein Unternehmen innovativ sein, ohne das kreative Potenzial seiner Mitarbeiter genau zu kennen und bewusst zu steuern? Stellt doch die Kreativität als wesentliches Mittel zum Zweck der Innovation erst die personale Grundlage für Innovationen auf Organisationsebene dar (Guldin & Gelléri, 2014).

Erwiesenermaßen sind standardisierte bzw. strukturierte Verfahren der Personalauswahl gegenüber intuitiven Urteilen klar im Vorteil, wenn es darum geht, zukünftige Leistungen zu prognostizieren (z. B. Schmidt & Hunter, 1998). Auch kreative Leistungen lassen sich demnach zu einem gewissen Ausmaß vorhersagen. Zudem zeigen Modelle zur Nutzenbestimmung (z.B. Boudreau, 1983) in anschaulicher Weise, inwiefern sich die Qualität eines Auswahlverfahrens im Sinne der Validität positiv auf dessen monetären Nutzen auswirken kann. Eine wissenschaftlich fundierte Diagnose kreativer Fähigkeiten liefert in diesem Sinne einen direkten Beitrag sowohl zur Innovationsfähigkeit als auch zur Effektivität eines Unternehmens.

Für die Unternehmenspraxis ist eine Kombination der verschiedenen vorgestellten Ansätze zur trimodalen Kreativitätsdiagnose wie folgt denkbar: Biografiebezogene Daten lassen sich im Rahmen eines Bewerber-Screenings über einen biografischen Fragebogen (s. 4.3) erfassen. Im zweiten Schritt dient ein Leistungstest wie die DBK-PG (s. 4.1) dazu, effizient differenzierte Information über das kreative Potenzial der Bewerber zu sammeln. Der simulative Ansatz (s. 4.2) eignet sich schließlich für eine strukturierte Eignungsdiagnose im Rahmen erster Hospitationen, wie sie im kreativen Tätigkeitsbereich üblich sind, da in einem solchen Rahmen auch interaktive Testteile durchgeführt werden können. Insgesamt liefert das prozessorientierte Vorgehen dabei den Vorteil, dass individuelle Stärken- und Schwächenprofile erstellt werden können, die eine Basis für weitere Personal(entwicklungs)planungen darstellen. Dies ist ein wichtiger Ansatzpunkt für die Stärkung der Innovativität eines Unternehmens.

Literaturverzeichnis

Acar, S., Burnett, C. & Cabra, J. F. (2017). Ingredients of creativity: Originality and more. Creativity Research Journal, 29, 133–144.

Batey, M. (2012). The measurement of creativity: From definitional consensus to the introduction of a new heuristic framework. Creativity Research Journal,24,55–65, 2012

Behringer, M. (2008). Validierung zweier Testinstrumente zur Erfassung von Kreativität – Empirische Untersuchung von Konstruktzusammenhängen zur Intelligenz. Unveröffentlichte Diplomarbeit, Universität Hohenheim.

Boudreau, J. W. (1983). Economic considerations in estimating the utility of human resource productivity improvement programs. Personnel Psychology, 36, 551-576.

Carson, S. H., Peterson, J. B. & Higgins, D. M. (2005). Reliability, validity and factor structure of the Creative Achievement Questionnaire. Creativity Research Journal, 17, 37-50.

Cummings, A. & Oldham, G. R. (1997). Enhancing creativity: Managing work contexts for the high potential employee. California Management Review, 40, 22-38.

Feist, G. J. (1998). A meta-analysis of personality in scientific and artistic creativity. Personality and Social Psychology Review, 2, 290-309.

Förster, N. (2007). Konstruktion eines biographischen Inventars zur Erfassung von Kreativität und Innovativität. Unveröffentlichte Diplomarbeit, Universität Hohenheim / Westfälische Wilhelms-Universität Münster.

Galton, F. (1865). Hereditary talent and character. Macmillans Magazine, 12, 157-166 318-327.

Gelléri, P. (2012). Die kreative Persönlichkeit und der kreative Prozess: Entwicklung und Validierung des Tests zur berufsbezogenen Kreativität für gestaltungs- und sprachbezogene Tätigkeiten. Münster: Monsenstein und Vannerdat.

Gelléri, P., Hornung, T., Winter, C. , Winzen, J. & Schuler, H. (2009). Entwicklung eines Situational Judgment Tests zur Erfassung von Kreativität. 6. Tagung der Fachgruppe Arbeits- und Organisationspsychologie in der Deutschen Gesellschaft für Psychologie in Wien (09.-11.09.2009).

Groeben, N. (2018). Kreativität. In M. A. Wirtz (Hrsg.), Dorsch – Lexikon der Psychologie. Abgerufen am 15.05.2018, von https://portal.hogrefe.com/dorsch/kreativitaet/

Guldin, A. & Gelléri, P. (2014). Förderung von Innovationen. In H. Schuler & U. Kanning (Hrsg.), Lehrbuch der Personalpsychologie (3. Aufl., S. 607-645). Göttingen: Hogrefe.

Latham, G. P., Saari, L. M., Pursell, E. D. & Campion, M. A. (1980). The situational interview. Journal of Applied Psychology, 64, 422-427.

Lienert, G. A. & Raatz, U. (1998). Testaufbau und Testanalyse. Weinheim: PVU.

Ludwig, A. M. (1992). The Creative Achievement Scale. Creativity Research Journal, 5, 109-124.

Mael, F. A. (1991). A conceptual rationale for the domain and attributes of biodata items. Personnel Psychology, 44, 763-792.

Palmer, C. (2016). Berufsbezogene Kreativitätsdiagnostik. Beschreibung und Messung der personalen Voraussetzungen von Innovationen. Berlin: Springer.

Palmer, C., Cesinger, B., Gelléri, P., Putsch, D. & Winzen, J. (2015). Psychometrical testing of entrepreneurial creativity. International Journal of Entrepreneurial Venturing, 7, 194-210.

Rhodes, J. M. (1957). The dynamics of creativity: An interpretation of the literature on creativity with a proposed procedure for objective research. Dissertation Abstracts, 17, 96.

Rüppell, H. & Vohle, F. (2004). DANTE – Diagnose und Training erfinderischen Denkens. In G. Reinmann & H. Mandl (Hrsg.), Psychologie des Wissensmanagements. Perspektiven, Theorien und Methoden (S. 267-276). Göttingen: Hogrefe.

Schmidt, F. L. & Hunter, J. E. (1998). The validity and utility of selection methods in personnel psychology: Practical and theoretical implications of 85 years of research findings. Psychological Bulletin, 124, 262-274.

Schoppe, K.-J. (1975). Verbaler Kreativitäts-Test. Göttingen: Hogrefe.

Schuler, H. (2007). Berufseignungstheorie. In H. Schuler & K. Sonntag (Hrsg.), Handbuch der Arbeits- und Organisationspsychologie (S. 429-440). Göttingen: Hogrefe.

Schuler, H. (2018). Das Einstellungsinterview. Göttingen: Hogrefe.

Schuler, H., Gelléri, P., Winzen, J. & Görlich, Y. (2013). Diagnose berufsbezogener Kreativität – Planen und Gestalten. Manual. Göttingen: Hogrefe.

Schuler, H. & Görlich, Y. (2007). Kreativität. Göttingen: Hogrefe.

Schuler, H. & Hell, B. (2005). Analyse des Schlussfolgernden und Kreativen Denkens. Bern: Huber.

Schuler, H., Höft, S. & Hell, B. (2014). Eigenschaftsorientierte Verfahren der Personalauswahl. In H. Schuler & U. Kanning (Hrsg.), Lehrbuch der Personalpsychologie (3. Aufl., S. 149-213). Göttingen: Hogrefe.

Simonton, D. K. (2017). Big-C versus little-c creativity: Definitions, implications, and inherent educational contradictions. In Creative contradictions in education (S. 3-19). Springer, Cham.

Smith, G. J. W. (2005). How should creativity be defined? Creativity Research Journal, 17, 293-295.

Urban, K. K. & Jellen, H. G. (1995). Test zum schöpferischen Denken-Zeichnerisch. Frankfurt/Main: Swets Test Services.

Weiß, M. (2006). Entwicklung eines Situational Judgment Tests zur Messung von Kreativität und Innovativität. Unveröffentlichte Diplomarbeit, Universität Hohenheim.

Winzen, J. (2009). Kreativitätsmessung in der Berufseignungsdiagnostik – Entwicklung und Validierung eines Verfahrens zur Kreativitätsmessung unter Berücksichtigung kognitiver Fähigkeiten und Aspekte der kreativen Persönlichkeit. München: avm-Verlag.

5 Führungskräfteauswahl zwischen Anspruch und Wirklichkeit

Uwe Peter Kanning

Bei der Auswahl von Führungskräften kommen häufig Methoden zum Einsatz, die nur wenig über die Eignung der Bewerber verraten. So überschätzen die Entscheidungsträger in den Unternehmen in der Regel die Bedeutung der Führungserfahrung und gehen einfach davon aus, dass Führungserfahrung automatisch zu mehr Führungsexpertise führt, was nachweislich nicht der Fall ist. Bei internen Beförderungen verlässt man sich in starkem Maße auf die bisherigen Leistungsdaten der Kandidaten im Unternehmen und vertraut der Leistungseinschätzung durch den direkten Vorgesetzten. Dabei wird übersehen, dass mit einer Beförderung auch neue, anspruchsvollere Ausgaben auf die Kandidaten zukommen und viele Leistungsbeurteilungssysteme kaum in der Lage sind, valide Aussagen zu treffen. Die Lösung für diese Missstände liegen in einer konsequenten Orientierung an Forschungsergebnissen der Personaldiagnostik.

Die richtige Auswahl der Führungskräfte ist eine zentrale Aufgabe für jede Organisation. Führungskräfte entscheiden über Einsatz und Koordination ihrer Mitarbeiter. Sie können maßgeblich zu deren Entwicklung, Motivation und Zufriedenheit beitragen. Darüber hinaus treffen sie die zentralen Entscheidungen in Bezug auf Investitionen oder Prozesse der Organisationsentwicklung. Vor diesem Hintergrund liegt es eigentlich auf der Hand, dass man bei der richtigen Auswahl von Führungskräften besondere Sorgfalt walten lassen sollte. In kaum einem Arbeitsbereich des Personalmanagements kann man mit professioneller Arbeit so viel Nutzen für die Organisation schaffen bzw. durch mangelnde Professionalität so viel Schaden anrichten, wie bei der Auswahl von Führungskräften. Die sehr umfangreiche Forschung auf dem Gebiet der Personaldiagnostik liefert seit vielen Jahren grundlegende Erkenntnisse und Methoden zur Optimierung von Auswahlprozessen (vgl. Kanning, 2018a, 2018b, Schuler, 2014; Schuler & Kanning, 2014). Gleichwohl gibt es nur wenige Studien, die sich im Besonderen mit der Zielgruppe der Führungskräfte beschäftigt (vgl. Thornton, Hollenbeck & Johnson, 2010).

Im Folgenden gehen wir der Frage nach, inwieweit es empirische Hinweise auf Fehlentscheidungen bei der Besetzung von Führungspositionen gibt, woran dies liegt und welche Gegenmaßnahmen zur treffen sind.

Indizien fehlerhafter Führungskräfteauswahl

Ohne Zweifel kommt der richtigen Auswahl von Führungskräften eine besondere Bedeutung für den Erfolg einer jeden Organisation zu. Eine ältere Studie von Weiner und Mahoney (1981, zitiert nach Thornton & Hollebeck,

2010) kommt zu dem Schluss, dass über 40% der Varianz der Profitabilität einer Organisation auf Entscheidungen der obersten Hierarchieebene eines Unternehmens zurückzuführen sind. Auch wenn diese Zahl wohl kaum zu verallgemeinern ist, vermittelt sie doch eine ungefähre Vorstellung davon, welche Relevanz fehlerhafte oder auch nur suboptimale Entscheidung bei der Führungskräfteauswahl haben kann. Dass dennoch immer wieder Fehlentscheidungen bis in die obersten Führungsebenen getroffen werden, verdeutlichen spektakuläre Insolvenzen wie im Fall Acandor oder Schlecker, feindliche Übernahmeversuche, die in ihr Gegenteil verkehrt wurden (VW durch Porsche, Thyssen durch Krupp) oder gescheiterte Fusionen, die Kosten in Milliardenhöhe verursachen (z.B. DaimlerChrysler). Howard (2007) berichtet von Ergebnissen, denen zufolge zwischen 1995 und 2003 die frühzeitige Absetzung von CEO's in den 2500 größten Unternehmen der Welt um 170% angestiegen ist. Etwa ein Drittel von ihnen wurde aufgrund unzureichender Leistung entlassen. Besonders häufig trifft es dabei Spitzenführungskräfte, die als vormals organisationsexterne Bewerber eingestellt wurden und dann als Hoffnungsträger galten (Howard, 2007).

Ein weiterer Punkt, der im Hinblick auf die Qualität der Auswahlentscheidungen zu denken gibt, betrifft soziale Ungleichverteilungen im Hinblick auf die familiäre Herkunft. Den Daten von Hartmann (2007) zufolge stammen die Vorstandsvorsitzenden der 100 größten deutschen Unternehmen zu 52% aus dem Großbürgertum, zu 33% aus dem Bürgertum und zu lediglich 15% aus der Arbeiter- und Mittelschicht. In vergleichbaren europäischen Staaten wie Großbritannien und Frankreich finden sich sehr ähnliche Werte (53%, 31%, 16% bzw. 57%, 30%, 13%). Nun könnte man annehmen, dass dies vor allem auf ein höheres Bildungsniveau der Bewerber mit bürgerlichem Familienhintergrund zurückzuführen sei. Tiefer gehende Analysen von Hartmann und Kopp (2001) scheinen dies zu widerlegen. Betrachtet man allein die promovierten Wirtschaftswissenschaftler, Juristen und Ingenieure – also Personen mit einem sehr hohen individuellen Bildungsniveau –, so spielt die gesellschaftliche Herkunft nach wie vor eine wichtige Rolle. Für Absolventen mit großbürgerlichem Hintergrund ist die Wahrscheinlichkeit, in einem deutschen Spitzenunternehmen eine Führungsposition zu erlangen, dreimal so hoch wie für Personen, deren Eltern aus der Arbeiter- und Mittelschicht stammen. In weniger prestigeträchtigen Unternehmen ist die Wahrscheinlichkeit immer noch doppelt so hoch. Selbst wenn man in Rechnung stellt, dass Kinder aus großbürgerlichen Familien im Bereich der Soft Skills (Rhetorik, Selbstdarstellung, Sozialverhalten) eine bessere Förderung erfahren haben könnten, bleibt immer noch die Vermutung, dass viele Auswahlentscheidungen in starkem Maße durch subjektive Faktoren wie Stereotype, Ähnlichkeits-Attraktivitäts-Effekte oder auch die absichtliche Bevorzugung bestimmter Personengruppen (z.B. in Sinne der gegenseitigen Förderung von Netzwerkmitgliedern) verzerrt sind.

Alles in allem entsteht der Eindruck, als stehe bei der Auswahl von Führungskräften nicht gerade alles zum Besten (Kanning, 2018a). Dabei ist zu bedenken, dass eine fehlerhafte Auswahl nicht nur dann vorliegt, wenn die Entscheidung offenkundig falsch war und ggf. sogar zurückgenommen werden muss. Eine Fehlentscheidung ist schon gegeben, wenn es nicht gelungen ist, aus dem Bewerberpool die beste Person für eine Stelle zu finden. Man denke hier an Mitbewerber, die vielleicht auch nur 10 oder 15% bessere Leistung erbringen würden als der ausgewählte Kandidat. Auf der Ebene eines Lageristen könnte man mit einem solchen Unterschied vielleicht noch leben. In der Unternehmensspitze mag er hingegen sogar den Fortbestand der gesamten Organisation gefährden, wenn in wirtschaftlich schwierigen Zeiten durch einen neuen Geschäftsführer z.B. folgenschwere Fehlinvestitionen getätigt werden. Selbst wenn es nicht gleich um den Fortbestand der Organisation geht, nehmen Managemententscheidungen massiven Einfluss auf die Entwicklung des Unternehmens (Stellenbesetzung auf nachgeordneten Positionen, Produktpolitik etc.) sowie das Verhalten und Erleben der Mitarbeiter (Unterstützung von Veränderungsprozessen, Leistungsbereitschaft, Absentismus, Fluktuation etc.).

Einige Ursachen für fehlerhafte Auswahlentscheidungen

Zur Auswahl von Führungskräften stehen all jene Methoden zur Verfügung, die auch auf niedrigeren Hierarchieebenen zum Einsatz kommen (vgl. Howard, 2007; Schuler, 2014). Dabei ist zumindest in Bezug auf die Vorauswahl der Kandidaten zwischen organisationsinternen und -externen Kandidaten zu unterscheiden (vgl. Tab. 1).

Tabelle 1   Methoden zur Auswahl von Führungskräften

	Auswahl interner Personen	Auswahl externer Personen
Vorauswahl	• Bewerbungsunterlagen • Referenzen • Leistungsdaten/-Beurteilung • 360°-Beurteilung	• Bewerbungsunterlagen • Referenzen • Executive Search
stellenunspezifische Instrumente	• Leistungstests • Persönlichkeitsfragebögen*	• Leistungstests • Persönlichkeitsfragebögen*
stellenspezifische Instrumente	• Strukturiertes Interview • Assessment Center • Probezeit	• Strukturiertes Interview • Assessment Center • Probezeit

* Big Five, berufsspezifische Persönlichkeitsdimensionen, soziale Kompetenzen, Motivation, Integrität etc.

Auf den ersten Blick ist die Ausgangslage bei internen Kandidaten günstiger als bei externen, da hier mehr Daten über die Leistung der Bewerber in einem relevanten Arbeitkontext vorliegen (z.B. Umsatzzahlen, Ergebnisse von Mitarbeiter- oder Kundenbefragungen). Allerdings trügt der Anschein nicht selten. Die Leistung am früheren Arbeitsplatz ist nicht ohne Weiteres ein guter Prädiktor für die zukünftige Leistung. Ein guter Sachbearbeiter wird nicht zwangsläufig eine gute Führungskraft. Umgekehrt gilt, dass eine Führungskraft nicht zwingend ein guter Sachbearbeiter gewesen sein muss. Die Tatsache, dass man auf einer niedrigeren Führungsebene erfolgreich war, bedeutet nicht zwangsläufig, dass dies in gleicher Weise auch auf einer höheren Führungsebene der Fall sein wird (Howard, 2007). Letztlich kommt es auf die konkreten Anforderungen der jeweiligen Position an. Besonders offensichtlich sind die Unterschiede in den Anforderungen, wenn man bedenkt, dass auf der Ebene des Top-Managements strategische Entscheidungen zu treffen sind, die auf den Ebenen darunter nicht auftreten. Die Leistung am früheren Arbeitsplatz ist umso aussagekräftiger, je ähnlicher beide Arbeitsplätze hinsichtlich der Anforderungen sind. Insbesondere im öffentlichen Dienst, aber auch in kleinen und mittelständischen Unternehmen scheint das Prinzip des *Anforderungsbezugs* kaum Berücksichtigung zu finden. Diagnostisches Wissen ist hier meist nicht vorhanden. Gerade einmal 31 % der mittelständischen Unternehmen in Deutschland führen im Vorfeld der Besetzung von Führungspositionen aussagekräftige Anforderungsanalysen durch (Stephan & Westhoff, 2002).

Dabei glaubt man wohl nicht selten, dass jemand, der viel Erfahrung gesammelt hat, sich damit fast zwangsläufig für höhere Aufgaben qualifiziert. Dass dies ein Trugschluss ist, zeigen Studien zur prognostischen Validität der Berufserfahrung. Sie liegt im Durchschnitt bei lediglich .21 (Quinones, Ford & Teachout, 1995). Nicht einmal die Tatsache, dass ein Bewerber mehrere Jahre Führungserfahrung aufweist, ist ein verlässlicher Indikator für die Qualität der Führung. Kanning und Fricke (2013) konnten in einer Untersuchung mit mehr als 500 erfahrenen und mehr als 300 potenziellen Führungskräften zeigen, dass beide Gruppen sich nicht bedeutsam in führungsrelevanten Kompetenzen (gemessen über ein Potential-AC) unterschieden.

Wer in der Praxis die Bedeutung des Anforderungsbezugs nicht reflektiert, befördert lediglich verdiente Mitarbeiter, betreibt aber im eigentlichen Sinne keine Auswahl von Führungskräften. Ohne es zu wissen, lässt man damit eine wichtige Chance zur Optimierung ungenutzt. Sollte man im Einzelfall Monate später den Fehler einsehen, ist es zumindest im Öffentlichen Dienst schon zu spät. Eine zweite Chance bekommt man erst, wenn der Stelleninhaber in Rente geht, und das kann mitunter 20 Jahre oder länger dauern.

Aber selbst wenn man nicht naiv auf die Erfahrung vertraut, sondern auf die Daten eines formalen *Leistungsbeurteilungssystems* zurückgreift, gilt es grundlegende Probleme zu bedenken (Kanning, Möller, Kolev & Pöttker, 2013). Leider lässt sich Leistung nur selten im Sinne von „Stückzahlen" oder „Ausschuss" objektiv messen. Zudem ist der Output einer Person (Produktivität, Kundenzufriedenheit etc.) oft nicht ohne weiteres ihr allein zuzuschreiben. Unklar bleibt der Einfluss von Kollegen, unterstellten Mitarbeitern sowie wirtschaftlichen oder organisationalen Rahmenbedingungen (vgl. London et al., 2007). In den letzten Jahren wird zudem verstärkt diskutiert, inwieweit es sinnvoll ist, kurzfristige wirtschaftliche Erfolge als Leistungsmaß heranzuziehen und das mittel- und langfristige Wohlergehen des Unternehmens dabei außer Acht zu lassen. London et al. (2007) plädieren dafür, dass man beide Perspektiven in die Betrachtung einfließen lässt und überdies im Sinne einer Balanced Scorecard parallel mehrere Erfolgskriterien heranzieht (z.B. Umsatz, Gewinn, Mitarbeiterzufriedenheit, Fluktuation, Kundenzufriedenheit).

Will man Leistung jenseits des vermeintlich einfach zu quantifizierenden Outputs messen, greift man in aller Regel auf die Vorgesetztenbeurteilung zurück. Vorausgesetzt, die Führungskraft hat genügend Informationen über den Einzelnen, um eine solche Beurteilung vornehmen zu können, ist dies ein sinnvolles Mittel. Diesmal steckt das Problem jedoch meist in den verwendeten Bewertungsskalen (Kanning et al., 2013). Sie basieren in der Regel gar nicht auf stellenbezogenen Anforderungsanalysen. Stattdessen greift man auf abstrakte Kompetenzmodelle oder Plausibilitätsannahmen zurück. In der Konsequenz ist gar nicht klar, ob das Leistungsbeurteilungssystem überhaupt die stellenspezifischen Dimensionen der Leistung erfasst. Kanning, Rustige, Möller und Kolev (2011, S. 32) identifizieren sechs weitere methodische Mängel, die häufig anzutreffen sind:

1. Die Leistungsbereiche sind inhaltlich weder definiert noch gegeneinander deutlich abgegrenzt. Je nach Führungskraft wird daher eine bestimmte Leistung, zum Beispiel einmal der Arbeitsweise, ein andermal der Kundenorientierung, zugeordnet.

2. Die Punktwerte sind inhaltlich nicht definiert. Eine bestimmte Leistung führt daher in Abhängigkeit vom individuellen Bezugssystem des Beurteilers zu unterschiedlichen Bewertungen.

3. Die Bewertungsskala hat sehr viele Stufen. Der Unterschied auf einer zehnstufigen Skala zwischen z.B. 7 und 8 Punkten dürfte inhaltlich schwer zu greifen und gegenüber dem Mitarbeiter kaum trennscharf zu kommunizieren sein.

4. Die Punktwerte für einen einzelnen Mitarbeiter werden im direkten Vergleich zur Leistung der Kollegen vergeben. Dabei gibt im schlechtesten Fall auch der sprichwörtlich Einäugige unter den Blinden noch eine gute Figur ab. Eine Information über die absolute Ausprägung der Kompetenzen existiert nicht. Hinzu kommt, dass jede Führungskraft ihr eigenes Bezugssystem ausbilden muss. In der Konsequenz wird ein und dieselbe Leistung in verschiedenen Abteilungen unterschiedlich bewertet. Die Leistungsbeurteilung ermöglicht somit keine Übertragung auf andere berufliche Positionen, was im Zuge von Personalauswahlentscheidungen jedoch zwingend notwendig ist.

5. Über alle Leistungskriterien hinweg wird ein Mittelwert berechnet. Dies führt dazu, dass die Information über das individuelle Leistungsprofil verloren geht. Ein Mitarbeiter, der in allen Bereichen drei Punkte auf einer Skala von 1-5 erzielt, scheint die gleiche Leistung zu erbringen wie ein Mitarbeiter, der extrem schwache Leistungen in manchen Bereichen durch extrem starke Leistungen in anderen rechnerisch kompensiert. In der Arbeitsrealität wird eine solche Kompensation nur selten tatsächlich gelingen. Man stelle sich etwa eine Führungskraft vor, die fachlich hervorragende Ideen einbringt, im Umgang mit ihren Mitarbeitern aber cholerisch auftritt. Trotz hoher Fachkompetenz und Kreativität der Führungskraft besteht die Gefahr, dass sich gute Mitarbeiter zurückziehen und vielleicht sogar den Arbeitgeber wechseln.

6. Jede Leistungsdimension wird durch eine einzige Bewertung erfasst. Hierdurch schlagen Messfehler (die immer auftreten) direkt auf die Beurteilung durch.

Leistungsbeurteilungssysteme, die derart Mängel aufweisen, sind als Basis für die interne Auswahl von Führungskräften kaum geeignet.

Auch um *Executive Search* bzw. Headhunting – gemeint ist hiermit die gezielte Ansprache einzelner Spitzenführungskräfte, die später kein professionelles Auswahlverfahren mehr durchlaufen – dürfte es kaum besser bestellt sein. Über die Validität dieser in sich sehr heterogenen Methode ist wenig bekannt. Eine Studie von Hamori (2010) zeigt vor allem zwei Probleme auf:

1. Headhunter können sehr oft die tatsächliche Leistungsfähigkeit der Kandidaten nicht einschätzen und orientieren sich daher bei der Auswahl am Prestige der derzeitigen Stelle bzw. des derzeitigen Arbeitgebers. Da man sich später nach der Ansprache nicht traut, die Eignung der Kandidaten kritisch zu hinterfragen, steigt die Wahrscheinlichkeit dafür, dass „Blender" eingestellt werden.

2. Die Wahrscheinlichkeit, dass ein Kandidat ein entsprechendes Angebot annimmt steigt, mit der Anzahl früherer Angebote, die er angenommen hat. Hierdurch steigt die Gefahr, dass ganze Karrieren nur auf Prestige fußen. Der Kandidaten wechselt alle paar Jahre den Arbeitgeber – ehe man sein Unvermögen feststellen kann – und steigt dabei Dank des Headhuntings immer weiter in prestigeträchtigere Stellen auf.

Eine Variante der Leistungsbeurteilung stellt die *360°-Beurteilung* dar (Kanning 2014). Hierbei lässt man das leistungsbezogene Verhalten eines Mitarbeiters nicht nur aus der Sicht des direkten Vorgesetzten beurteilen, sondern erfasst weitere Perspektiven (unterstellte Mitarbeiter, Kollegen, Kunden sowie das Selbstbild der Betroffenen). Auch wenn Selbst- und Fremdbilder in der Regel nur mäßig korrelieren, klären sie jeweils eigenständige Varianzanteile der zu prognostizierenden Leistung auf (z.B. Ostroff, Atwater und Feinberg, 2004). Insofern ist es durchaus sinnvoll derartige Daten in die Auswahlentscheidung bei internen Bewerbern einfließen zu lassen. Leider werden die meisten Unternehmen entsprechende Systeme gar nicht besitzen oder aber man verwendet wiederum Skalen, deren Reliabilität und Validität zumindest unklar ist (vgl. Kanning, 2013a, 2013b).

Mehrere Studien zeigen, dass es auch bei der Anwendung klassischer Auswahlmethoden verschiedene Probleme gibt, die letztlich die Wahrscheinlichkeit für Fehlbesetzungen auf der Führungsebene steigern (Kanning, 2015).

Zu den besonders validen Methoden der Personalauswahl zählen *Intelligenztests* bzw. kognitive Leistungstests (Prognostische Validität von .33 bis .67 nach Ones & Dilchert, 2009). Sie sind besonders zu empfehlen, wenn die eingestellten Mitarbeiter neue Dinge lernen müssen. Dies gilt natürlich für Auszubildende und Trainees, aber auch für Führungskräfte, die in einen völlig neuen Aufgabenbereich hin wechseln oder in einem sich rasch verändernden Arbeitsumfeld agieren (z.B. sich schnell wandelnde Märkte). Darüber hinaus ist Intelligenz von besonderer Bedeutung, wenn der Arbeitsplatz die Lösung komplexer Probleme erfordert und die Betroffenen auch noch unter Belastung möglichst schnell zu rational richtigen Entscheidungen finden müssen. Beides – die erhöhte Lernfähigkeit sowie das rationale Funktionieren in komplexen Entscheidungssituationen – dürften für sehr viele Führungspositionen zutreffen. Demzufolge sollten Intelligenztests hier auch in besonders starkem Maße zum Einsatz kommen. In den USA werden bei nahezu 50 % der Stellenbesetzungen auf der Ebene von Spitzenführungskräften Intelligenztests eingesetzt (Thornton et al., 2010). In Deutschland greifen auf dieser Ebene gerade einmal 0.8 % der Unternehmen zu diesem nachweislich sehr validen Instrumentarium (Schuler, Hell, Trapmann, Schaar & Boramir, 2007; vgl. Abb. 1). Selbst diagnostisch völlig wertlose graphologische Gutachten (King & Koehler, 2000; Netter und Ben-Shakhar, 1989; Schmidt & Hunter, 1998) kommen hier häufiger zum Einsatz. Dies sollte den Verantwortlichen zu denken geben. Das häufig in diesem Zusammenhang angeführte Argument, insbesondere höhere Führungskräfte seien ohnehin besonders intelligent, weil sie ein anspruchsvolles Studium absolviert haben und durch Aufstieg über ggf. mehrere Hierarchieebenen hinweg hinsichtlich ihrer Intelligenz eine stark selektierte Stichprobe darstellen, ist nicht haltbar. Innerhalb der Gruppe der Führungskräfte finden sich sowohl bezüglich der Intelligenz als auch bezogen auf grundlegende Persönlichkeitsmerkmale große interindividuelle Unterschiede, wodurch eine wichtige Voraussetzung für den sinnvollen Einsatz von kognitiven Leistungstests in der Personalauswahl gegeben ist (vgl. Ones & Dilchert, 2009). Auch wenn das Niveau im Mittelwert höher liegt als bei der Normalbevölkerung, ist die Varianz immer noch groß. Es ist eben nicht so, dass man nur aufgrund besonderer Intelligenz ein Studium erfolgreich abschließen kann und da die kognitive Leistungsfähigkeit in Deutschland eher selten gemessen wird, muss man auch nicht herausragend intelligent sein, um in Führungspositionen zu kommen und sich dort zu halten.

Bezogen auf *Persönlichkeitsfragebögen* konnten insbesondere die Gewissenhaftigkeit bzw. die Integrität sowie die Durchsetzungsfähigkeit als valide Prädiktoren identifiziert werden (Ones & Dilchert, 2009). Zu weiteren Persönlichkeitsvariablen wie etwa Führungsmotivation (vgl. Felfe, Iprana, Gatzka & Stiehl, 2012), sozialen Kompetenzen (Kanning, 2009) oder spezifischen Problemlösestrategien (Neubauer, Bergner & Felfe, 2012) liegen bislang deutlich weniger Befunde vor. Eine umfassende Erforschung steht einstweilen noch aus, was wohl auch darauf zurückzuführen ist, dass sich in diesen Feldern – im Gegensatz zu den sog. „Big Five" (Borkenau & Ostendorf, 2008) – noch keine Messinstrumente flächendeckend etabliert haben. Bei der Auswahl von Führungskräften spielen Persönlichkeitsfragebögen in Deutschland keine nennenswerte Rolle (Schuler et al., 2007, vgl. Abb. 1).

Nicht zuletzt aufgrund der guten Validität des Intelligenztests wird bisweilen geschlossen, man solle ausschließlich allgemeine, *stellenunspezifische Instrumente* einsetzen (z.B. Hollebeck, 2009). Wie wichtig aber eine spezifische Passung der gemessenen Kompetenzen zum stellenspezifischen Anforderungsprofil ist, verdeutlicht die jahrzehntelange Führungsforschung. Die Suche nach der allumfassenden Führungspersönlichkeit war letztlich nicht erfolgreich (v. Rosenstiel & Kaschube, 2014). Gleiches gilt bekanntlich für die Führungsstilforschung. Auch hier erweisen sich unterschiedliche Stile in Metaanalysen immer wieder als ähnlich effektiv (Judge & Piccolo, 2004; Judge, Piccolo & Ilies, 2004), was u. a. dadurch zu erklären ist, dass sie erst situationsabhängig ihren jeweils besonderen Nutzen entfalten. Durch den Einsatz allgemeiner Intelligenz- und Persönlichkeitstests ist die Auswahl von Führungskräften daher nicht erledigt. Die Verfahren erfassen die wichtigsten allgemeinen Grundlagen der erfolgreichen Arbeit von Führungskräften. Was fehlt, ist noch die spezifische Passung zu den konkreten Anforderungen der jeweiligen Arbeitsstelle (s. o.).

Eine Methode zur Erfassung der arbeitsplatzspezifischen Kompetenzen stellt die *Arbeitsprobe* dar. Arbeitsproben, die nach Schmidt und Hunter (1998) zu den prognostisch validesten Verfahren zählen, spielen in Deutschland ebenfalls eine völlig untergeordnete Rolle (Schuler et al., 2007; Abb. 1). Selbst wenn es um die Besetzung auf der oberen Führungsebene geht, greifen deutlich weniger als 10 % der Unternehmen zur Arbeitsprobe.

Ähnliches gilt für *Assessment Center*. Obwohl sich mit methodisch durchdachten Assessment Centern nachweislich Spitzenvaliditaten erzielen lassen (vgl. Boltz, Kanning & Hüttemann, 2009) wird die Methode nur von etwa 10 % der größeren Unternehmen in Deutschland eingesetzt, wenn es um die Personalauswahl für die obere Führungsebene geht (Abb. 1). Bei der unteren Führungsebene steigt die Verbreitung auf etwa 17 %, während es bei der Auswahl von Trainees immerhin 50 % sind (Schuler et al., 2007). Hinsichtlich der Validität ist zu bedenken, dass sie bei Assessment Centern besonders stark schwankt (z.B. zwischen .06 und .50, bei verschiedenen Assessment Centern desselben Konzerns; Boltz el al., 2009). Der Grund hierfür ist letztlich in der Komplexität der Methode zu suchen. Assessment Center werden in der Regel von diagnostischen Laien entwickelt, die über die notwendigen methodischen Kniffe nicht oder nur unzureichend informiert sind (vgl.; Kanning, Pöttker & Gelléri, 2007).

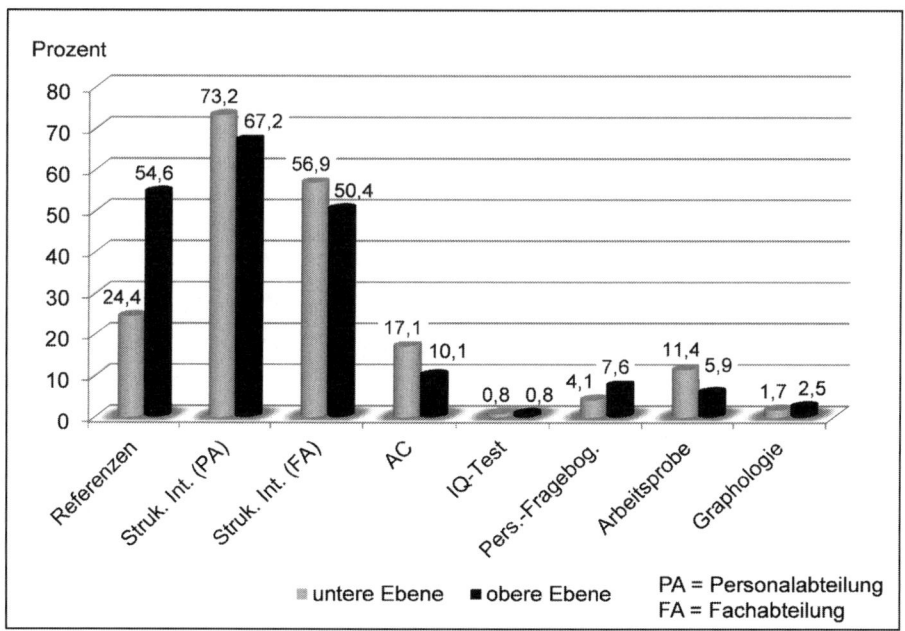

Abbildung 1   Methoden zur Auswahl von Führungskräften in Deutschland
(Ergebnisse von Schuler et al., 2007)

Bei der Auswahl höherer Führungskräfte dominieren sehr stark *strukturierte Interviews* (Schuler et al., 2007; Abb. 1). Gegen strukturierte Interviews ist nichts einzuwenden, weisen sie doch sehr gute Werte in der prognostischen Validität auf (Schmidt & Hunter, 1998). Allerdings bleibt bei Umfragen zum Einsatz der Methode in der Regel unklar, um welchen Grad der Strukturierung es sich handelt. Häufig spricht man in der Praxis schon dann von einer Strukturierung, wenn lediglich ein Themenkatalog – ohne spezifischen Anforderungsbezug oder klare Kriterien zur objektivierten Bewertung der Antworten – vorliegt. Eine Studie von Stephan und Westhoff (2002) zum Einsatz des Einstellungsinterviews zur Führungskräfteauswahl in mittelständischen Unternehmen zeigt, dass lediglich 15 % überhaupt einen Interviewleitfaden besitzen. Daher bleiben viele Interviews, die zur Auswahl von Führungskräften eingesetzt werden, deutlich hinter den Möglichkeiten der Methode zurück. Unstrukturierte bzw. sehr schwach strukturierte Interviews erzielen deutlich geringere Validitätswerte (Huffcut & Arthur, 1994; Schmidt & Hunter, 1998). Auch hier mangelt es wohl in erster Linie am fachlichen Know-how der Entscheidungsträger in den Unternehmen.

Fragt man nach den Kriterien, die Unternehmen zur Entscheidung für oder gegen eine bestimmte Auswahlmethode heranziehen, so zeigt sich auch hier ein aus fachlicher Perspektive fragwürdiges Vorgehen. König, Klehe, Berchtold und Kleinmann (2010) konnten beispielsweise zeigen, dass sich die Entscheidungsträger weitaus weniger von der prognostischen Validität der Instrumente, als vielmehr von ihrer sozialen Validität, den absoluten Kosten (ohne Berücksichtigung der Validität) und ihrer Verbreitung leiten lassen. Es ist sicherlich nicht falsch die soziale Validität – also letztlich die Akzeptanz der Verfahren beim Bewerber – im Blick zu haben. Dies darf aber natürlich nicht dazu führen, dass man deshalb schlechtere Methoden wählt. Vielmehr sollte man die Bewerber davon überzeugen, dass alle Beteiligten daran interessiert sein müssen, dass eine möglichst richtige Entscheidung gefällt wird. In letzter Konsequenz ist es aus Sicht des einstellenden Unternehmens besser eine narzisstische Kränkung der Bewerber zu riskieren, als jemanden ohne aussagekräftiges Auswahlverfahren in eine einflussreiche Position zu bringen.

Erfreulich ist in diesem Zusammenhang der Befund, dass sich ausgebildete Psychologen zumindest bei der Auswahl von Testverfahren primär an der Validität und weniger an den Durchführungsbedingungen oder den absoluten Kosten der Verfahren orientieren (Thielsch, Brandenburg & Kanning, 2012). Die fachliche Qualifikation kann mithin die Basis für eine qualitativ anspruchsvollere Personalauswahlpraxis legen.

Was ist zu tun?

Will man die bestehenden Missstände abschaffen oder doch zumindest reduzieren, so ist vor allem eines wichtig: Aufklärung. Das Wissen darüber, wie effektive Personalauswahl aussieht, ist sehr wohl vorhanden, allerdings nicht bei den Entscheidungsträgern. Aus der Forschung heraus müssen viel offensivere Anstrengungen unternommen werden, um das wissenschaftliche Wissen in die Praxis hineinzutragen (vgl. Kanning, 2012). Im Kern bedeutet dies eine veränderte oder doch zumindest ergänzte Publikationspraxis. Aktuelle Forschungsergebnisse ebenso wie grundlegende methodische Prinzipien müssen so publiziert werden, dass sie von Berufspraktikern wahrgenommen und verstanden werden können. In erster Linie benötigen wir eine Stärkung deutschsprachiger Publikationen in Praxiszeitschriften, Büchern sowie im Internet (vgl. Kanning, Thielsch & Brandenburg, 2011).

Eine weitere Perspektive der Führungskräfteauswahl, zu der bislang kaum empirische Befunde vorliegen, betrifft das Zusammenspiel von Auswahl und Personalentwicklung (Day, 2009; Vardiman, Houghton & Jinkerson, 2006). Zum einen könnte man bei der Auswahl von Führungskräften von vornherein den Anspruch aufgeben, dass die gewählte Person optimal zu den anstehenden Aufgaben passen muss. Nach der Einstellung einer hinreichend geeigneten Person würde man in diesem Fall die verbleibende Diskrepanz zwischen Ist und Soll mit Mitteln der Personalentwicklung beheben. Zum anderen können Führungskräfte langfristig innerhalb der Organisation auf der Basis von Potentialanalysen Schritt für Schritt aufgebaut werden. Die sich an die Entwicklungsphase anschließende Auswahl interner Kandidaten bietet den Vorteil, dass man – qualitativ gute Diagnoseverfahren vorausgesetzt – mitunter über viele Jahre hinweg verlässliche Daten zur ihrer Persönlichkeit und ihrer arbeitsplatzspezifischen Leistung sammeln konnte. Die wirtschaftliche Leistungskraft von Unternehmen, die systematische Führungskräfteentwicklung betreiben, liegt etwa 20 % über denen ohne entsprechende Programme (London, Smither & Diamante, 2007), allerdings ist die Kausalrichtung des Zusammenhangs unklar.

Letztlich ist der Weg der Personalentwicklung aber niemals die erste Wahl, denn es ist weitaus schwerer Menschen in ihren Kompetenzen zu verändern, als von vornherein passende Personen aus einer Gruppe von Bewerber auszuwählen. Aus diesem Grund muss methodisch gute Personalauswahl das oberste Ziel bleiben. Dies gilt umso mehr, als dass in Zeiten des demografischen Wandels der prozentuale Anteil geeigneter Personen in der Bewerbergruppe sinken wird. In der Folge sinkt auch die Zufallswahrscheinlichkeit für eine optimale Personalauswahl. Kompensiert werden kann dies nur durch den Einsatz validerer Auswahlverfahren kombiniert mit einem guten Personalmarketing (vgl. Kanning, 2017; Thielsch, Träumer, Pytlik & Kanning, 2012).

Literaturverzeichnis

Boltz, J., Kanning, U. P. & Hüttemann, T. (2009). Qualitätsstandards für Assessment Center – Treffende Prognosen durch Beachtung von Standards. Personalführung, 10, 32-37.

Borkenau, P. & Ostendorf, F. (2008). NEO-Fünf-Faktoren-Inventar nach Costa und McCrae, (NEO-FFI). Göttingen: Hogrefe.

Day, D. V. (2009). Executive Selection is a process not a decision. Industrial and Organizational Psychology, 2, 159-162.

Hamori, M. (2010). Who gets headhunted – and who gets ahead? Academy of Management Perspectives, 24, 46-59.

Hartmann, M. (2007). Eliten und Macht in Europa. Frankfurt a. M.: Campus.

Hartmann, M. & Kopp, J. (2001). Eliteselektion durch Bildung oder durch Herkunft? Kölner Zeitschrift für Soziologie und Sozialpsychologie, 53, 436-466.

Hollenbeck, G. P. (2009). Executives selection – What's right ... and what's wrong. Industrial and Organizational Psychology, 2, 130-143.

Howard, A. (2007). Best practice in leader selection. In J.A. Conger & R. E. Riggio (Eds.), The practice of leadership (pp. 11-40). New York: Jossey-Bass.

Huffcut, A. I. & Arthur, W. Jr. (1994). Hunter and Hunter (1994) revisited: Interview validity for entry-level jobs. Journal of Applied Psychology, 79, 184-190.

Judge, T. A. & Piccolo, R. F. (2004). Transformational and transactional leadership: A meta-analytic test of their relative validity. Journal of Applied Psychology, 89, 755-768.

Judge, T. A., Piccolo, R. F. & Ilies, R. (2004). The forgotten ones? The validity of consideration and initiation structure in leadership research. Journal of Applied Psychology, 89, 36-51.

Kanning, U. P: (2009). Inventar sozialer Kompetenzen (ISK). Göttingen: Hogrefe.

Kanning, U. P. (2010). Von Schädeldeutern und anderen Scharlatanen: Unseriöse Methoden der Psychodiagnostik. Lengerich: Pabst.

Kanning, U. P. (2012). Personalauswahl: Mythen, Fakten, Perspektiven. In M. T. Thielsch & T. Brandenburg (Hrsg.). Praxis der Wirtschaftspsychologie II (S. 9-25). Münster MV-Wissenschaft.

Kanning, U. P. (2013a). Testverfahren in der Personalarbeit – Teil 1: Varianten und Probleme. Personal Manager, 1, 36-39.

Kanning, U. P. (2013b). Testverfahren in der Personalarbeit – Teil 2: Auswahl und Einsatz. Personal Manager, 2, 38-41.

Kanning, U. P. (2014). Inventar zur Messung sozialer Kompetenzen in Selbst- und Fremdbild (ISK-360°). Göttingen: Hogrefe.

Kanning, U. P. (2015). Personalauswahl zwischen Anspruch und Wirklichkeit – Eine wirtschaftspsychologische Analyse. Berlin: Springer.

Kanning, U. P. (2017). Personalmarketing, Employer Branding und Mitarbeiterbindung – Forschungsbefunde und Praxistipps aus der Personalpsychologie. Berlin: Springer.

Kanning,U. P. (2018a). Diagnostik für Führungspositionen. Göttingen: Hogrefe.

Kanning, U. P. (2018b). Standards der Personaldiagnostik (2. Aufl). Göttingen: Hogrefe.

Kanning, U. P. & Fricke, P. (2013). Führungserfahrung – Wie nützlich ist sie wirklich? Personalführung, 1, 48-53.

Kanning, U. P., Möller, J. H., Kolev, N. & Pöttker, J. (2013). Systematische Leistungsbeurteilung: Leitfaden für die HR- und Führungspraxis. Stuttgart: Schäffer-Poeschel.

Kanning, U. P., Pöttker, J. & Golléri, P. (2007). Assessment Center Praxis in deutschen Großunternehmen – Ein Vergleich zwischen wissenschaftlichem Anspruch und Realität. Zeitschrift für Arbeits- und Organisationspsychologie, 51, 155-167.

Kanning, U. P., Rustige, J., Möller, J. H. & Kolev, N. (2011). Entwicklung und Evaluation von Leistungsbeurteilungssystemen. Personalführung, 2, 30-36.

Kanning, U. P., Thielsch, M. T. & Brandenburg, T. (2011). Strategien zur Untersuchung des Wissenschafts-Praxis-Transfers. Zeitschrift für Arbeits- und Organisationspsychologie, 55, 153-157.

King, R. N. & Koehler, D. J. (2000). Illusory correlations in graphological inference. Journal of Experimental Psychology, 6, 336-348.

König, C. J., Klehe, U.-C., Berchtold, M., & Kleinmann, M. (2010). Reasons for being selective when choosing personnel selection procedures. International Journal of Selection and Assessment, 18, 17-27.

London, M., Smither, J.W. & Diamante, T. (2007). Best practice in leadership selection. In J.A. Conger & R. E. Riggio (Eds.), The practice of leadership (pp. 11-63). New York: Jossey-Bass.

Netter, E. & Ben-Shakhar, G. (1989). The predictive validity of graphological inferences: A meta-analytic approach. Personality and Individual Differences, 10, 737-745.

Neubauer, A. C., Bergner, S. & Felfe, J. (2012). Leadership Judgement Indicator (LJI). Göttingen: Hogrefe.

Ones, D. S. & Dilchert, S. (2009). How special are executives? How spezial should executives selection be? Observations and recommendations. Industrial and Organizational Psychology, 2, 163-170.

Ostroff, C., Atwater, L. E. & Feinberg, B. J. (2004). Understanding self-other agreement: A look at rater and ratee characteristics, context, and outcome. Personnel Psychology, 57, 333-375.

Quinones, M. A., Ford, J. K. & Teachout, M. S. (1995). The relationship between work experience and job performance: A conceptual and meta-analytic review. Personnel Psychology, 48, 887-910.

Rosenstiel, L. v. & Kaschube, J. (2014). Führung. In H. Schuler & U. K. Kanning (Hrsg.), Lehrbuch der Personalpsychologie (4. Aufl.). Göttingen: Hogrefe.

Schmidt, F. L. & Hunter, J. E. (1998). The validity and utility of selection methods in personnel psychology: practice and theoretical implications of 85 years of research findings. Psychological Bulletin, 124, 262-274.

Schuler, H. (2014). Psychologische Personalauswahl (3. Aufl.). Göttingen: Hogrefe.

Schuler, H., Hell, B., Trapmann, S., Schaar, H. & Boramir, I. (2007). Die Nutzung psychologischer Verfahren der externen Personalauswahl in deutschen Unternehmen. Zeitschrift für Personalpsychologie, 6, 60-70.

Schuler, H. & Kanning, U. P. (Hrsg.). (2014). Lehrbuch der Personalpsychologie (3. Aufl.). Göttingen: Hogrefe.

Stephan, U. & K. Westhoff (2002). Personalauswahlgespräche im Führungskräftebereich des deutschen Mittelstandes: Bestandsaufnahmen und Einsparungspotential durch Strukturierte Gespräche. Wirtschaftspsychologie, 3, 3-17.

Thielsch, M. T., Brandenburg, T. & Kanning, U. P. (2012). Diagnostische Verfahren im Praxiseinsatz. In R. Reinhardt (Hrsg.), Wirtschaftspsychologie und Organisationserfolg (S. 57-64). Lengerich: Pabst.

Thielsch, M. T., Träumer, L., Pytlik, L. & Kanning, U. P. (2012). Personalmarketing aus Bewerbersicht: Nutzung und Bewertung. Journal of Business and Media Psychology, 3, 1-12.

Thornton, G. C. III, Hollenbeck, G. P. & Johnson, S. K. (2010). Selecting leaders: Executives and high potentials. In J. L. Farr & N. T. Tippins (Eds.), Handbook of employee selection (pp. 823-840). New York: Routledge.

Vardiman, P. D., Houghton, J. D. & Jinkerson, D. L. (2006). Environmental leadership development: Towards a contextual model of leader selection and effectiveness, Leadership & Organizational Development Journal, 27, 93-105.

Weiner, N. & Mahoney, T. A. (1981). A Model of corporate performance as a function of environmental, organizational, and leadership processes. Academy of Management Journal, 24, 453-470.

Personal- und Teamentwicklung

6 Personalentwicklung als Arbeitsfeld – ein Survival Guide für Anfänger und Fortgeschrittene

Michael Krämer

Als Sonnenseite der Personalarbeit lässt sich die Personalentwicklung (PE) klischeehaft beschreiben. Mitarbeiterinnen und Mitarbeiter qualifizieren, fördern, begleiten und unterstützen; Ansprechpartnerin[1] für interessierte, engagierte Leistungsträger und Talente zu sein, bereitet mehr Freude als Abmahnungen verfassen, Gehaltsverhandlungen zu führen oder Sozialpläne auszuhandeln. Aber auch die „Sonnenseite" der Personalarbeit hat ihre Tücken.

Im folgenden Beitrag werden widersprüchliche Anforderungen und Erwartungen, die gemeistert werden müssen, aufgezeigt. Hinweise werden gegeben, was erforderlich ist, um im Berufsfeld Personalentwicklung erfolgreich zu arbeiten. Die Thesen dieses Beitrags sind in eine Rahmenhandlung eingebunden, in der Frau Malou S., eine (fiktive) Praktikantin in der Personalabteilung eines Großunternehmens, die Hauptrolle spielt. Sie steht beispielhaft für viele Absolventen und Absolventinnen, die sich nach Abschluss des Studiums in einer Orientierungsphase befinden und erstmalig mit dem Berufsfeld Personalentwicklung in Kontakt kommen.

Eine interessante Begegnung

Irgendetwas mit Personal soll es sein, dachte sich Frau S., als sie ihren Master erfolgreich abgeschlossen hatte. Mehr war ihr noch nicht klar. Direkt nach dem Einserabitur hatte sie ein Hochschulstudium begonnen. Ihre Eltern ließen ihr die freie Entscheidung bei der Wahl des Studienfachs. Sie entschied sich für Psychologie, studierte zügig und kann jetzt ein sehr gutes Abschlusszeugnis vorweisen. Nur ihre Berufsvorstellungen sind wenig konkret. Im Studium hatte sie ein Praktikum in der Psychiatrie und eines in einer schulpsychologischen Beratungsstelle absolviert. Jedoch weder das eine noch das andere Arbeitsfeld sprach sie sonderlich an. Auch die Idee, Psychotherapeutin zu werden, ist verblasst. Die Master Thesis schrieb sie in einem Drittmittelprojekt der Hochschule. Das Thema war grundlagenorientiert und gab ihr keine Hinweise für ihre berufliche Zukunft. Eher umgekehrt, es bestärkte ihren Entschluss, die Hochschule nach mehr als fünf Jahren zu verlassen, um in der Praxis etwas zu bewegen. Also bewarb sie sich für ein weiteres Praktikum, um sich zu orientieren und damit besser für eine fundierte Berufswahl gewappnet zu sein. Einen Arbeitsplatz für drei Monate fand sie mit ihren blendenden Zeugnissen ohne Probleme. Das geringe Entgelt konnte sie verschmerzen, da sie im Studium gelernt hatte, mit wenig Geld auszukommen.

---

1   Die Sprachform wurde aufgrund des hohen Anteils von Frauen in diesem Berufsfeld gewählt. Sie dient ausschließlich der besseren Lesbarkeit des Textes. Es sind jeweils Frauen und Männer gemeint.

Nun arbeitet sie seit einer Woche als Praktikantin im Bereich PE eines international tätigen Software-Unternehmens. Sie fühlt sich durch ihre im Studium erworbenen organisationspsychologischen, diagnostischen und pädagogisch-psychologischen Kompetenzen einigermaßen gut auf die Tätigkeit vorbereitet und ist neugierig auf die konkreten Anforderungen in dem Unternehmen. Eine ihrer ersten Aufgaben ist die computergestützte Aufbereitung der Ergebnisse der alle zwei Jahre durchgeführten, standardisierten Mitarbeiterbefragung. Am heutigen Vormittag schlägt ihre Vorgesetzte vor, dass sie Kontakt mit den externen Beratern aufnehmen solle, die gerade an einem Projekt zur Organisationsentwicklung arbeiten. Sie soll klären, ob diese die Ergebnisse der aktuellen Mitarbeiterbefragung in ihre Analyse einbeziehen wollen. Die Berater seien in einem Büro in der elften Etage zu finden.

Also fährt Frau S. in der Mittagszeit in den 11. Stock und hält nach dem Zimmer 11.17 Ausschau. Als sie es entdeckt hat, betritt sie einen Raum mit zwei Schreibtischen. In einer Ecke stehen mehrere Stellwände. Ansonsten wirkt der Raum eher kahl und unbelebt. An einem der Schreibtische sitzt ein weißhaariger Herr und sieht sie an, als ob er schon auf sie gewartet hätte. Er wirkt auf Frau S. eher wie ein honoriges Mitglied des Aufsichtsrats und nicht wie ein dynamischer Berater.

Auf seine Frage, was sie zu ihm führe, schildert sie, dass sie seit kurzer Zeit als Praktikantin in der Personalabteilung tätig sei und hoffe, noch einiges zu lernen, was ihr die anstehende Berufswahl als Psychologin erleichtern könne. Er bittet sie Platz zu nehmen und teilt ihr mit, dass er das Arbeitsfeld Personalentwicklung gut kenne. Noch bevor sie ihr eigentliches Anliegen vorgetragen hat, fällt ihr Blick auf ein großes Plakat auf einer der Stellwände hinter ihm. Unwillkürlich beginnt sie den Text zu lesen (s. Abb. 1).

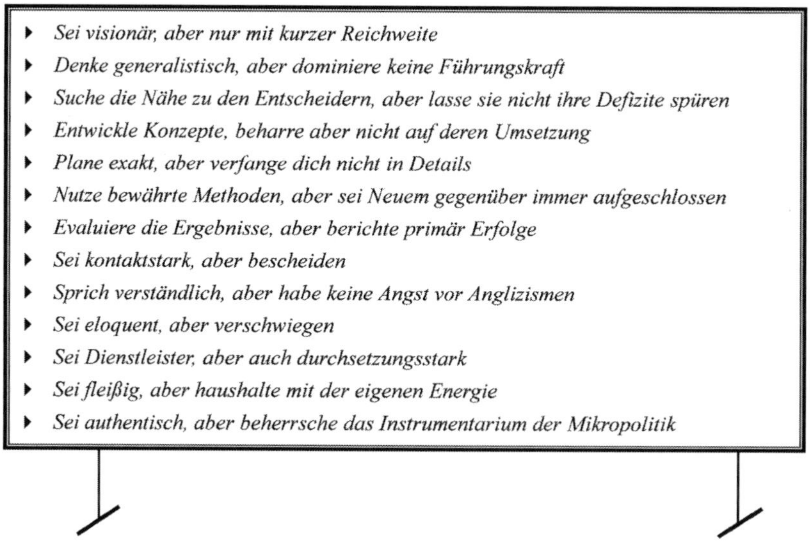

> ‣ *Sei visionär, aber nur mit kurzer Reichweite*
> ‣ *Denke generalistisch, aber dominiere keine Führungskraft*
> ‣ *Suche die Nähe zu den Entscheidern, aber lasse sie nicht ihre Defizite spüren*
> ‣ *Entwickle Konzepte, beharre aber nicht auf deren Umsetzung*
> ‣ *Plane exakt, aber verfange dich nicht in Details*
> ‣ *Nutze bewährte Methoden, aber sei Neuem gegenüber immer aufgeschlossen*
> ‣ *Evaluiere die Ergebnisse, aber berichte primär Erfolge*
> ‣ *Sei kontaktstark, aber bescheiden*
> ‣ *Sprich verständlich, aber habe keine Angst vor Anglizismen*
> ‣ *Sei eloquent, aber verschwiegen*
> ‣ *Sei Dienstleister, aber auch durchsetzungsstark*
> ‣ *Sei fleißig, aber haushalte mit der eigenen Energie*
> ‣ *Sei authentisch, aber beherrsche das Instrumentarium der Mikropolitik*

Abbildung 1   **Widersprüchliche Anforderungen und Erwartungen**

Ihr Gesprächspartner bemerkt, dass sie etwas irritiert ist. Er erklärt, es handele sich um einen Überlebenshelfer für Personalentwickler. Die Aussagen seien scheinbar widersprüchlich, aber dennoch repräsentierten sie die Essenz aus vielen Jahren Berufstätigkeit in diesem Feld. Sie seien nicht nur für das Software-Unternehmen gültig, sondern träfen auch auf andere Unternehmen unterschiedlicher Branchen und Größe zu.

Beide unterhalten sich sehr angeregt darüber. Als Frau S. sich nach mehr als einer Stunde verabschiedet, hat sie ganz vergessen, nach ihrem ursprünglichen Anliegen zu fragen. Es fällt ihr erst wieder ein, als sie zu ihrem Schreibtisch zurückgekehrt ist. Daher fährt sie erneut in die 11. Etage, findet das Büro jetzt aber verschlossen vor. Kollegen empfehlen ihr, am nächsten Tag nochmals hinzugehen.

Im Folgenden werden die Thesen erläutert und auf die damit verknüpften, widersprüchlichen Anforderungen hingewiesen.

Sei visionär

Personalentwicklung leistet einen wesentlichen Beitrag, um die Wettbewerbsfähigkeit eines Unternehmens zu erhalten und es zukunftsfähig zu machen (vgl. Afting & Voelpel, 2012). Die Mitarbeiterinnen und Mitarbeiter suchen nach Orientierung, wie sich ihr Unternehmen weiter entwickeln und was dies für sie persönlich bedeuten wird. Ständige Veränderungen, ohne zu wissen, wohin der Weg führt, schwächen die Identifikation mit dem Arbeitgeber, kosten mehr Energie als notwendig und können eine innere Kündigung begünstigen (vgl. Zander, 2012). Visionen umfassen definitionsgemäß zumindest eine mittel-, in der Regel eine langfristige zeitliche Perspektive. Die Innovationsfähigkeit soll gestärkt und erhalten werden (Garda, 2012). Personalentwicklung begleitet die Veränderungen und kann als Bindeglied dienen, um die Beschäftigten mitzunehmen (z.B. Belker, 2012). Die Kehrseite ist der Verlust der Glaubwürdigkeit, wenn von der Geschäftsleitung formulierte Visionen auftragsgemäß transportiert werden, aber nach kurzer Zeit modifiziert bzw. durch neue ersetzt werden. Die Gefahr besteht, dass die Botin solcher Nachrichten haftbar gemacht wird. Enttäuschungen entstehen und das Engagement geht zurück.

Personalentwicklerinnen haben gelernt zu operationalisieren, um Visionen in Alltagshandeln zu überführen. Manch wolkig formulierte Vision wird von ihnen als Floskel oder Fiktion entlarvt. Dennoch bleibt die Herausforderung bestehen, für und mit den Beschäftigten eines Unternehmens berufliche Perspektiven unter den jeweils gültigen Vorgaben zu entwickeln. Diese sollten einlösbar sein und zumindest mittelfristig Erfolgserlebnisse ermöglichen, auch in einem sich ständig wandelnden Unternehmen.

Denke generalistisch

Gesamtzusammenhänge zu verstehen, Veränderungen in der eigenen Organisation und im Markt wahrzunehmen sowie deren (Neben-)Wirkungen erfassen zu können, ist eine wertvolle Basiskompetenz für erfolgreiches Handeln in der Personalentwicklung. Damit kann einhergehen, dass eine bereichsübergreifend tätige Personalentwicklerin durch ihr Netzwerk über mehr Informationen und ein besseres Verständnis der Unternehmensentwicklung verfügt als eine auf ihren Bereich fixierte Führungskraft. Dies entweder beiläufig oder sogar explizit deutlich werden zu lassen, kann jedoch fatale Gegenreaktionen zur Folge haben. Wenn eine Führungskraft sich übergangen fühlt oder nicht zugestehen will, dass sie keinen Überblick hat, kann es vorkommen, dass sie sich autoritär verhält und die Kooperation verweigert. Die Beschäftigten haben das Nachsehen, wenn Personalentwicklungsprojekte zum Beispiel mit pauschalen Argumenten wie keine Zeit oder zu hohe Kosten nicht genehmigt werden. Tatsächlich soll damit ein Zeichen gesetzt werden, wer das Sagen hat (vgl. Siemann, 2012). Ein solcher Machtkampf stellt den Erfolg der eigenen Arbeit in Frage.

Suche die Nähe zu den Entscheidern

Sponsoren im eigenen Hause sind notwendig zur Realisierung von PE-Projekten. Wenn die Förderung der Beschäftigten in den Unternehmenszielen verankert wird, ein gemeinsames Entwicklungsverständnis entsteht und die Projekte von der Geschäftsleitung unterstützt werden, sind wertvolle Voraussetzungen für die Personalentwicklung geschaffen (vgl. Vaupel, 2012, S. 30f.). Die Präsenz und Mitwirkung der Geschäftsleitung bei einzelnen herausragenden PE-Maßnahmen wird von den Teilnehmern geschätzt.

Andererseits wollen Entscheider nicht immer mit ihren Worten von gestern konfrontiert werden. Strategien und Ziele wechseln und einstige Fehlentscheidungen werden verbrämt. Zuweilen verändern sie die geschäftliche Ausrichtung abrupt und geben sich wenig Mühe mit der Begründung. Folgen für längerfristige PE-Projekte bleiben nicht aus. Führungskräfte damit zu konfrontieren, ist nicht von allen gewünscht. Wer in Ungnade fällt, muss möglicherweise bald darauf nach einer neuen Arbeitsstelle Ausschau halten. Gleiches gilt, wenn neue Akteure in die Top-Positionen kommen, die ihnen loyale Personen in Schlüsselpositionen befördern.

Entwickle Konzepte

Konzeptionelle und operative Stärke gleichermaßen werden von Personalentwicklerinnen erwartet. Wenn aus Visionen Ziele abgeleitet und diese mit den Werkzeugen des Projektmanagements angestrebt werden, sollten messbare und nachhaltige Veränderungen möglich sein (vgl. Einsiedler et al., 1999). Was passiert aber, wenn sich während der Umsetzung die Prämissen verändern? Abbrechen, wandeln, weitermachen? Ein Mitarbeiter, in dessen Personalentwicklungsplan Schritte seiner beruflichen Weiterentwicklung niedergeschrieben wurden, lässt sich nicht einfach damit vertrösten, dass eine angestrebte Position oder ein Einsatzbereich nicht mehr vorhanden ist und Alternativen fehlen. Aufgeschlossen gegenüber Veränderungen zu sein, auch wenn das ursprüngliche Konzept dadurch in Frage gestellt wird, hilft mit den sich wandelnden äußeren Gegebenheiten umzugehen. Den betroffenen Mitarbeitern ist dies nicht immer einfach zu vermitteln. Wenn geplante PE-Maßnahmen wegfallen, wird der Mitarbeiter zwar nicht „freigesetzt", aber er soll weiterhin motiviert und leistungsstark seiner Arbeit nachgehen.

Plane exakt

Planung bedeutet immer auch Prioritätensetzung (vgl. Peterke, 2006). Ein strenges Kostenmanagement kann ungewollte Nebeneffekte mit sich bringen. So erscheint es vielen Unternehmen naheliegend, Trainingsmaßnahmen nicht mehr in einem Seminarhotel, sondern in hauseigenen Schulungsräumen durchzuführen. Störungen durch das Tagesgeschäft werden dabei in Kauf genommen, beeinträchtigen den Trainingserfolg jedoch deutlich. Weiterhin können zur Reduktion von Reisekosten beispielsweise zwei zweitägige Seminarmaßnahmen zu einem viertägigen Block zusammengefasst werden. Eine Überforderung der Teilnehmer durch zu viele Informationen und die Verschlechterung des Praxistransfers durch die fehlende Praxisphase zwischen den Seminarteilen werden dabei nicht berücksichtigt. Auch der Verzicht auf einen Imbiss oder Gebäck während einer mehrstündigen Veranstaltung entlastet das Budget. Wenn sich Teilnehmer mit knurrendem Magen nicht mehr konzentrieren können, wird die Zielerreichung der Maßnahme beeinträchtigt. Diese „Kleinigkeiten" bleiben außen vor. Gespart wird, koste es, was es wolle.

Nutze bewährte Methoden

Zukunftsfähigkeit nimmt mit der Aufgeschlossenheit gegenüber Neuem zu. So schwimmen viele Personalentwicklerinnen auf der Welle neuer Methoden. Ein interessant klingendes Konzept, eine Veröffentlichung in einem Fachmedium oder ein Tipp aus dem persönlichen Netzwerk stärken die Motivation, etwas Neues auszuprobieren. Sich von anderen zu unterscheiden, etwas Besonderes zu bieten, hilft intern Verantwortliche zu überzeugen. So finden beispielsweise „open space" Veranstaltungen zur Veränderung der Unternehmenskultur, Führungskräftetraining mit Pferden oder der Klettergarten zur Teamentwicklung ihre Kunden (vgl. Kanning, 2007; Hofmann, 2008). Dies sollte nicht dazu verleiten, bewährte Methoden zu vernachlässigen, nur weil diese schon langjährig eingesetzt und in anderen Unternehmen ebenfalls angeboten werden (vgl. Ryschka et al., 2011). Sich von Beratern blenden zu lassen, die nur dann eine Chance haben, Kunden zu gewinnen, wenn sie etwas anders machen als ihre Wettbewerber, trägt nicht zum effizienten Ressourceneinsatz bei.

Evaluiere die Ergebnisse

Wenn mit großem Engagement ein Projekt durchgeführt wird, ist die Erwartung positiver Resultate hoch. Die Geschäftsleitung ist gewohnt, Ergebnisse in Kennziffern zusammengefasst zu erfahren (vgl. Girbig & Härzke, 2008). Doch welche eignen sich? Die Unschärfe dieser Erfolgskontrolle beginnt mit deren Auswahl: Kosten pro Teilnehmer oder Teilnehmerzufriedenheit lassen sich zwar leicht messen, sagen aber wenig über den Praxistransfer der Förderinhalte oder die Bewährung am Arbeitsplatz aus. Eine valide Erfassung qualitativer Kriterien wie Motivation oder Kooperation ist aufwendig und sprengt in der Regel den für die Evaluation zur Verfügung stehenden Zeit- und Kostenrahmen.

Ein weiteres Prinzip, das fatalerweise selbst in der Wissenschaft Einzug gehalten hat[2], verzerrt das Bild zusätzlich. Es lautet: Berichte positive Ergebnisse und vergesse negative. Eine strategisch betriebene Evaluation, die nur erwünschte, das eigene Handeln bestätigende Ergebnisse sammelt und dokumentiert, ist jedoch nicht qualitätsfördernd.

Sei kontaktstark

Mit Mitarbeiterinnen und Mitarbeitern schnell ins Gespräch zu kommen, zu erfahren, wo der Schuh drückt, und Netzwerke aufzubauen, hilft zur Bewältigung der mit der Position verbundenen Anforderungen. Auf andere zuzugehen ist vorteilhafter als abzuwarten, bis die Person selbst die Initiative ergreift. Andererseits darf dies nicht dazu verleiten, sich bei dem Versuch, überall präsent zu sein, zu verzetteln.

Der Kontakt zu Beratern trägt zum Selbstbewusstsein bei, da diese die Personalentwicklerinnen umwerben, um Aufträge zu akquirieren. Wer sich jedoch durch viele Gespräche und den dadurch erworbenen Informationsvorsprung zu Arroganz und Eitelkeiten verführen lässt, muss sich auf eine tiefen Sturz gefasst machen, wenn relevante andere Personen dies nicht goutieren und sich abwenden.

---

2   Publication bias oder file drawer problem (vgl. Bortz & Döring, 2002, S. 643)

Sprich verständlich

Der zentrale Stellenwert der Kommunikation im Berufsfeld PE wurde schon verdeutlicht. Förder- und Weiterbildungsaktivitäten sollten alle Hierarchieebenen des Unternehmens einbeziehen und nicht nur den Führungskräften vorbehalten sein. Daher sollten Personalentwicklerinnen die Sprache ihrer jeweiligen Zielgruppe sprechen, um die Beschäftigten zur Mitwirkung zu gewinnen.

Andererseits hat sich in Fachkreisen eingebürgert, häufig in Anglizismen zu schwelgen. Bei Begriffen wie Management, Workshop und Coaching fällt es kaum noch auf oder nur dann, wenn Verben wie „gemanagt", „gecoacht" etc. benutzt werden. Survival Guide klingt attraktiver als Überlebenshelfer. Modern ist es von Onboarding, Talent Management, Corporate Social Responsibility zu sprechen, als von Einführung neuer Mitarbeiter, Nachwuchsförderung und Übernahme sozialer Verantwortung. Kritisch wird es, wenn hohle Phrasen dominieren oder mit dem englischen Begriff alter Wein in neuen Schläuchen verkauft wird, ohne dass die Benutzer es selbst noch registrieren.

Sei eloquent

Zum vorgenannten Punkt passen gutes Ausdrucksvermögen und die Fähigkeit, geschliffenen zu formulieren. Für sich und seine Ideen Aufmerksamkeit zu gewinnen, ist für die Zielerreichung förderlich. Ein guter persönlicher Kontakt zu den Ansprechpartnern fördert den Informationsfluss. Im intensiven Austausch über verschiedene Hierarchieebenen hinweg ist Vertrauensschutz ein wichtiges Thema. Vertraulich erhaltene Informationen sollen nicht in falsche Ohren geraten. Wer daraus den Schluss zieht, sich nicht zu äußern und Informationen lieber zu horten, lässt den Eindruck der Geheimniskrämerei entstehen. Der offene Austausch ist wichtig für Personalentwicklerinnen, z.B. um von Defiziten und damit Fördernotwendigkeiten zu erfahren. Wenn sich jemand öffnet, muss aber das Vertrauen vorhanden sein, dass sich dies nicht nachteilig für die Person auswirkt.

Sei Dienstleister

Von einer Dienstleisterin wird erwartet, dass sie freundlich ist, sich beständig engagiert und ansprechbar ist, wenn es hakt. Wenn alles gut läuft, bleibt sie im Hintergrund. Wenn Geplantes scheitert, dient sie jedoch als (Mit-)Schuldige. Dieses Dilemma gilt es auszuhalten und sich nicht entmutigen zu lassen. Ständig mit Argumenten konfrontiert zu werden, wie: „andere müssen das Geld erst verdienen, welches mit PE-Maßnahmen ausgegeben wird", sollte als Herausforderung aufgefasst werden, um mit Nutzenargumenten zu kontern. Zum Erreichen der Unternehmensziele werden qualifizierte und motivierte Mitarbeiterinnen und Mitarbeiter gebraucht. Personalentwicklerinnen als Dienstleister helfen anderen, erfolgreich zu sein, ohne selbst im Zentrum der Aufmerksamkeit zu stehen.

Sei fleißig

In diesem Abschnitt wird auf ein Risiko hingewiesen, das nicht nur Personalentwicklerinnen eingehen. Da das Arbeitsfeld breit und immer etwas zu tun ist, wächst die Gefahr, sich selbst zu verausgaben. Konzipieren, koordinieren, umzusetzen und evaluieren. „Interessierte Selbstgefährdung" (Krause et al., 2010) kann die Folge sein. Wer sich zu viel zumutet und zu wenig regeneriert, nimmt auf längere Sicht möglicherweise Erschöpfung in Kauf. Das Schlagwort „Burn-out" ist in aller Munde (vgl. Litzcke et al., 2013). So kann es vorkommen, dass Personalentwicklerinnen Maßnahmen zur Förderung der Gesundheit und zur Vereinbarkeit von Beruf und Familie in ihrem Unternehmen einführen, sich selbst dabei jedoch vergessen.

Sei authentisch

Sich für die Ziele der PE und damit für die Beschäftigten einzusetzen, ist sicher richtig. Aber niemand kann gegen seinen Willen gefördert werden. Daher ist das Schaffen von Vertrauen und der Einbezug derjenigen, die von den Maßnahmen profitieren sollen, unabdingbar (vgl. Zaugg, 2007). Sich selbst und anderen die Grenzen der Personalentwicklung einzugestehen, hilft Enttäuschungen vorzubeugen.

Wenn Widerstände auftauchen, führt das Motto „hier stehe ich und kann nicht anders" ins Abseits. „Unnachgiebige Flexibilität" (Berkel, 2011) im Sinne der eigenen Aufgabe; sich auf andere einstellen, ohne sich gänzlich zu verbiegen, kann die Maxime der Personalentwicklung lauten.

Wenn das Verständnis für Mikropolitik im Unternehmen fehlt, kann dies zum Scheitern trotz guter Absicht beitragen (Neuberger, 2006). Beispielsweise erkennen aufstrebende Führungskräfte im Unternehmen häufig den Wert der Personalentwicklung und werden hilfreiche Promotoren. Wichtig zu wissen ist jedoch, dass ihre Unterstützung möglicherweise nachlässt, sobald sie ihre Zielposition erreicht haben oder andere Gründe nahelegen, dass PE nicht (mehr) karriereförderlich ist. Darüber zu schmollen, führt nicht weiter.

Fazit

Die Bereitschaft, mit den aufgezeigten Widersprüchen umzugehen und sich von den Paradoxien des Alltags nicht entmutigen zu lassen, ist für Personalentwicklerinnen (und nicht nur für diese) „überlebensnotwendig" (vgl. Krämer, 2010). Wenn Leserinnen und Leser etwas wiedererkennen, reflektieren und dabei vielleicht sogar ein Lächeln hervorgelockt wird, dann ist das Ziel dieses Beitrags erreicht.

Nachwort

Übrigens: Das Gespräch in Zimmer 11.17 hat Frau S. noch lange beschäftigt. Als sie am Folgetag erneut dort eintrifft, um ihre ursprüngliche Frage zu klären, sitzen zwei andere Personen an den beiden Schreibtischen. Es stellt sich heraus, dass es sich um die gesuchten Unternehmensberater handelt. Das große Blatt auf der Pinnwand ist nicht mehr da. Sie fragt die Berater nach dem Gesprächspartner vom Vortag, hat aber dessen Namen vergessen. Sie kennen die Person nicht. Das Beratungsteam bestünde nur aus ihnen beiden. Wer der ältere Herr war, wird ein Rätsel bleiben. Auch in den folgenden Wochen trifft sie ihn nicht mehr, ist jedoch um eine Erfahrung reicher.

Literaturverzeichnis

Afting, M. & Voelpel, S. (2012). Von der Personalentwicklung zur Geschäftsentwicklung. In K. Schwuchow & J. Gutmann (Hrsg.), Trendbuch Personalentwicklung 2012. Ausbildung, Weiterbildung, Management Development (S. 119-125). Köln: Luchterhand.

Belker, Th. (2012). Personalentwickler als Change Manager. In K. Schwuchow & J. Gutmann (Hrsg.), Trendbuch Personalentwicklung 2012. Ausbildung, Weiterbildung, Management Development (S. 191-196). Köln: Luchterhand.

Berkel, K. (2011). Konflikttraining (11. durchges. Aufl.). Hamburg: Windmühle.

Bortz, J. & Döring, N. (2002). Forschungsmethoden und Evaluation (3. Aufl.). Berlin: Springer.

Einsiedler, H. E.; Breuer, K., Hollstege, S. & Janusch, M. (1999). Organisation der Personalentwicklung. Köln: Luchterhand.

Garda, I. (2012). Innovation durch Personalentwicklung. In K. Schwuchow & J. Gutmann (Hrsg.), Personalentwicklung 2013. Themen, Trends, Best Practices (S. 209-218). Freiburg: Haufe.

Girbig, R. & Härzke, P. (2008). Steuerung der Personalentwicklung. In M. T.

Meifert (Hrsg.), Strategische Personalentwicklung (S. 105-142). Berlin: Springer.

Hofmann, E. (2008). Personalentwicklung: Wie es in der Praxis wirklich läuft. Bern: Haupt.

Kanning, U. P. (2007). Wie Sie garantiert nicht erfolgreich werden! Lengerich: Pabst Science Publishers.

Krämer, M. (2010). Zauberlehrlinge zwischen Optimismus und Resignation. Chancen und Grenzen im Handlungsfeld Personalentwicklung. Personalführung, 43 (3), 52-61.

Krause, A., Dorsemagen, C. & Peters, K. (2010). Interessierte Selbstgefährdung. Wirtschaftspsychologie aktuell, 17 (2), 33-35.

Litzcke, S. M., Schuh, H. & Pletzke, M. (2013). Stress, Mobbing und Burnout am Arbeitsplatz (6. überarb. Aufl.). Berlin: Springer.

Neuberger, O. (2006). Mikropolitik und Moral in Organisationen (2. neubearb. Aufl.). Stuttgart: Lucius & Lucius.

Peterke, J. (2006) Handbuch Personalentwicklung. Berlin: Cornelsen.

Ryschka, J., Solga, M. & Mattenklott, A. (2011). Praxishandbuch Personalentwicklung (3. Aufl.). Wiesbaden: Gabler.

Siemann, Chr. (2012). Kompetenzmodelle statt Gießkannenprinzip. Health & Care Management, 3 (10), 30-33.

Vaupel, M. (2012). Zukunftsfähige Managemententwicklung – die wichtigsten Stellhebel. Wirtschaftspsychologie aktuell, 19 (4), 30-34.

Zander, U. (2012). Wenn der Change krank macht: worauf Unternehmen achten müssen. Wirtschaftspsychologie aktuell, 19 (2), 32-38.

Zaugg, R. J. (2007). Nachhaltige Personalentwicklung. In N. Thom & R. J. Zaugg (Hrsg.), Moderne Personalentwicklung (2. Aufl., S. 19-39). Wiesbaden: Gabler.

7 Der Einsatz von Flugsimulatoren in Management Trainings – Lernen von und in High Performance Teams

Thomas Faber

Hintergrund

Wachsende Anforderungen an ein immer komplexer werdendes Management, aber auch die enorme Entwicklung im Geschäftsfeld von Personalentwicklungs-Trainings in den letzten Jahren führen zu einer immer stärker werdenden Nachfrage nach intelligenten Lösungen in der Fort- und Weiterbildung von Führungskräften. So wird der Ruf nach innovativeren und nachhaltigeren Konzepten in der jüngsten Vergangenheit deutlich lauter. Die Erfahrungen der letzten Jahre im Kontakt zu den beauftragenden Personalbereichen zeigen, dass der Anspruch an moderne Trainingskonzepte stetig ansteigt und neben der reinen Wissensdidaktik auch ein immer größer werdender Aspekt auf Alleinstellungsmerkmale der Veranstaltungen und zusätzliche Anreize für die Teilnehmer gelegt wird (Goodwin & Johnson, 2000).

Darüber hinausgehend haben erfahrene Führungskräfte durch den beständig intensivierten Einfluss der Führungs- und Personalentwicklung in den letzten Jahren umfangreiche Erfahrungshintergründe im Besuch diverser Trainings und Fortbildungsveranstaltungen sammeln können. Kaum jemand, der noch nie etwas von Schulz von Thuns Theorie der 4-Seiten einer Nachricht gehört hat (Schulz von Thun, 1981); oder der nicht selbstständig die vier Dimensionen des Situativen Führens nach Hersey und Blanchard (Blanchard, Zigarmi & Zigarmi, 2005) aufzeigen kann.

Was also tun, wenn es, wie im nachfolgend beschriebenen Fall wieder einmal um die berechtigte, aber herausfordernde Anfrage eines Konzerns nach einer innovativen Weiterbildungsreihe für erfahrene Führungskräfte gehen soll?

Konkret handelt es sich um ein international operierendes Produktionsunternehmen der Chemiebranche mit Sitz in Deutschland. Das Unternehmen ist in den letzten Jahren durch verschiedene Re- und Umstrukturierungsmaßnahmen gegangen und agiert heute verstärkt auch auf dem asiatischen und US-amerikanischen Markt. Dadurch erhalten Themen wie Diversity und interkulturelle Kompetenz, aber auch das Arbeiten in virtuellen Teams eine besondere und stetig wachsende Bedeutung.

Die zu trainierende Zielgruppe besteht aus erfahrenen und professionellen Managern, die bereits alle in verantwortungsvollen Positionen agieren und innerhalb der nächsten zwei bis drei Jahre eine Topposition im Unternehmen einnehmen sollen. Ein Großteil befand sich zu Beginn des Programms auch bereits in Führungspositionen. Alle sind bereits durch eine Vielzahl an Weiterbildungen gegangen und sollen mit dem neuen Programm eine Art Übergangsphase bis hin zur Übernahme der neuen Aufgabe erhalten. Dabei dürfen aber anspruchsvolle Inhalte nicht zu kurz kommen. Diese sollen die Teilnehmer auch auf ihre zukünftig erweiterten Verantwortungen vorbereiten.

Konkret wünschte sich der Auftraggeber Inhalte und Unterstützung bei den Themen Persönlichkeit, Kommunikation weltweit, wirtschaftliches Denken und Handeln als Manager. Diese Inhalte sollten in der Vermittlung innerhalb der Trainings einen stark innovativen Charakter aufweisen und hinsichtlich der bisherigen beruflichen Erfahrungswelten der Teilnehmer noch keine Rolle gespielt haben. Die Teilnehmer kommen aus allen Produktionsstandorten des Unternehmens weltweit und vertreten alle relevanten Arbeitsbereiche des Konzerns (Stabsfunktionen und Produktionseinheiten).

Die Inhalte und Umsetzung des Trainingsprogramms

Den kundenseitigen Anforderungen entsprechend wurde ein Management Training Programm aufgesetzt, das aus drei Modulen zu jeweils drei Tagen besteht. Trainiert werden die Module von je zwei Trainern, wobei zusätzlich zu den bestehenden Moderatoren Fachleute aus unterschiedlichen Themenfeldern hinzugezogen werden. Die Teilnehmergruppen sind dabei international divers gemischt, wobei Teilnehmer aus Asien, Amerika und Europa in den jeweiligen Gruppen vorhanden sind. Der Praxistransfer zwischen den Modulen beträgt ca. sechs Monate, so dass die komplette Teilnahme innerhalb von 1,5 Jahren absolviert ist. Der in Frage kommende Teilnehmerkreis wird heute auf etwa 330 Teilnehmer geschätzt, die in entsprechend ca. 20 Gruppen trainiert werden. Die Teilnehmerzahl pro Gruppe beträgt 16 Personen, was eng mit den Erfordernissen der im zweiten Modul eingesetzten Flugsimulatoren in Verbindung steht (die maximale Personenzahl pro Simulator beträgt vier Personen, so dass die Gesamtgruppe in vier Kleingruppen aufgeteilt wird). Der Frauenanteil beträgt ca. 20 Prozent, was dem durchschnittlichen Frauenanteil im Gesamtunternehmen entspricht. Die Teilnehmer bestehen überwiegend aus Chemikern und Ingenieuren und weisen einen entsprechend eher naturwissenschaftlichen Hintergrund auf. Die im Training und allen Handouts verwendete Sprache ist Englisch, wobei der auftraggebende Konzern von bislang elf operierenden Gruppen auch drei rein deutschsprachige Teilnehmerkreise zusammengestellt hat. Ein Wechsel der Teilnehmer zwischen den Gruppen soll weitestgehend vermieden werden, um so eine bestmögliche Entwicklung auch innerhalb der Gruppen zu gewähren.

Die internationalen Gruppen werden an drei unterschiedlichen Standorten trainiert. So findet das erste Modul in New York (USA) statt, Modul zwei in Berlin (Deutschland) und das dritte Modul in Shanghai (China). Dadurch hebt das Unternehmen auch die interne Priorisierung der Seminarreihe, vor allem aber auch deren internationale Bedeutsamkeit hervor.

Als inhaltliche Basis für die Vermittlung der Themen wurde das aktuelle Führungskompetenzmodell des Unternehmens gewählt (Kompetenzfelder: Ergebnisorientierung, strategisches Denken, Innovations- und Erneuerungsfähigkeit, Kundenorientierung, Kommunikations- und Kooperationsfähigkeit, Teamführung, Mitarbeiterentwicklung und interkulturelle Geschäftsentwicklung). Alle zu trainierenden Inhalte wurden daraus abgeleitet und finden sich in den einzelnen Trainingsthemen wieder. So fließen die Kompetenzfelder Kommunikations- und Kooperationsfähigkeit, Innovations- und Erneuerungsfähigkeit, Teamführung und Mitarbeiterentwicklung in das erste und zweite Modul ein; die Dimensionen strategisches Denken, Ergebnisorientierung und Kundenorientierung werden inhaltlich vermehrt im dritten Modul abgebildet. Das Kompetenzfeld interkulturelle Geschäftsorientierung erfährt in allen drei Trainings eine große Berücksichtigung. Die jeweilige inhaltliche Zuordnung dieser Kompetenzen gelingt sowohl in den gesteuerten Gruppendiskussionen während der Veranstaltungen als auch in den nachfolgend noch dargestellten Übungen und Tests der Module.

Zur Transfersicherung zwischen den Modulen wird ein Tagebuch an die Teilnehmer ausgegeben, das von jedem individuell geführt werden soll und in das jeweilige Lernaspekte eingetragen werden können.

Modul 1

Das erste Modul trägt den Titel „Management und Persönlichkeit" und bietet den Teilnehmern die Möglichkeit, sich stark mit sich selbst, Merkmalen ihrer eigenen Persönlichkeit und entsprechenden Handlungsfeldern auseinanderzusetzen. Hierbei liegt der Hauptfokus darauf, den Teilnehmern Möglichkeiten aufzuzeigen, ihre vorhandene Persönlichkeit optimal ins berufliche Umfeld einbringen zu können. Das Training beschäftigt sich inhaltlich vordergründig mit verschiedenen Persönlichkeitsmodellen, aber auch Testverfahren zur Persönlichkeitsbestimmung kommen zur Anwendung, u.a. Kienbaum Management Fragebogen – KMF (Sarges & Wottawa, 2001). Dieses Testverfahren ist eng am bekannten Bochumer Inventar zur berufsbezogenen Persönlichkeitsbeschreibung (BIP, Hossiep & Paschen, 2003) angelehnt und überprüft u.a. Führungskompetenzen, wie Führungsmotivation, Handlungsorientierung, Flexibilität und Konfliktbereitschaft. Zusätzlich wird das DISG-Persönlichkeitsprofil (in Deutschland bei der Persolog GmbH erhältlich) im Seminar vorgestellt und individuell durch jeden Teilnehmer ausgewertet (Gay, 2003).

Neben sehr intensiven und ausführlichen Feedbackschleifen der Teilnehmer untereinander ergänzen zwei externe Fachleute die Gesamtthematik auch noch einmal aus verschiedenen Blickrichtungen. So beschäftigt sich eine Theaterregisseurin halbtägig unter dem Titel „Voice and Movement" mit dem persönlichen Auftritt der Teilnehmer und der damit zusammenhängenden Wirkung auf andere. Insbesondere im Topmanagement spielen persönliche Wirkungselemente und eine überzeugende Wirkung im Auftritt eine immer größere Rolle, die durch die inhaltliche Gestaltung dieses Themas berücksichtigt wird (Adrian, 2008).

Einen zusätzlichen thematischen Schwerpunkt legt das Training auf die Thematik „Stil und Etikette im internationalen Zusammenhang". Während eines 5-Gang-Dinners erhalten die Teilnehmer durch einen weiteren externen Fachmann Hinweise zum korrekten Verhalten bei Business-Dinnern weltweit. Durch die hohe Internationalität des externen Moderators werden unterschiedliche Perspektivwechsel ermöglicht, die die jeweiligen Sichtweisen der anwesenden Asiaten, Amerikaner und Europäer und deren Erwartungshaltungen an erwünschtes Ess- und Benimmverhalten ihrer Partner während eines Business-Dinners berücksichtigen (Martin & Chaney, 2012).

Hier werden neben klassischen Knigge-Verhaltensweisen vor allem auch Besonderheiten der jeweils anderen Kultur berücksichtigt und entsprechend dankbar von allen Beteiligten aufgenommen und intensiv diskutiert. So prägt das erste Modul vor allem auch die Akzeptanz der Andersartigkeit der internationalen Kollegen innerhalb der Seminargruppe und fördert zudem auch die interkulturelle Kompetenz, die im Unternehmen eine immer stärker werdende Rolle spielt.

Modul 2

Das zweite Modul unter dem Titel „Kommunikation in High Performance Teams" kommt zum einen dem Kundenwunsch nach, sich mit dem Thema der Kommunikation in virtuellen und weltweiten Teams auseinanderzusetzen. Darüber hinaus ermöglicht es den Teilnehmern, durch Hinzunahme einer für sie bis dato völlig fremden Umgebung, außerhalb ihrer beruflichen Routinen zu denken und den fachlichen und persönlichen Fokus auf im eigenen Umfeld noch wenig praktizierte Vorgehens- und Verhaltensweisen im Team zu konzentrieren.

Der Schwerpunkt des Moduls orientiert sich dabei an Hochleistungsorganisationen und deren auf höchste Zuverlässigkeit ausgerichtete Vorgehensweisen in Teams (Pawlowsky & Mistele, 2008), wobei den Facetten Human-Faktoren, Fehlermanagement und dem Umgang mit den sogenannten Prinzipien der Achtsamkeit ein besonderes Augenmerk geschenkt wird. Als Hochleistungsorganisationen und Hochleistungsteams werden dabei Arbeitsbereiche und Organisationen verstanden, die in einem permanent schwierigen und gefahrenträchtigen Umfeld agieren und es durch das Aufstellen von Regeln, Normen und definierten Vorgehensweisen schaffen, dennoch in einer sicheren Umgebung arbeiten zu können (Pawlowsky & Mistele, 2008).

Kern der drei Tage ist der Besuch des Trainings Centers der Lufthansa Flight Training in Berlin-Schönefeld und die Benutzung der dort exklusiv für diese Seminargruppen angemieteten Flugsimulatoren, in denen die Teilnehmer im Seminar Gelerntes sofort anwenden und umsetzen können, sich darüber hinaus aber auch noch einmal hinsichtlich ihres eigenen Stressverhaltens und entsprechenden Kommunikationsvermögens überprüfen können.

Durch die eher fachlich geprägte Didaktik der Inhalte unterscheidet sich das Seminar vom ersten Modul dahingehend, dass die Teilnehmer sich hier stärker mit einer für sie neuen Thematik auseinandersetzen müssen. Das zweite Modul hat somit einen stärkeren vermittlungsdidaktischen und lehrenden Hintergrund und wendet sich mit eher neuen Themen an die Teilnehmergruppe als im ersten Seminar.

Die genaue Vorgehensweise wird im Anschluss näher erläutert.

Modul 3

Modul 3 richtet sich in erster Linie an die unternehmerischen Fertigkeiten der Teilnehmer und trägt unter dem Namen „Unternehmertum und Wachstum" zum professionellen Umgang der Teilnehmer mit wirtschaftlichen Controllingkennzahlen des Gesamtkonzerns bei. Hierzu werden aktuelle Unternehmenskennziffern, die vorab durch die Controllingabteilung den Trainern zur Verfügung gestellt werden, in einem Planspiel integriert und programmiert, welches den Teilnehmern ein virtuelles Unternehmen der Druckerindustrie widerspiegelt. Die wirtschaftlichen Entscheidungen der in drei Kleingruppen aufgeteilten Teilnehmer ergeben im Seminarverlauf immer neue Unternehmenssituationen, die weitere Entscheidungen der Teilnehmer erforderlich machen. Darüber hinaus finden zwischen den Spielrunden intensive Inputphasen durch die Trainer statt, in denen inhaltlich alle wirtschaftlichen Bilanz- und Controllingkennzahlen (z.B.: Betriebsergebnisse (EBIT und EBITDA), Return on Invest (ROI), Cash Flow, Key Performance Indicators (KPIs), Economic Value Added (EVA)) des Unternehmens vermittelt und diskutiert werden.

Zum Abschluss des dritten Moduls wird eine modulübergreifende Rückbetrachtung und Reflexion des gesamten Trainingsprogramms vorgenommen, in der die Teilnehmer nochmals Gelegenheit erhalten, Feedback über alle drei Teile der Fortbildung zu geben. Diese Rückmeldungen fließen in einen regelmäßigen Optimierungsprozess der bestehenden Module ein und sorgen so für eine konsequente Qualitätsüberprüfung der geschulten Inhalte.

Der Einsatz von Flugsimulatoren bei Management Trainings

Vorzüge des Einsatzes von Simulatoren

Am Beispiel des zweiten Moduls des oben beschriebenen Management Trainings soll im Nachgang der Einsatz von Flugsimulatoren in Führungskräftefortbildungen vorgestellt werden. Nachhaltige Erfahrungswerte und wissenschaftliche Untersuchungen über Vor- oder Nachteile solcher Einsätze und vor allem didaktische Informationen über ein intensiviertes Lernen durch den Einsatz von Flugsimulatoren liegen zur Zeit nur ansatzweise vor. Zwar existieren umfangreiche Studien und Untersuchungen zum Einsatz von Simulatoren in Branchen wie der Luftfahrt und Eisenbahnorganisationen, allerdings beziehen sich diese ausschließlich auf das Training von Fachpersonal (Piloten, Crews, Lokführer) und nicht auf Trainingserfolge im Zusammenhang mit branchenfremden ungeübten Teilnehmern (Ritzmann, Kluge, Hagemann & Tanner, 2011).

Goodwin und Johnson zeigen jedoch im Jahr 2000 die positiven Aspekte für die nachhaltige Führungskräfteentwicklung von Managern durch den Besuch und Flug in einem Flugsimulator der British Airways auf.

Auch John Sterman stellt bereits 1994 Simulationen und „Management Flight Simulators" als effektive Methode des Lernens vor. Mit „Management Flight Simulators" sind hier allerdings eher Planspiele gemeint, also Simulationen, die komplexen Situationen des Berufsalltags möglichst nahe kommen.

Sterman hebt hervor, dass Simulationen die einzige praktikable Möglichkeit darstellen, unsere mentalen Modelle auszutesten. Man erhält ein an die Realität angelehntes Lernfeedback, ohne die negativen Konsequenzen fürchten zu müssen, die beim Ausprobieren in der Wirklichkeit möglicherweise folgen würden. Darüber hinaus verstärken und beschleunigen Simulationen laut Sterman das Lernfeedback.

Der nachfolgend geschilderte Erfahrungsbericht stellt keine statistisch relevanten und vergleichbaren Resultate dar und erhebt auch nicht den Anspruch einer ganzheitlichen Untersuchung.

Er bezieht sich vielmehr ausschließlich auf die in bislang durchgeführten Trainings im oben beschriebenen Projekt gemachten Erkenntnisse sowie Erfahrungen in der Durchführung vergleichbarer Seminare unter Einbezug von Flugsimulatoren in anderen Projekten.

Simulatoren finden seit vielen Jahren in unterschiedlichsten Branchen eine große Berücksichtigung. Luftfahrt, Bahnverkehr, Chemie, aber neuerdings auch die Medizin bedienen sich insbesondere zu Ausbildungszwecken der Simulation realistischer Abläufe des beruflichen Umfelds.

Der deutliche Vorteil liegt dabei in der Möglichkeit, gefährliche, abnormale und ansonsten nicht erprobbare Situationen zu simulieren und das Verhalten der betroffenen Personen unter den erlebten Eindrücken zu analysieren und zurückzumelden. Hierbei wird insbesondere auf das Kommunikations-, Konflikt- und Entscheidungsverhalten der Teilnehmer eingegangen, um durch zeitnahe Rückmeldungen (After Action Reviews) ein schnellstmögliches Umdenk- und Lernverhalten zu erzielen (Mistele, 2007).

Auch Bakken, Gould und Kim (1992) heben die Vorteile von Simulatoren insbesondere in Bezug auf die Entscheidungsfindung von Teilnehmern hervor. Liegen Entscheidungen und deren Konsequenzen zeitlich zu weit auseinander, wird es temporär immer schwieriger, Kausalzusammenhänge zu erkennen und aus diesen gemachten Erfahrungen zu lernen. Je unmittelbarer das Feedback, desto größer der Lerneffekt. Diese von Bakken, Gould und Kim getätigten Aussagen zeigen den großen Vorteil von Flugsimulatoren auf: Sie bieten dem Nutzer die Möglichkeit für unmittelbares Feedback zu seinem Verhalten und damit die Chance, in einem risikoarmen Umfeld aus seinem Entscheidungsverhalten und Fehlern zu lernen, um das Gelernte dann später in der realen Welt umzusetzen. Das Erlebte wird dabei als so real empfunden, dass viele Full-Flight-Simulatoren der Luftfahrtindustrie bei der Simulation von Abstürzen nicht bis zur absolut letzten und intensivsten Darstellung eines Flugzeugabsturzes gehen, sondern kurz vor der Katastrophe abbrechen, um das Erinnern dieser negativen Situation und damit verbundene Empfindungen bei den Piloten nicht unbewusst zu verinnerlichen bzw. abzuspeichern (Bakken, Gould & Kim, 1992).

Ein weiterer Vorteil des Einsatzes von Simulatoren ist, dass die Methode für die Teilnehmer die Möglichkeit darstellt, das Entscheidungs- und Kommunikationsverhalten ihrer Teammitglieder auf neutralem und sicherem Boden zu diskutieren und kritisch zurückzumelden. Anders gesagt, Feedback zum eigenen Verhalten im Flugsimulator wird als weniger bedrohlich empfunden als Feedback im gewohnten professionellen Umfeld und wird somit allgemein von den Teilnehmern besser angenommen. Dies kann einen positiven Effekt auf die Lernerfahrung und somit die spätere Anwendung des Gelernten haben. (Bakken, Gould & Kim, 1992).

Auch Goodwin und Johnson heben 2000 die lebensechte Erfahrung der Teilnehmer in Flugsimulatoren hervor und betonen, dass die realitätsnahe Erfahrung im Flugsimulator ein effektiver Motor für Verhaltensänderungen in Teams sein kann. Flugsimulatoren bieten für alle Teilnehmer eine Hochrisikoerfahrung mit der Abwesenheit allen tatsächlichen Risikos.

Ausgehend von Untersuchungen des Sozialpsychologen Kurt Lewin entwickelte der Erziehungswissenschaftler Kolb (1975) einen mehrteiligen Zyklus erfahrungsbasierten Lernens, der durch die Anwendung von Simulatoren beschleunigt und intensiviert werden kann. So impliziert er, dass herausfordernde Situationen essenziell für erfolgreiches Lernen sind, da diese zu kognitiven Konflikten führen, die Veränderungen in Denken und Handeln bewirken können. Lernen verläuft dabei nicht nur durch das bloße Tun und Erleben, sondern auch durch zusätzliche Reflexion, die im hier angewendeten Trainingskonzept eine maßgebliche Rolle spielt (Kolb & Fry, 1975; Kolb, Boyatzis, & Mainemelis, 2001).

Susanne Starke erklärte 2010 diese in Simulatoren und im nachfolgend beschriebenen Projekt beobachtbaren Lernschritte nach Kolb wie folgt: Eine Person erlebt ein spezielles Ereignis („Erfahrung" – in diesem Fall der Simulatorflug). Dieses Ereignis wird beschrieben und mit anderen Personen geteilt („Beschreibung" – hier der Austausch, das Feedback und die Reflexion unter den Teilnehmern). Dann werden die Ereignisse interpretiert und Beziehungen zwischen diesen gebildet („Interpretationen" – im vorliegenden Projekt die Reflexion der Simulatorflüge durch die Teilnehmer und der Abgleich über wahrgenommene Parallelen zu den vorher durchgeführten Persönlichkeitstests). Im Nachgang kommt es dann zur Generalisierung, in der die gemachten Erkenntnisse mit Ereignissen der Vergangenheit und möglichen Vorhaben in der Zukunft verknüpft werden („Generalisierung" – im Seminar der Austausch der wichtigsten Lernerfahrungen unter den Teilnehmern). Abschließend bereitet sich die Person auf konkrete Vorhaben in der Zukunft vor und reflektiert, wie sie auf diese in jetzt neuer Vorgehensweise reagieren könnten („Anwendung" – gezielte Formulierung von Vorgehensweisen nach dem Seminar am letzten Tag des Trainings).

Weitet man das Themengebiet beispielsweise auf den Einsatz von Outdoor-Szenarien aus, in denen die Teilnehmer ebenfalls aus ihren beruflichen Routinen herausgenommen werden und in eine für sie neue Umgebung und Anforderungswelt versetzt werden, so ergeben sich die im Folgenden geschilderten Ergebnisse auf die Steigerung des Lernerfolgs durch den Einsatz solcher Instrumente.

So ergab eine von Badger, Sadler-Smith und Michie (1997) in 54 Unternehmen durchgeführte Mitarbeiterbefragung, dass bei 79 % der Teilnehmer der Besuch der Outdoor-Maßnahme zu mehr Effektivität am Arbeitsplatz geführt hatte.

Ähnlich positive Ergebnisse berichten auch Jones und Oswick (2007), die bei einer vergleichbaren Befragung herausfanden, dass die Teilnahme an solchen gruppendynamischen Veranstaltungen die Einstellung der Teilnehmer zu Arbeitsprozessen im täglichen beruflichen Umfeld positiv beeinflusst hatte.

Lernen von High Performance Teams

Das zweite Modul der Seminarreihe versucht von Beginn an, die Teilnehmer rasch in die Lage zu versetzen, sich aktiv mit den Inhalten und Themen auseinanderzusetzen. Der erste Tag findet im Seminarraum statt und beschäftigt sich in einem ersten Block schwerpunktmäßig mit den Einflussfaktoren von Human Factors in High Performance Teams und deren besonderen Vorgehensweisen im Umgang mit Themen wie Kommunikation, Teamwork, Konfliktmanagement, Routinen, Stressmanagement und Autorität im beruflichen Umfeld.

High Performance Teams werden dabei als solche Teams beschrieben, die in Organisationen zu finden sind, die ständig unter sehr schwierigen Bedingungen arbeiten und bei denen trotzdem weit weniger Unfälle und Störungen auftreten, als statistisch zu erwarten wäre (Weick & Sutcliffe, 2003).

Beispiele für solche Teams und Organisationen finden sich in der Luftfahrt, Feuerwehreinheiten, Sondereinsatzkommandos der Polizei, Kraftwerken und petrochemischen Anlagen und Raffinerien, zunehmend aber auch in Orchestern, Segelteams und der Medizin (Pawlowsky & Mistele, 2008).

Dabei werden Verhaltensweisen dieser Teams in Bezug auf die in Abbildung 1 aufgezeigten Themen vorgestellt und diskutiert. Hier wird vor allem immer wieder die realistische und realisierbare Umsetzung des Gelernten in den unterschiedlichen Berufsfeldern der Teilnehmer hinterfragt und diskutiert. Nicht alle in High Performance Teams angewandten Methoden und Vorgehensweisen lassen sich eins zu eins in den beruflichen Alltag von z.B. Chemikern und Ingenieuren integrieren, aber viele Teilnehmer heben im abschließenden Feedback den großen Lerneffekt durch das Erleben alternativer, differenter und vielleicht auch mutiger Vorgehensweisen für ihren beruflichen Alltag hervor.

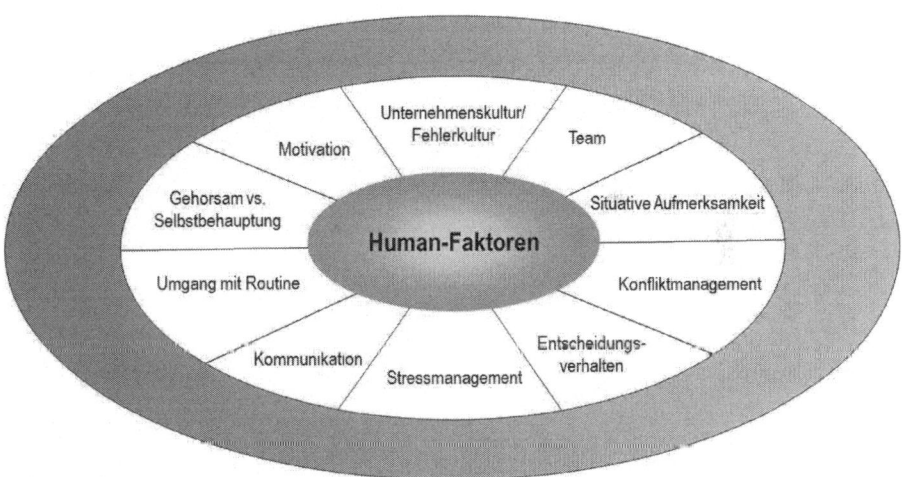

Einflussbereiche von Human-Faktoren (Brandenburg & Faber, 2008)

Vor allem vor dem Hintergrund der vom Unternehmen mittelfristig geplanten Erweiterung der Führungsverantwortlichkeit der Teilnehmer auf höhere und verantwortungsvollere Positionen im Unternehmen erhalten die trainierten Themen eine große Bedeutsamkeit für die teilnehmenden Manager. Insbesondere der Umgang mit risikoreichen Entscheidungen, aber auch die Führung virtueller Teams wird hier häufig als Erwartungshaltung des Auftraggebers an die Inhalte und Vorgehensweisen des Trainings genannt.

High Performance Teams richten ihr Tun und Handeln entsprechend der in der Abbildung aufgezeigten Handlungsfelder aus und zeigen sich bestrebt, ein bestmögliches Zusammenarbeiten im Sinne sicherer Prozesse und Abläufe zu garantieren. Zentraler Faktor für die Handlungsfähigkeit solcher Organisationen ist ein ausgeprägtes Lernen aus Erfahrungen und von Fehlern im Arbeitsprozess (Brandenburg & Faber, 2008). Dabei spielt die Unternehmens- und Fehlerkultur eine sehr gewichtige Rolle. Als Fehler wird versehentlich herbeigeführtes Fehlverhalten betrachtet. Es handelt sich um alle unabsichtlichen Abweichungen von Regeln, Vorgaben, Gesetzen und Normen. Davon abweichende Sabotagen, Zersetzungen und absichtlich herbeigeführte Normabweichungen werden nachhaltig und streng sanktioniert. Innerhalb dieser Teams werden Fehler daher akzeptiert und als klare Lernfelder verstanden. Diese Akzeptanz von Fehlern und die Grundannahme, dass jeder Mensch durch seine Fehlbarkeit einen potenziellen Gefahrenherd für seine Umwelt darstellt, veranlassen High Performance Teams zu einer Vielzahl in sonstigen Arbeitsgruppen nicht üblicher Vorgehensweisen. So ist das Zugeben eines Fehlers absolut gewollt und wird nicht als Versagen, sondern vielmehr als Optimierungsfeld zukünftiger Abläufe und Prozesse gesehen (Faber, 2003).

Eine große Bedeutung wird auch der Teamzusammensetzung zugesprochen. Seit wann arbeitet das Team zusammen? Haben sich hier Normen, Automatismen und Routinen entwickelt, die über Jahre hinweg von allen Mitgliedern als anerkannte Vorgehensweisen akzeptiert werden, im Gesamtunternehmenskontext aber als eventuell hinderlich zu bewerten sind (z.B.: Alkoholmissbrauch, Nichtbeachtung der Einhaltung sicherheitsrelevanter Vorgaben wie dem Tragen von Sicherheitskleidung, etc.)?

Wie ist das Altersgefälle im Team und wie wirkt sich dieses auf das tägliche Tun und die Arbeitsverteilung in der Gruppe aus?

Handelt es sich um ein virtuelles Team (über mehrere nationale oder internationale Standorte des Unternehmens verteilt) oder eher um ein klassisches Präsenzteam, das gemeinsam von einem Arbeitsplatz aus agiert? Welche unterschiedlichen Vorgehensweisen mit interkulturellen Teams sind zu beachten? Agieren alle Beteiligten aus einem gemeinsamen Werteschema heraus oder gibt es unterschiedliche Wahrnehmungen und Definitionen richtiger oder falscher Vorgehensweisen?

Aus welchen Charakteren besteht die Gruppe? Wie und aus welchen Mitgliedern setzt sich das Team zusammen? Dominieren einige wenige den Rest der Gruppe? Findet diese Rollenverteilung eine allgemeine Akzeptanz in der Gruppe? Werden Entscheidungen gemeinschaftlich demokratisch getroffen? Gibt es Unter- und Randgruppen, aus denen heraus eventuelle kontraproduktive Vorgehensweisen einen dauerhaften Erfolg des Teams gefährden? Wie sind Qualifikation und Wissen im Team verteilt? Wie geht das Team mit Konflikten um?

Diese kritische Betrachtung auch der eigenen Teamstruktur wird den Teilnehmern in den Modulen immer wieder empfohlen und ist Gegenstand regelmäßiger Reflexionen nach Übungen und Diskussionen. Dabei wird auch das eigene Teamverhalten der Teilnehmergruppe selbst reflektiert und hinsichtlich erkannter positiver Faktoren und optimierbarer Vorgehensweisen ausgetauscht.

High Performance Teams tendieren dazu, Konflikte offen anzusprechen und direkt anzugehen. Ein Verschleppen und Aussitzen eines Konflikts wird so verhindert und mögliche Gefahrenquellen im menschlichen Miteinander schnellstmöglich eliminiert. Dabei spielen der konstruktive Umgang mit Konflikten und das Erkennen eigener und fremder Konfliktverhaltensweisen eine entscheidende Bedeutung für die Durchführung der Konfliktbearbeitung (Brandenburg & Faber, 2007).

Die Kommunikation innerhalb solcher Teams ist klar abgestimmt und wird durch besonderes Hervorheben definierter Begrifflichkeiten (z.B. wird in der Luftfahrt das Wort „immediately" nur im absoluten Notfall benutzt) oder durch Weglassen bzw. Vermeidung bestimmter Worte (der Begriff „right" wird beispielsweise wegen seiner Doppeldeutigkeit in der fliegerischen Funkersprache weitestgehend vermieden) sehr bewusst angewendet. Hinzu kommen Techniken und Methoden des in der Luftfahrt eingesetzten Crew Resource Management, innerhalb dessen man sich sogenannter Read-back-Systeme in der Kommunikation bedient, die eine sofortige Rückmeldung und Wiederholung erhaltener Arbeitsanweisungen und Vollzugsmeldungen nach erledigten Arbeitsschritten beinhalten (Eißfeld, Goeters, Hörmann, Maschke & Schiewe, 1994).

Die Entscheidungsfindung und Entscheidungskompetenz von Mitgliedern in High Performance Teams wird durch verschiedene Faktoren beeinflusst, die sowohl innerhalb des Teams und hier auch im Verhalten eines jeden einzelnen Teammitglieds, als auch in äußerlichen Faktoren liegen, die für das Team von Relevanz sind. So beschreibt bereits Tuckman 1965 Gruppenentwicklung als das lineare Durchschreiten der Phasen Orientierungsphase (Forming), Konfliktphase (Storming), Kohäsionsphase (Norming) und Arbeitsphase (Performing). Jedes Teammitglied hat durch sein individuelles Verhalten und Entscheiden innerhalb der Arbeitsgruppe einen direkten Einfluss auf die Dauer der oben genannten Phasen. Aber auch externe Einflüsse wie ein sich verändernder Markt, der Wegfall oder die Hinzunahme eines neuen Produkts oder auch neue Teammitglieder sind dabei von erheblicher Relevanz. Hier spielen sowohl Erfahrungswerte der betroffenen Teammitglieder im Umgang mit der sich jeweils neu ergebenen Situation eine Rolle als auch die erforderliche Qualifikation und körperliche Eignung der jeweiligen Individuen (Scheiderer & Ebermann, 2011).

Maßgeblich für das Entscheidungsverhalten in Gruppen wird das Beeinflussungsverhalten einzelner Teammitglieder oder Unterteams anderen gegenüber eingestuft (Asch, 1956; vgl. auch nachfolgend aufgeführte Erkenntnisse in der Gruppenübung „Verschüttet" auf den folgenden Seiten).

Neben den oben beschriebenen Besonderheiten von High Performance Teams wird auch auf die Fokussierung des achtsamen Umgangs mit Kollegen, Mitarbeitern, Führungskräften und dem zur Verfügung gestellten Material am Arbeitsplatz eingegangen. Dabei spielen die 5 Prinzipien der Achtsamkeit (Mindfulness) eine prägende Rolle in der Vermittlung alternativer Vorgehensweisen im Team (Weick & Sutcliffe, 2003). Diese 5 Prinzipien sind:

- Konzentration auf Fehler

- Sensibilität für betriebliche Abläufe

- Streben nach Flexibilität

- Ablehnung vereinfachender Interpretationen

- Respekt vor fachlichem Wissen und Können

Hochleistungsteams konzentrieren sich demnach nicht nur auf die positiven Abläufe und Prozesse der täglichen Arbeit, sondern richten ihr Augenmerk vor allem auf risikorelevante Abläufe, Beinaheunfälle (near misses) und tatsächliche Fehler und Unfälle. Aus diesen werden Analysen (Root Cause Analysis) erstellt, deren Erkenntnisse und Ergebnisse wiederum zur zukünftigen Gefahrenabwehr und –minimierung genutzt werden (Faber, 2003).

Dabei spielt die Sensibilität für die betrieblichen Abläufe, auch außerhalb des eigenen Beschäftigungsfelds und Bereichs eine maßgebliche Rolle. High Performance Teammitglieder haben verinnerlicht, dass ihr eigenes Tun immer auch Auswirkungen auf den Gesamtapparat der Organisation hat. Daher schauen sie regelmäßig über den eigenen Tellerrand hinaus, versuchen zentralistische, auf die eigenen Abläufe reduzierte Sichtweisen („Siloblicke") zu vermeiden und Auswirkungen ihres eigenen Handelns auf den Gesamterfolg stetig zu überprüfen. Pawlowsky nennt 2005 diese Befähigung „redundante Basiskompetenzen", die er als leistungsbeeinflussende Merkmale in diesen Teams bezeichnet. Erst wenn Teammitglieder die Handlungsschritte anderer Kollegen in anderen Bereichen verstehen, entwickelt sich für alle ein ganzheitliches Bild des Handlungsablaufes.

Zur Erhaltung dieser Basiskompetenzen werden sogenannte What if-Szenarien (Was wäre wenn-Szenarien) verwendet, die vom aktuellen Ist-Zustand ausgehend, mögliche Fehler- und Krisenszenarien aufzeigen (Reason, 1994).

Hinter dem Streben nach größtmöglicher Flexibilität verbirgt sich zum einen eine sehr umfassende Qualifizierung jeden einzelnen Teammitglieds, aber auch die Befähigung, Tätigkeitsfelder von Kollegen zumindest in Teilen mit übernehmen zu können. Auch Mistele verweist 2007 darauf, dass High Performance Teams konsequent versuchen, redundante Kompetenzen im Team aufzubauen, um so im Einsatz flexibel zu bleiben. Hier spielen Rotationsprogramme eine große Rolle, um neben dem Aufbrechen möglicher schädlicher Routinen (im

Sinne eines blinden Vertrauens auf die Kompetenzen anderer und/oder bereits mehrfach durchgeführter Prozesse) auch die situative Aufmerksamkeit ("situational awareness") aller Beteiligten möglichst groß zu halten. Diese spielt auch in der Umsetzung des vierten Prinzips der Achtsamkeit (Ablehnung vereinfachender Interpretationen) eine entscheidende Rolle, wobei hier im Besonderen die Verallgemeinerung bestehender Glaubenssätze (z.B.: "Das haben wir schon immer so gemacht...!"; "Es ist noch immer alles gut gegangen...!", oder "Es kommt, wie es kommt...!") regelmäßig hinterfragt und notfalls widerlegt wird. Prinzip fünf (Respekt vor fachlichem Wissen und Können) beschäftigt sich abermals stark mit der Entscheidungsbefugnis in High Performance Teams, die meist bis auf Mitarbeiterebene heruntergebrochen wird. So trifft beispielsweise bei Feuerwehreinsätzen keineswegs der höchste Vorgesetzte die umzusetzenden Entscheidungen, sondern in erster Linie die Feuerwehrleute, die in erster Reihe in der Brandbekämpfung stehen (Mistele, 2007).

Im gesamten Seminarverlauf werden diese Prinzipien hinsichtlich der möglichen Transformation in den Arbeitsbereich der Teilnehmer überprüft und hinterfragt, wobei ein deutlicher Schwerpunkt auf alternative Vorgehensweisen gelegt wird.

1. Seminartag

Nach einer ausführlichen Einführung in das Gesamtthema werden die Teilnehmer durch die für solche Trainings entwickelte Gruppenübung "Verschüttet" rasch in die Rolle von "Mitgliedern" eines High Performance Teams versetzt (Brandenburg & Faber, 2007). Hier erhalten sie die Aufgabe, als Mitglieder eines Krisenstabs eine drohende Katastrophe von einem fiktiven Forschungsteam abzuhalten, in dem sie eine Liste zur Rettung der vermeintlich verschütteten Gruppe anfertigen, die dem Rettungsteam vor Ort die Reihenfolge der Evakuierung der Bedrohten vorgibt. Dabei kommt es zu keiner Manipulation oder Beeinflussung der Gruppe durch die Trainer. Die Teilnehmer sollen selbstständig und völlig frei entscheiden, wie sie mit der prekären Situation umgehen. In der nachfolgenden Reflexion wird dann auf das Entscheidungsverhalten der Gruppe eingegangen. Dabei werden sowohl emotionale und konfliktreiche Momente widergespiegelt als auch auf etwaige Verweigerungshaltungen innerhalb der Gruppe eingegangen. Maßgeblich wird das Entscheidungsverhalten der Gruppe analysiert. Gab es eine Entscheidung und wenn ja, wie wurde diese erreicht? Stehen im Nachgang alle Teammitglieder zu dieser Entscheidung und welche Entscheidungskriterien wurden beim Findungsprozess berücksichtigt? Wie wurde mit eventuell Andersdenkenden umgegangen und wie verhielten sich diese wiederum gegenüber den anderen? Welche Art von Beeinflussungsfaktoren spielten bei der Entscheidungsfindung eine Rolle und wie bewusst oder unbewusst wendeten die Teilnehmer Beeinflussungsfaktoren wie Macht, Drohungen, Verharmlosung und Emotionalität an (Bacon, 2011)? Wie zufrieden ist die Gruppe im Nachgang mit ihrer getroffenen Entscheidung?

Hier spielt vor allem die große Internationalität der Gruppen eine entscheidende Rolle. Regelmäßige Diskussionen über konformes oder abweichendes Entscheidungsverhalten vom Teamentscheid geleitet durch eventuell unterschiedliche kulturelle Hintergründe der Teilnehmer innerhalb des Rollenspiels, schärfen den interkulturellen Aspekt zukünftiger Zusammenarbeit und helfen den einzelnen Mitgliedern der Gruppe, sich gegenseitig und das Entscheidungsverhalten des jeweils anderen Kulturkreises besser zu verstehen.

Diese sehr intensive Reflexion des Erlebten wird durch die Präsentation wissenschaftlicher Experimente unterschiedlicher Beeinflussungsfaktoren und Konformitätstheorien (Milgram, 1982; Asch, 1956) abgerundet.

2. Seminartag

Der zweite Seminartag besteht primär aus dem Besuch des Flight Training Centers und der Möglichkeit des persönlichen Kennenlernens einer High Performance Organisation der Luftfahrtbranche und deren Mitgliedern bzw. Mitarbeitern. Zunächst werden den Teilnehmern noch einmal Instrumente und bewährte Verfahren/Methoden von High Performance Teams aufgezeigt. Dabei stehen Werkzeuge der erleichterten Entscheidungsfindung (z.B. das FORDEC- Modell der Luftfahrt; Eißfeld, 1994; Hörmann, 1995), aber auch die Anwendung sogenannter FMEAs (Fehler-Möglichkeiten-Einfluss-Analysen; Badke-Schaub, Hofinger & Lauche, 2008) zur Durchführung zukunftsgerichteter What-if-Szenarien im Mittelpunkt (Hofinger, 2005).

Anschließend erfolgt eine kritische Betrachtung und Analyse verschiedener Katastrophen, die durch Nichtbeachtung oben beschriebener Vorgehensweisen in High Performance Teams entstanden, u.a.:

- Explosion der Ölplattform Piper Alpha 1988,

- Katastrophe innerhalb der Raffinerie von BP Texas City 2005,

- Zugunglück von Eschede 1998 und der Zusammenstoß zweier Flugzeuge der zivilen Luftfahrt über Überlingen/Bodensee 2002.

Anschließend erfolgt der Transfer in das Trainingszentrum der Lufthansa Flight Training GmbH, wo die Gruppe zunächst eine kurze Einführung in das Fliegen, nautische Grundvoraussetzungen und später abzurufende Handlungsabläufe erhält. Danach besteht dann die Möglichkeit, mit aktiven Piloten der Luftfahrt in die Diskussion und den Austausch der bisher erlernten Verhaltensweisen in High Performance Teams im Abgleich zum täglichen Arbeiten innerhalb solcher Teams zu gehen. Dabei steht immer wieder die Unfallverhütung, Entscheidungsfindung und bestmögliche Vermeidung unvorhersehbarer Einflüsse im Vordergrund. Sehr eingehend werden dabei sogenannte Standardprozesse („Standard Operating Procedures") (Badke-Schaub, Hofinger & Lauche, 2008) innerhalb der Luftfahrt im Abgleich mit den täglichen Arbeitsprozessen der Teilnehmer und alternativer Möglichkeiten abgeglichen. Wichtige Erkenntnis ist dabei oftmals, dass sich Prozesse im Arbeitsumfeld der Teilnehmer weit weniger gut standardisieren lassen als in der Luftfahrt und dementsprechend ein noch größeres Augenmerk auf die Bewältigung neuer unvorhersehbarer Ereignisse in Teams gelegt werden muss.

Nach dieser Einführung wird die Gesamtgruppe mit 16 Teilnehmern in zwei Kleingruppen aufgeteilt, wobei sich die eine Hälfte in die bereitgestellten Flugsimulatoren (zwei x je vier Personen) begibt, während die anderen eine Führung durch die Pilotenschule erhält.

Die Teilnehmer erhalten dabei die Möglichkeit der Besichtigung der Technik- und Computerzentrale, aller 13 zur Verfügung stehender Flugsimulatoren, und lernen den Computer-Based-Trainings-Bereich und sogenannte Trockensimulatoren („Mock-ups") kennen. Darüber hinaus gehören auch die Räumlichkeiten der Precheck- und Reflexionsgespräche zur Besichtigung, in denen die realen Piloten mit ihren Prüflingen die anstehenden Flüge vorbereiten und in Nachbesprechungen (sog. „After Action Reviews") ihre Probeflüge und das gezeigte Verhalten analysieren.

Aus der Besichtigung dieses Umfelds lassen sich abermals nachhaltige Erkenntnisse hinsichtlich der Qualifizierung und Aufrechterhaltung von Teams im Tagesgeschäft der Teilnehmer ableiten:

Wie können wir in unserem beruflichen Umfeld die Ausbildung und Qualität unserer Mitarbeiter aufrechterhalten? Wie können wir Kompetenzen und Qualifikationen unserer Mitarbeiter kritisch hinterfragen und überprüfen? Was machen wir im Falle der Nichteignung eines unserer Mitarbeiter (Minderleister)? Welche Konsequenzen sind denkbar, handelbar und umsetzbar? Dabei werden vor allem auch international unterschiedliche gesetzliche Grundlagen und Bestimmungen der anwesenden Teilnehmer und ihrer differenten Kulturen in den jeweiligen Ländern diskutiert und ausgetauscht.

Innerhalb der Flugsimulatoren besteht zeitgleich für die vier Teilnehmer zunächst die Aufgabe der Auswahl der ersten fliegenden bzw. beobachtenden Personen. Die ersten Piloten und Co-Piloten („Pilot Flying" und „Pilot Monitoring"; Scheiderer & Ebermann, 2011) nehmen ihre jeweiligen Plätze ein und beginnen mit ersten zuvor gelernten Routinechecks. Dabei ist die Auswahl des jeweiligen Startflughafens den Teilnehmern genauso vorbehalten wie die Definition des Zielflughafens. Beides wird durch den anwesenden Lufthansa-Piloten ins Simulatorprogramm eingegeben. Die Piloten werden im Vorfeld der Veranstaltung eingehend darüber informiert, den ungeübten Teilnehmern Raum zu Fehlern und zum Ausprobieren einzuräumen. Während ihres Fluges durchlaufen die Teilnehmer zwei kritische Entscheidungsmomente (plötzliches Aufkommen einer Gewitterfront und Rauchentwicklung im Cockpit), die durch den Piloten vorgegeben werden und das Entscheidungs- und Reaktionsverhalten der Beteiligten auf die Probe stellen.

Eventuell aufkommende Stresselemente durch möglicherweise übertriebenen Ehrgeiz der Teilnehmer werden im Nachgang des Fluges durch den offiziellen Piloten und die anwesenden Teilnehmer genauso analysiert wie das Kommunikationsverhalten der jeweils fliegenden Teilnehmer untereinander, die Arbeitsteilung der Betroffenen und eventuell wahrnehmbare Konflikte. Hierbei wird das gesamte beobachtbare Verhalten aller während des Flugs, aber auch innerhalb der Startvorbereitungen („Take off-Procedures"), dem sogenannten Taxiing (Fahren des Flugzeugs am Boden nach der Landung) kritisch hinterfragt und analysiert. In die Feedbacks fließen auch die Eindrücke und Wahrnehmungen der zwei passiven Teilnehmer ein, die im Flugsimulator hintere Plätze einnehmen und von dort das Geschehen vorn im Cockpit beobachten können. Nach jeweils 30 Minuten findet ein Wechsel der Rollen statt, so dass die bis dato hinten platzierten Teilnehmer nach einer Stunde in die aktive Pilotenrolle schlüpfen.

Wichtiger Bestandteil der Nachbetrachtung des Erlebten ist insbesondere die Reflexion des eigenen Stressverhaltens in neuen unbekannten und herausfordernden Umfeldern, eventuelle Fehleinschätzungen persönlicher Kompetenzen und Qualifikationen, die eventuell falsche Bewertung situativer Gegebenheiten („Situational Awareness") sowie der Austausch hinsichtlich wahrgenommener Konformität versus übertriebener Durchsetzungsfacetten.

Häufig feststellbar ist bei den teilnehmenden Managern eine hohe Risikobereitschaft hinsichtlich des Treffens kritischer Entscheidungen ohne fundierte Entscheidungsgrundlage oder vorhandene Erfahrungen und Kenntnisse. Kritische Hinweise darauf durch die anwesenden Kollegen und den realen Piloten werden im Eifer der Stresssituation oftmals überhört und nicht wahrgenommen oder akzeptiert. Erst die spätere Reflexion, die durch die technischen Besonderheiten eines Fullflight-Simulators auch kurzfristig gegeben ist (Freeze-Funktion des Simulators = Festhalten/Einfrieren der aktuellen Flugsituation auf dem Monitor) führt zu einer kritischen Betrachtung des eigenen Verhaltens und wird in Abgleich zu vergleichbaren Situationen des Alltagslebens der Teilnehmer gestellt.

Die Entscheidungskompetenz der Teilnehmer wird dahingehend überprüft, wie hoch die Risikobereitschaft (z.B. zum Durchfliegen einer Gewitterfront) der einzelnen Manager ist. Hier wird zwischen zu zurückhaltender und zu forscher unüberlegter Entscheidungstendenz bei den Teilnehmern unterschieden: Welche Risiken gehen die Teilnehmer ein, obwohl sie völlige Laien im fliegerischen Umfeld sind? Welche kritischen Situationen werden auf der anderen Seite vermieden, obwohl im Simulator keine wirklich relevanten Konsequenzen entstehen können?

Kritisch lässt sich auch das Kommunikationsverhalten der Teilnehmer hinterfragen: Wie gut und intensiv verlief die Kommunikation der jeweils zuständigen Teilnehmer für das Fliegen? An welche vorher abgesprochenen Kommunikationsmuster wurde sich gehalten? Was war hinderlich, was sollte zukünftig und vor allem in unbekannten und unerwarteten Situationen des beruflichen Alltagslebens hinsichtlich der Kommunikation optimiert werden?

Auch die im ersten Modul verwendeten Persönlichkeitstests (DISG, Kienbaum Management Fragebogen) werden hier nochmals als Feedbackinstrument genutzt. Die Frage „Wie stark beeinflusst meine Persönlichkeit mein individuelles Flug-, Kommunikations- und Teamverhalten?" fließt intensiv in die Nachbetrachtung ein. Hierbei ist eine große Übereinstimmung zum Ergebnis der Tests feststellbar. Personen mit hohen Dominanz- und Emotionsanteilen innerhalb ihrer Persönlichkeit schneiden deutlich mutiger, draufgängerischer und entscheidungsfreudiger in den Bewertungen ab als solche, die eher gewissenhafte, stetige Persönlichkeitsprofile aufweisen. Hier sind tendenziell zurückhaltendere, abwägendere und vorsichtigere Entscheidungsmuster wahrnehmbar.

Zusätzlich zur Entwicklung klassischer Teamkompetenzen decken die Simulatorflüge auch schwach oder nicht ausgefüllte Teamrollen auf. Solche Erkenntnisse werden unter Anleitung der Piloten und Trainer in den Reflexionselementen nach den Übungen besprochen (Goodwin & Johnson, 2000).

Die Feedbackphase beginnt unmittelbar nach den Flügen und wird mit einer intensiven Rückmeldungsübung am nächsten Seminartag abgerundet, wobei die Feedbackgruppen aus den Einzelteams der Flugsimulatoren bestehen. Über die Kleingruppen hinausgehend, werden die Ergebnisse der Erfahrungen nochmals abschließend im Plenum vorgestellt und festgehalten. Durch die sehr intensive Reflexionsphase verinnerlichen die Teilnehmer ihr dargestelltes Verhalten stärker und bekommen so die Möglichkeit, Erlerntes in der Zukunft proaktiv und gewinnbringend einsetzen zu können (Starke, 2010).

Die hier im Projekt gemachten positiven Erfahrungen hinsichtlich eines aktiven und nachhaltigen Praxistransfers werden auch von Goodwin & Johnson (2000) herausgestellt. Diese berichten, dass es für die teilnehmenden Teams unmöglich war, die Übung im Cockpit erfolgreich abzuschließen, ohne bestimmten Kernelementen der Teamarbeit besondere Aufmerksamkeit zu schenken:

- Zielbestimmung (Kern- und Nebenziele);

- Aufgabenbeschreibung;

- klare Rollen- / Verantwortungszuweisung;

- effektive Kommunikation;

- effektive Sozialkompetenzen;

- anhaltende gegenseitige Unterstützung;

- flexibles Denken;

- vielseitige Lösungsentwicklung;

- klare Betonung der kollektiven Interessen über den Interessen von Einzelnen;

- gemeinsame Identifikation mit der eigentlichen Herausforderung.

3. Seminartag

Der dritte Tag beginnt mit der oben beschriebenen intensiven Reflexionsphase der Teilnehmer innerhalb der „Simulatorteams" des Vortags und einer anschließenden Diskussionsrunde über die gemachten Erfahrungen im Plenum.

Anschließend greift das Programm die Thematik „Arbeiten in virtuellen Teams" auf, innerhalb der sich die Teilnehmer wieder stärker mit ihrer herkömmlichen Arbeitsumgebung auseinandersetzen. Was ist bei der Arbeit mit virtuellen Teams (die im Arbeitsumfeld des Auftraggebers eine zunehmend größere Rolle spielen) zu beachten? Wo liegen Unterschiede zur Zusammenarbeit mit sogenannten Präsenzteams? Wie gehen die Teilnehmer mit klassischen Teamthemen wie Kommunikation, Meetingkultur, Konflikten, aber auch Feierlichkeiten um, wenn eine Arbeitsgruppe über mehrere Kontinente verteilt aktiv ist?

Die bisherigen Ergebnisse dieser Gruppenarbeit weisen deutlich differente Vorgehensweisen im Umgang mit den oben genannten Fragestellungen auf. Offenbar gibt es kein einheitliches oder standardisiertes Handeln auf Managementebene im Unternehmen.

Dennoch versuchen nahezu alle Teilnehmer, ein größtmöglich ähnliches Agieren in der Führung virtueller Teams im Abgleich zur Führung von Präsenzteams aufzuzeigen. So gehören regelmäßige Telefonkonferenzen, Mailings und die Nutzung moderner Kommunikationssysteme wie Skype zum Repertoire der eingesetzten Meetingkultur.

Herausforderungen in der Zusammenarbeit werden vor allem im Zusammenhang mit den im Seminar behandelten Themen Macht, Autorität und Gehorsam im asiatischen Umfeld genannt, wo aus deutscher und amerikanischer Perspektive ein noch starkes Gehorsams- und Konformitätsverhalten bei Mitarbeitern festzustellen ist. Diese kulturell bedingten Verhaltensweisen stellen sich vor allem auch dort als problematisch heraus, wo deutsche oder amerikanische Führungskräfte zukünftig von asiatischen Managern geführt werden, die eventuell aus einem anderen und stärker top-down orientierten Führungsverständnis heraus agieren.

Hier heben Stabenow & Stabenow (2010) hervor, dass vor allem dem gleichmäßigen Empfinden von Gerechtigkeit in einem virtuellen Team eine besondere Bedeutung zukommt. Die Achtung der Gesichtswahrung und Berücksichtigung auch unterschiedlicher Meinungen und Ansichten aller steht dabei im Vordergrund. Die allmähliche Annäherung unterschiedlicher Führungskulturen spielt aus Sicht der Teilnehmer eine weitere entscheidende Rolle in der Zusammenarbeit divergenter Teams. Die Faktoren des gegenseitigen Kennenlernens, des regelmäßigen Austausches von Erfahrungen und Expertisen, aber auch das Vereinbaren klarer und messbarer Ziele werden hier besonders hervorgehoben. Viele Manager heben auch das gemeinsame Erleben von Feierlichkeiten auf virtuelle Weise hervor. So werden an Geburtstagen von Mitarbeitern zum Teil internationale Grüße und virtuelle Torten per Mail versendet oder gemeinsam z.B. das chinesische Neujahrsfest gefeiert.

Viele Teilnehmer empfinden im Zusammenhang mit der Führung virtueller Teams die Auseinandersetzung und den Austausch mit internationalen Kollegen innerhalb des Seminars als sehr hilfreich, da sie sich hier direkt mit den unterschiedlichen Ansichten und kulturellen Gegebenheiten auseinandersetzen können und sich so für alle ein schneller Lernerfolg einstellt.

Als wertvolles Instrument zum Austausch dieser sehr stark auf den Erfahrungswerten der Teilnehmer gefußten Inhalte hat sich das sogenannte World-Cafe (Brown & Isaacs, 2007) erwiesen, in dem sich alle Anwesenden in Kleingruppen an verschiedenen Tischen mit den Themen auseinandersetzen und Antworten im Sinne eines Brainstormings direkt auf die dazu präparierten Tische schreiben. Die Übung wird durch eine gemeinsame Abrundung und Begehung der Tische und ihrer Aussagen vervollständigt und macht noch einmal differente Bilder der Vorgehensweisen der einzelnen anwesenden Manager deutlich.

Der Abschluss des Trainings ist eine gemeinsame Gruppenübung, in der die Teilnehmer alle behandelten Inhalte nochmals reflektieren und aktiv erleben können. Die Übung „Symbolon" bietet der Gruppe durch ihre Aufgabenstellung nochmals die Herausforderung, über Ebenen und Hierarchien hinweg, ein gemeinsames Verständnis und Symbol von Teamarbeit zu entwickeln und ein einheitliches, von allen akzeptiertes Gesamtwerk zu entwickeln (Brandenburg & Faber, 2007).

Wichtiger Bestandteil ist eine letzte Gruppenarbeit, in der sich die Teilnehmer gegenseitig ihre maßgeblichen Lernerfahrungen aus den drei Tagen schildern und konkrete Vorhaben für die Umsetzung in der beruflichen Praxis aufzeigen. Diese Vorhaben werden dann im nachfolgenden dritten Modul noch einmal hinterfragt und hinsichtlich ihrer Realisierung durch die Kollegen überprüft werden.

Eine gemeinsame Feedbackrunde zu den erlebten Inhalten des Seminars bindet das Gesamtthema ab und wird in Bezug auf die darin erhaltenen Feedbacks und Rückmeldungen zur regelmäßigen Qualitätsverbesserung der Abläufe genutzt.

Explizite Rückmeldungen

- Das Seminar sensibilisiert die Teilnehmer innerhalb neuer und bislang unbehandelter Themen wie Macht, Autorität und Konformität und erweist sich so als sehr lehrreich und einzigartig.

- Insbesondere der Besuch der Flugsimulatoren zeigt neue Handlungsfelder für Manager und Führungskräfte außerhalb ihrer normalen Routinen und Abläufe auf.

- Die internationale Zusammensetzung der Gruppe und die kritische Auseinandersetzung hinsichtlich unterschiedlicher kulturell bedingter Erfahrungswelten in den Übungen und Diskussionen zu Themen wie virtuelle Teams, Kommunikation in außergewöhnlichen Situationen (Flugsimulatoren) und Entscheidungsfindung ergeben ein neues und nachhaltiges Lernerlebnis.

- Der Besuch des Flight Trainings Centers und das Erleben eines High Performance Teams und seiner Vorgehensweisen führen zu alternativen zukünftigen Verhaltensweisen der Teilnehmer.

Fazit

Wie oben bereits erwähnt, liegt eine valide Betrachtung nachhaltiger Erfahrungswerte und wissenschaftlicher Untersuchungen über Vor- oder Nachteile des Einsatzes von Flugsimulatoren im nicht fliegerischen Umfeld bislang nur in Ansätzen vor. Vor allem didaktische Informationen über ein intensiviertes Lernen durch den Einsatz von Simulatoren in nicht fliegerischen Umwelten sind nur eher marginal vorhanden. Dennoch lassen sich deutlich positive Facetten durch die erhaltenen Feedbacks der bisherigen Teilnehmer ableiten.

So berichten nahezu alle beteiligten Manager, dass das Erleben der außergewöhnlichen Situation im Flugsimulator ein sehr gutes Reflexionsinstrument, sowohl individuell persönlich als auch in der Wahrnehmung der Kollegen, darstellt. Die Auseinandersetzung mit der für alle Beteiligten neuen und herausfordernden Aufgabe außerhalb der persönlichen beruflichen Routinen erzeugt eine kritische Auseinandersetzung im Umgang mit sich selbst in eventuell aufkommenden neuen und unbekannten Aufgabenstellungen. Insbesondere vor dem Hintergrund, dass alle Teilnehmer in den kommenden Jahren auf weiterführende Positionen entwickelt werden sollen, führen die Erkenntnisse im Umgang mit neuen und bislang unbekannten Herausforderungen zu nachhaltigen Lernerkenntnissen.

Lernfelder werden dabei immer wieder in der Selbstreflexion des eigenen Vorgehens sowohl im Umgang mit den Prinzipien der Achtsamkeit als auch im täglichen Anwenden und Umsetzen der Inhalte Kommunikation, Konfliktmanagement, Stress, Fehlerkultur und situative Aufmerksamkeit gesehen.

Auch der kritische Umgang mit den Themenstellungen Macht, Beeinflussung, Autorität und Gehorsam und die kennengelernten Methoden der Entscheidungsfindung werden als maßgeblich und nachhaltig wichtig für die Gestaltung des zukünftigen Aufgabengebiets gesehen.

In den Feedbacks wird deutlich, dass der ursprünglich gesehene Incentive- und Spaß-Anteil des Flugsimulators klar inhaltlichen Themenstellungen hinten angestellt wird. Dazu trägt auch die professionelle Umgebung des Flight Trainings Centers bei. Die Möglichkeit des Austausches mit aktiven Teilnehmern von High Performance Teams in Form der anwesenden Lufthansa-Piloten trägt abermals zu einem Überdenken eigener Vorgehensweisen auch in Bezug auf die persönliche bisherige Teamsteuerung im eigenen beruflichen Umfeld bei.

Diese Erkenntnisse und Erlebnisse werden durch die Gruppenübungen „Verschüttet" und „Symbolon" intensiv abgerundet und stellen hinsichtlich des didaktischen Gesamtkonzepts eine lehrreiche und intensive Lernerfahrung dar.

Auch Goodwin und Johnson heben 2000 hervor, dass die Ergebnisse von Trainings für nicht-fliegende Manager in Flugsimulatoren vielversprechend sind und berufen sich dabei auf den Transfer der Trainingsinhalte in den Arbeitsalltag. Sie beschreiben die Trainings als effektiv und 100% sicher und heben die Stimulation der Teilnehmer durch technisch anspruchsvolle und alltagsferne Erfahrungen hervor.

Literaturverzeichnis

Adrian, B. (2008). Actor Training the Laban Way. An integrated approach to voice, speech and movement. New York: Allworth Press.

Asch, S. E. (1956). Studies of independence and conformity. Psychological Monographs, 70(9).

Bacon, T. R. (2011). The elements of power. Lessons on leadership and influence, Kindle edition.

Badger, B., Sadler-Smith, E. & Michie, E. (1997). Outdoor Management Development, Use and Evaluation. Journal of European Industrial Training, 21(9).

Badke-Schaub, P., Hofinger, G. & Lauche, K. (2008). Human Factors. Heidelberg: Springer Medizin Verlag.

Bakken, B., Gould, J. & Kim, D. (1992). Experimentation in learning organizations. A management flight simulator approach. European Journal of Operational Research, 59.

Blanchard, K., Zigarmi, P. & Zigarmi, D. (2005). Der 101-Minuten-Manager. Führungsstile. München: MVG-Verlag.

Brandenburg, T. & Faber, T. (2007). Fehlermanagement-Training. Entwicklung sozialer Kompetenzen und der Umgang mit Fehlern in Risiko-Arbeitsbereichen. In Kanning U. P. (Hrsg.). Förderung sozialer Kompetenzen in der Personalentwicklung. Göttingen: Hogrefe Verlag.

Brandenburg, T. & Faber, T. (2007a). Organisationswandel durch Fehlermanagement. In Karin Rausch (Hrsg.). Organisation gestalten. Kultur mit Struktur versöhnen. Lengerich: Pabst Verlag.

Brandenburg, T. & Faber, T. (2008). Unternehmenskultur als Beitrag von hochzuverlässigen Organisationen. Fehlermanagement als Treiber für Veränderung. In Pawlowsky, P. & Mistele, P. (Hrsg.). Hochleistungsmanagement. Leistungspotenziale in Organisationen gezielt fördern. Wiesbaden: Gabler Verlag.

Brown, J. & Isaacs, D. (2007). Das World Cafe: Kreative Zukunftsgestaltung in Organisationen und Gesellschaft. Heidelberg: Carl-Auer.

Eißfeldt, H., Goeters, K.-M., Hörmann, H.-J., Maschke, P. & Schiewe, A. (1994). Effektives Arbeiten im Team. Crew Resource Management für Piloten und Fluglotsen. Hamburg: Deutsches Zentrum für Luft- und Raumfahrt.

Faber, T. (2003). Fehlermanagement: Der Einfluss von Human Factors/Human Errors in der Arbeitswelt. Betrieb+ Personal, 3.

Gay, F. (2003) Das DISG-Persönlichkeits-Profil. Offenbach: persolog GmbH & Gabal Management.

Goodwin, D. & Johnson, S. (2000). Teamwork training. An innovative use of flight simulators in Industrial and Commercial Training. MCB University Press, 32(4).

Hörmann, J. (1995). FOR-DEC: a Prescriptive Model for Aeronautical Decision Making. Human Factors in Aviation Operations - Proceedings of the 21st Conference of European Association for Aviation Psychology EAAP, 3.

Hofinger, G. (2005). Kommunikation in kritischen Situationen. Frankfurt a. M.: Verlag für Polizeiwissenschaften.

Hossiep, R. & Paschen, M. (2003). Bochumer Inventar zur berufsbezogenen Persönlichkeitsbeschreibung - BIP (2. vollständig überarbeitete Aufl.). Göttingen: Hogrefe.

Jones, P. J. & Oswick, C. (2007). Inputs and Outcomes of Outdoor Management Development: Of Design, Dogma and Dissonance. British Journal of Management, 18.

Kolb, D. & Fry, R. (1975). Toward an applied theory of experiential learning. In C. Cooper (Hrsg.), Theories of group processes. New York: John Wiley and Sons.

Kolb. D. A., Boyatzis, R. E. & Mainemelis, C. (2001). Experiental Learning Theory. Previous research and new directions. In R. J. Sternberg & L.-F. Zhang (Hrsg.), Perspectives on thinking, learning and cognitive styles. Mahwah: Lawrence Erlbaum.

Martin, J. & Chaney, L. (2012). Global Business Etiquette. A Guide to International Communication and Customs. Westport: Praeger Publishers.

Milgram, S. (1982). Zur Gehorsamsbereitschaft gegenüber Autorität. Reinbek: Rowohlt Verlag.

Mistele, P. (2007). Faktoren des verlässlichen Handelns. Leistungspotenziale von Organisationen in Hochrisikoumwelten. Wiesbaden: Gabler, Deutscher Universitätsverlag.

Pawlowsky, P. & Mistele, P. (2008). Hochleistungsmanagement. Leistungspotenziale in Organisationen gezielt fördern. Wiesbaden: Gabler Verlag.

Pawlowsky, P., Mistele, P. & Geithner, S. (2005). Hochleistung unter Lebensgefahr. Harvard Business Manager, Jg. 27 (11)

Reason, J. (1994). Menschliches Versagen. Heidelberg: Spektrum Akademischer Verlag.

Ritzmann, S., Kluge, A., Hagemann, V. & Tanner, M. (2011). Integrating Safety and Crew Resource Management (CRM) Aspects in the Recurrent Training of Cabin Crew Members. Aviation Psychology and Applied Human Factors 2011.

Sarges, W. & Wottawa, H. (2001). Handbuch wirtschaftspsychologischer Testverfahren. Lengerich: Pabst Verlag.

Scheiderer, J. & Ebermann, H.-J. (2011). Human Factors im Cockpit. Praxis Sicheren Handelns für Piloten. Heidelberg: Springer-Verlag.

Schulz von Thun, F. (1981). Miteinander reden 1, Störungen und Klärungen. Reinbeck: Rowohlt Verlag.

Stabenow, A. & Stabenow, D. (2010). Führen auf Distanz. Virtuelle Zusammenarbeit in der Praxis. Mannheim: Cornelsen Verlag.

Starke, S. (2010). Mit Planspielen und Simulationen für kritische Situationen lernen. In Mistele, P. & Uwe Bargstedt, U. (Hrsg.), Sicheres Handeln lernen – Kompetenzen und Kultur entwickeln. Frankfurt a. M.: Verlag für Polizeiwissenschaften.

Sterman, J. (1994). Learning in and about complex systems. System Dynamics Review, Volume 10, Numbers 2-3 Summer-Fall.

Tuckman, B.W. (1965). Development sequence in small groups. Psychological Bulletin, 63

Weick, K. E. & Sutcliffe, K. M. (2003). Das Unerwartete managen. Wie Unternehmen aus Extremsituationen lernen. Stuttgart: Klett-Cotta.

8 Entwicklung eines Programms für Führungskräfte – wie man aus Hypothesen Erfolgsgeschichten schreibt

Sarah Honrath & Lisa Singer

Guten Tag! Wir sind Sarah Honrath und Lisa Singer. Wir sind Personalentwickler der TARGOBANK. Aus eigener Erfahrung wissen wir, dass bei der Konzeption von Entwicklungsprogrammen für Führungskräfte viele Aspekte zu berücksichtigen sind, die den Personalentwickler vor inhaltliche, prozessuale und politische Herausforderungen stellen. Den unterschiedlichen Bedürfnissen der verschiedenen Fachabteilungen nachzukommen, dabei inhaltlich eine hohe Qualität zu liefern und diese in einen nachhaltigen Rahmen einzubetten, ist nicht immer einfach. Dieser Artikel soll deshalb allen eine Anregung oder Unterstützung sein, die vor der Frage stehen, wie man strukturiert an die Konzeption eines bedarfsgerechten Entwicklungsprogramms herangehen und es implementieren kann.

Im Folgenden wird die Vorgehensweise erläutert, wie die Personalentwicklung der TARGOBANK eine Hypothese über einen möglichen Entwicklungsbedarf in ein konkretes und etabliertes Personalentwicklungsprogramm überführt. Inhaltlich ist der Artikel daher in zwei Teilen abgebildet; im ersten Teil wird die eher theoretische Bedarfsermittlung beschrieben; der zweite Teil erläutert die praktische Umsetzung des Entwicklungsprogramms. Abbildung 1 gibt einen Überblick über die einzelnen Schritte im Gesamtprozess.

Die Ausgestaltung der einzelnen Schritte kann in Abhängigkeit der Unternehmensgröße, der Zielgruppe oder auch der Rolle der Personalentwicklung sehr unterschiedlich erfolgen. Das Einhalten der Reihenfolge und sich jedem Schritt explizit zu widmen, stellt den eigentlichen Mehrwert dar, den wir an dieser Stelle teilen möchten. Um eine mögliche Ausgestaltung und die Bedeutung der einzelnen Schritte zu beleuchten, wird ein Beispiel aus der Praxis der TARGOBANK herangezogen.

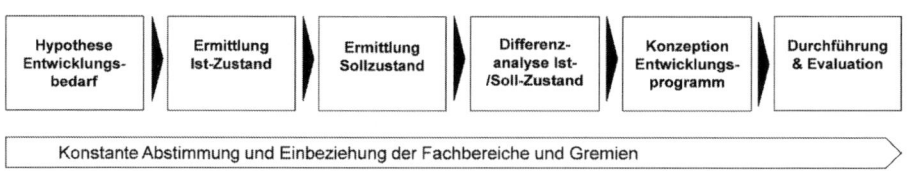

Abbildung 1   Überblick Gesamtprozess

Für ein besseres Verständnis dieses Beispiels zunächst ein kurzer Überblick, wie die Personalentwicklung der TARGOBANK arbeitet. Das Angebot der Personalentwicklung besteht sowohl aus Standardtrainings für alle Führungskräfte, unabhängig von ihrer Funktion, sowie aus individuellen Trainings für spezifische Zielgruppen. Neben der Konzeption und Durchführung der Entwicklungsprogramme werden auch alle diagnostischen Verfahren durch die Personalentwicklung betreut. Hierzu zählt z.B. ein internes Development Center, in dem die Nachwuchsführungskräfte der TARGOBANK eine Einschätzung hinsichtlich unterschiedlicher Kompetenzen erhalten. Ferner werden die Führungskräfte durch die zuständigen Personalreferenten und ihre Vorgesetzten in der Entwicklung mit individuellen Maßnahmen unterstützt. Ihre persönlichen Entwicklungsziele und entsprechende Maßnahmen zur Umsetzung halten die Führungskräfte in einem standardisierten Dokument, dem sogenannten Entwicklungsplan fest.

Hypothese Entwicklungsbedarf

Die Evaluation der einzelnen Entwicklungsprogramme ist ein fester Bestandteil der Personalentwicklung. Neben den Rückmeldungen der Teilnehmer werden auch deren Vorgesetzte und das höhere Management in regelmäßigen Abständen um eine Einschätzung gebeten und diese mit den Eindrücken der Personalentwickler aus den Trainingsmaßnahmen ergänzt. Ziel dabei ist die kontinuierliche Optimierung sowie die frühzeitige Reaktion auf Trends, die durch Veränderungen im Markt immer wieder gegeben werden.

Als Ergebnis dieses Austausches kristallisierte sich bei der Zielgruppe der Filialleiter ein Bedarf nach mehr Unterstützung zur Steuerung des Vertriebs heraus. Diese ist eine der Hauptaufgaben der Filialleiter. Elemente der *Steuerung* umfassen nach dem Verständnis der TARGOBANK unter anderem die Analyse verschiedener Kennzahlen, das Ableiten von Handlungsfeldern aus dieser Analyse, eine an diese Erkenntnisse geknüpfte strategische Planung sowie eine Delegation konkreter Tätigkeitsfelder an die Mitarbeiter.

Der oben erwähnte Bedarf nach Unterstützung bei der Steuerung verfestigte sich ebenfalls in den Beobachterkonferenzen verschiedener Development Center. In einem Development Center werden Mitarbeiter, die als „Talente" eingeschätzt werden, in verschiedenen Übungen zu bestimmten Kriterien beobachtet und bewertet. Zum Beispiel wird das Kriterium „Konstruktiv zusammenarbeiten" in einem simulierten Mitarbeitergespräch bewertet. Beobachter, die diese Bewertung vornehmen, sind in der Regel höhere Führungskräfte und Kollegen aus der Personalabteilung. Die Beobachter melden hierbei immer häufiger Entwicklungsfelder in der Kompetenz Geschäftssteuerung bei den Filialleitern zurück. So entstand folgende Hypothese: Geschäftssteuerung ist ein bedeutender Faktor für die Zielgruppe Filialleiter und wird aktuell nicht ausreichend durch Personalentwicklungsmaßnahmen unterstützt.

Die Erfahrung zeigt, dass eine solche Hypothese eines Entwicklungsbedarfes häufig als ausreichender Anlass genommen wird, ein neues Trainingskonzept zu entwickeln. Wenn es aber ein Selbstverständnis ist, Programme bedarfsgerecht aufzusetzen, sollte der Implementierung eines Programms eine differenzierte Analyse vorausgehen. Deshalb sind die nächsten Schritte die Ermittlung des Ist- und des Sollzustandes der benötigten Kompetenzen der Filialleiter sowie der Abgleich zwischen diesen, ein aus Sicht der TARGOBANK unerlässliches Vorgehen.

Ermittlung Ist-Zustand

Die Ermittlung des Ist-Zustandes ist ein besonders arbeitsaufwendiger, aber erfolgskritischer Schritt. Der Ist-Zustand beschreibt in unserem Beispiel, mit welchen Kompetenzen die Filialleiter ihre täglichen Arbeitsaufgaben und Probleme lösen können. Ziel hierbei ist möglichst objektive Fakten zu sammeln und aufzuzeigen. Die Argumentation anhand valider Daten führt zusätzlich zu einer guten Akzeptanz bei den häufig zahlenaffinen Fachbereichen. Daten, die für eine solche Ermittlung herangezogen werden, können aus unterschiedlichsten Quellen gewonnen werden. Beispiele hierfür werden an Hand des Praxisfalles erläutert:

Ziel der TARGOBANK war es, einerseits ein realistisches Bild davon zu erhalten, mit welchen Herausforderungen die Filialleiter in der Steuerung ihrer Filiale täglich konfrontiert sind und andererseits mit welchen Kompetenzen sie diesen begegnen. Von besonderem Interesse war hierbei die Frage, wie weit die nötigen Kompetenzen ausgeprägt sind. Sollte sich oben genannte Hypothese bewahrheiten, müssten diese Kompetenzen schwächer ausgeprägt sein und es bestünde ein Schulungsbedarf. Daten, die dies klären sollen, wurden unter anderem aus den Ergebnissen der Development Center herangezogen.

Im ersten Schritt erfolgte eine statistische Auswertung der Ergebnisse der internen Development Center. Die Stichprobe belief sich auf N = 505 Teilnehmer aus den Jahren 2004-2009. Untersucht wurden die der Geschäftssteuerung zugehörigen Kompetenzen. Hierzu zählen unter anderem die Fähigkeit, Handlungsfelder aus einer Analyse abzuleiten, Ziele zu definieren und diese gemeinsam mit den Mitarbeitern umzusetzen. Wenn sich die Hypothese, Geschäftssteuerung sei ein erfolgskritischer Faktor und werde nicht genug unterstützt, bestätigt, müssten die angehenden Filialleiter im Development Center in den aufgeführten Kompetenzen schlechter abschneiden. Zur Überprüfung wurden die Mittelwerte der Kompetenzen gebildet und miteinander verglichen. Die Skala der Bewertung umfasst Werte von 1 bis 4, wobei 1 „nicht erfüllt", 2 „noch nicht erfüllt", 3 „voll erfüllt" und 4 „übertroffen" entspricht. Als Ergebnis dieser Auswertung zeigte sich, dass diese Kompetenzen mit Mittelwerten bis maximal 2 deutlich unter den Anforderungen der TARGO-BANK an eine Führungskraft liegen.

Zur weiteren Prüfung der Hypothese erfolgte eine biografische Analyse der sogenannten Entwicklungspläne. Diese Pläne erstellen die Nachwuchsführungskräfte basierend auf dem Feedback ihres Personalreferenten und ihrer Führungskraft, mit dem Ziel an ihren Entwicklungsfeldern systematisch zu arbeiten. Solche Felder können z.B. Aspekte der Kommunikation, des Selbstmarketings oder der Mitarbeiterführung sein. Diese Stichprobe umfasste N = 50 Entwicklungspläne. Zunächst wurden alle Entwicklungsfelder aus den Plänen gesammelt und gelistet. Im Anschluss wurde analysiert, mit welcher Häufigkeit die Entwicklungsfelder bezogen auf die Stichprobe vorkommen. Die Kompetenzen der Geschäftssteuerung belegten im Ranking die obersten Plätze. Für das Praxisbeispiel bedeutet das: Die erste Schlussfolgerung konnte getroffen werden: In den für eine erfolgreiche Geschäftssteuerung nötigen Kompetenzen zeigten angehende Führungskräfte eine unzureichende Leistung und bedürfen folglich mehr Unterstützung, um dieses Defizit zu beheben. Weiter konnte festgestellt werden, dass auch die eigenständige Auseinandersetzung der Filialleiter mit dem Thema nicht zu ausreichendem Kompetenzerwerb führte, da sich im Development Center die Leistungen der Kandidaten auch nicht auf dem gewünschten Level befanden.

Ermittlung Soll-Zustand

Das Aufzeigen des Ist-Zustandes stellt nur die eine Hälfte einer differenzierten Betrachtungsweise dar. Die Frage, wie sich aktuell die Realität gestaltet, ist beantwortet. Nicht aber die Frage, wie sie denn gestaltet sein soll. Ziel dieser Ermittlung ist es folglich festzulegen, wie der angestrebte Zielzustand konkret aussehen soll. Für das Praxisbeispiel heißt das: was konkret müssten die Filialleiter besser können, um ihre Filialen erfolgreicher zu steuern?

Um dieser Frage nachzugehen, wurde eine Anforderungsanalyse mittels Critical Incident Technik (Flanagan, 1954) – eine der meist genutzten Methoden der qualitativen Verfahren der Anforderungsanalyse (Schuler, 2006) vorgenommen. Hierbei handelt es sich um ein induktives Verfahren, um kritische Ereignisse systematisch und objektiv zu beschreiben. Mit kritischen Ereignissen sind erfolgskritische Situationen gemeint, deren Ausgang die Filialleiter mit unterschiedlichen Verhaltensweisen positiv oder negativ beeinflussen. Anhand dieser Technik wurden 18 Interviews durchgeführt. Befragt wurden die Filialleiter selbst, deren Führungskräfte und einige ihrer Mitarbeiter. Die Fragen im Interview bezogen sich darauf, welche Situationen im Berufsalltag der Filialleiter erfolgskritisch sind, mit welchen Verhaltensweisen diese zu bewältigen sind und in welcher Häufigkeit diese Situationen im Arbeitsalltag auftreten. Die als erfolgskritisch bezeichneten Situationen und Verhaltensweisen wurden anschließend nach Maßgabe übergeordneter Kompetenzen thematisch zusammengefasst. Es hat sich gezeigt, dass jede dritte erfolgskritische Situation nur über Kompetenzen zum Erfolg geführt werden kann, die die TARGOBANK unter dem Feld Geschäftssteuerung subsumiert hat.

Die Critical Incident Technique hat verschiedene Vorteile. Es werden keine generischen Sollzustände als Ideal proklamiert, sondern die spezifischen Anforderungen innerhalb einer Organisation erhoben. Die Fragen nach Situationen aus dem beruflichen Alltag schaffen Praxisnähe und sorgen so für eine hohe Akzeptanz aller Beteiligten. Ferner wird der betroffene Personenkreis nicht – wie häufig üblich – erst bei der Präsentation eines Konzeptes, sondern bereits in der Analysephase miteinbezogen. Der geneigte Leser sei hier auf eine ausführlichere Beschreibung zu Nutzung der Critical Incident Technique in diesem Projekt bei der TARGOBANK von Mehlich (2012) verwiesen.

Differenzanalyse Soll-/Ist-Zustand

Der Vergleich zwischen Ist- und Sollzustand ermittelt den eigentlichen Bedarf. Hier sei noch einmal darauf verwiesen, dass der Bedarf umso valider ist, je sorgfältiger die Analysen im Vorfeld vorgenommen wurden. Und je bedeutsamer der Bedarf ist, desto höher ist die Wahrscheinlichkeit, ein zielführendes Entwicklungsprogramm daraus zu gestalten. Somit entspricht der aufgezeigte Gap, also die Differenz zwischen Realität und gewünschtem Zustand, dem eigentlichen Auftrag an die Personalentwicklung und sollte Basis für die Diskussion mit der Zielgruppe, den Filialleitern und ihren Vorgesetzten sein.

Beispielhaft kann ein solcher Soll-/Ist-Vergleich wie folgt dargestellt werden: Nach der Feststellung, dass Geschäftssteuerung ein erfolgskritischer Faktor für Filialleiter ist, wurde die Hypothese überprüft, dass trainingsseitig das Angebot nicht ausreichend gestaltet sei. Hierbei wurden alle drei Standardprogramme für die Entwicklung zum Filialleiter sowie die aktuell durchgeführten individuellen Maßnahmen analysiert. Diese Maßnahmen befassen sich zum Beispiel mit Themen zur Moderation eines Teammeetings oder dem Führen von schwierigen Mitarbeitergesprächen. Die Erhebungen konzentrierten sich neben den Kriterien *Inhalt*, *angewendete Methoden* und *Trainingsdauer* vor allem auf die *Lernziele*. Die Lernziele wurden in unterschiedlichen Kategorien zusammengefasst, z.B. Kommunikation, Konfliktmanagement, Teamentwicklung. Ergebnis der Analysen war, dass Geschäftssteuerung lediglich 4% des Gesamtumfangs der Trainingsmaßnahmen ausgemacht hat.

Durch den Vergleich der Ergebnisse aus Soll- und Ist-Zustand wurde deutlich, dass es sich um einen echten Bedarf handelte. Mehr als ein Drittel der Situationen im Arbeitsalltag der Filialleiter lagen im Themenfeld der Geschäftssteuerung, aber nur 4% der gesamten Personalentwicklungsmaßnahmen trainierten diese Kompetenz. Die Hypothese konnte also bestätigt werden.

Mit diesen Ergebnissen hat sich die Personalentwicklung der TARGOBANK an die Fachbereiche gewandt. Schnell war man sich einig, dieses Defizit beheben zu wollen und einem gemeinsamen Projekt der Bereiche Human Resources und Vertrieb stand nichts mehr im Wege. Der Grundstein für ein neues Entwicklungsprogramm war gelegt.

Konzeption Entwicklungsprogramm

Die vorgenommenen Analysen sind unerlässliche Vorarbeit, präsentieren aber nur reelle oder eben wünschenswerte Zustände. Entwickelt oder gar verändert hat sich hierdurch noch nichts. Es besteht auch die Möglichkeit, dass trotz des Aufzeigens eines Bedarfes kein Auftrag an den Personalentwickler erfolgt. Gründe hierfür können mangelnde Ressourcen oder veränderte Prioritäten sein. Sollte das Aufzeigen eines Bedarfes aber in einen Auftrag münden, folgt der analytischen Vorarbeit der kreativere Part: die Konzeption. Einer der ersten Schritte in der Konzeption eines Entwicklungsprogramms ist die Erstellung positiv formulierter Lernziele. Dieser Schritt ist ein zentraler, da er die Frage beantwortet, was die Teilnehmer nach der Maßnahme besser können sollen als vorher. Stehen die Lernziele fest, stellt sich die Frage, mit welchen Inhalten und Methoden diese umgesetzt werden sollen. Empfehlungen und Ideen zu Methoden bieten zahlreiche Ratgeber und Sammlungen aus der Literatur (vgl. z.B. Nitschke, 2013) oder werden von innovativen Personalentwicklern selbst entworfen. Welchen Maßstäben man bei der Wahl der Methode folgt, kann sich nach Unternehmenskultur, Zielgruppe, Dauer des Trainings und vielen weiteren Faktoren unterscheiden.

Im aktuellen Beispiel wurden die der Geschäftssteuerung zugehörigen Kompetenzen in positive Lernziele übersetzt. Inhaltlich ergaben sich aus diesen Lernzielen folgende Schwerpunkte: die Daten des Filialbetriebes analysieren, um zu erkennen, welche Ergebnisse zufriedenstellend sind (z.B. Kundenzufriedenheit) und wo Optimierungsbedarf besteht (z.B. Kundenwachstum), das Ableiten von smarten Zielen[1], die Generierung entsprechender Maßnahmen sowie Geschäftssteuerung und nachhaltige Führung. Folgende Aspekte wurden bei der Konzeption berücksichtigt:

- Der Vorgesetzte soll mehr als in anderen Maßnahmen in den Prozess einbezogen werden und vereinbart bereits zu Beginn mit seinem Mitarbeiter die Lernziele zu dem jeweiligen Inhalt. Daneben soll er über alle Trainingsinhalte optimal informiert werden, um einen nahtlosen Übergang in der inhaltlichen Begleitung nach der Maßnahme zu gewährleisten.

- Es soll zwar eine gemeinsame Wissensbasis für alle Teilnehmer geschaffen werden, aber der Prozess soll ebenfalls genug Freiraum für individuelle Themen der Teilnehmer bieten, um ein optimales Lernen zu ermöglichen.

- Die Themen, die in der Maßnahme behandelt werden, sollen nicht nur bei den Vorgesetzten der jeweiligen Teilnehmer bekannt sein, sondern auch von der Vorstandsebene gelebt und kommuniziert werden.

---

[1]   SMART ist ein Akronym für „Specific Measurable Accepted Realistic Timely" und hilft bei der eindeutigen Definition von Zielen (Doran, 1981).

- Da Training allein häufig nicht die Hebelwirkung hat, ein Lernziel zu 100% zu erreichen, soll auch ein individuelles Coaching im Anschluss an das Training zur Steigerung des Transfers und zur Arbeit an individuellen Themen einbezogen werden (vgl. Behrendt et al., 2007).

Um solchen Ansprüchen gerecht zu werden, ist es sinnvoll, einen strukturieren Prozess festzulegen. Das stellt nicht nur sicher, dass jeder Aspekt berücksichtigt wird, sondern legt auch Verantwortlichkeiten fest und zeigt nötige Rahmenbedingungen auf. Fragen, die hierdurch beantwortet werden können, sind z.B.: Welche Verantwortung trägt die Führungskraft des Filialleiters für den Erfolg der Maßnahme? Wie hoch ist der verfügbare finanzielle Rahmen? Welche Ressourcen müssen aufgewendet werden? Wie kann eine Nachhaltigkeit des Gelernten sichergestellt werden? In enger Zusammenarbeit mit den Fachbereichen entstand in diesem Beispiel ein Gesamtprozess, der die nachhaltige Entwicklung der Filialleiter sicherstellen sollte. Dieser unterteilt sich in die Kommunikationsphase zwischen allen beteiligten Personen, die Trainingsphase und die Praxisphase (Abbildung 2).

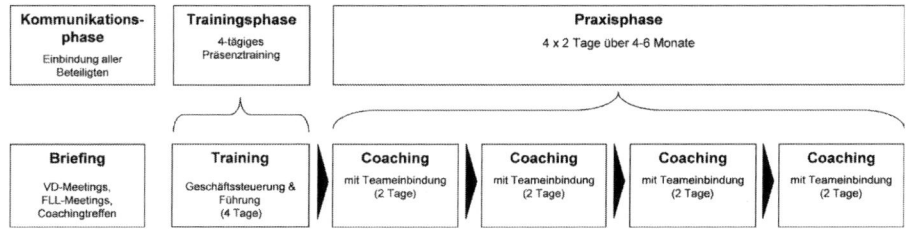

Abbildung 2   Überblick Entwicklungsprogramm zum Thema Geschäftssteuerung
(VD bezeichnet Vertriebsdirektor; FLL den Filialleiter, der an den Vertriebsdirektor berichtet)

Die Kommunikation

Der Kommunikationsphase kommt im Unternehmenskontext meist eine entscheidende Bedeutung zu. Häufig wird diese Bedeutung aber erst dann klar, wenn die Kommunikation mangelhaft, zu vage oder nicht zeitgemäß erfolgt ist. Dann können Missverständnisse, Irritation oder sogar Frustration die Folge sein und müssen durch nachgelagerte „Kommunikationsschleifen" kompensiert werden. Gute Kommunikation heißt also unter anderem, überhaupt und frühzeitig an die betroffenen Personen und entsprechend geplant zu kommunizieren.
Im Praxisfall der TARGOBANK erfolgte die Kommunikation nach dem Top-Down-Prinzip: in verschiedenen Veranstaltungen wurden alle beteiligten Personenkreise informiert: Die erste Führungsebene nach dem Vorstand (Regionaldirektoren) wurde in einem gemeinsamen Meeting über die Ziele und

den genauen Prozess einschließlich der Inhalte in Kenntnis gesetzt. Danach haben die jeweiligen Regionaldirektoren gemeinsam mit der Personalentwicklung in den Vertriebsregionen das Konzept ihren untergebenen Führungskräften (Vertriebsdirektoren) vorgestellt. Die Vertriebsdirektoren informierten anhand von vorgefertigten Präsentationsunterlagen ihre Filialleiter und somit auch die eigentliche Zielgruppe für die Maßnahme. Zusätzlich erschien ein Memo des Vertriebsvorstands, in dem alle Führungskräfte des Vertriebs über den Start des Entwicklungsprogrammes informiert wurden. Nach den ersten Veranstaltungen wurde das Feedback in den bestehenden Prozess eingearbeitet.

Die Trainingsphase

Die Trainingsphase, die eigentliche Maßnahme, gewinnt durch die Kommunikation im Vorfeld an Klarheit, Akzeptanz und Bedeutung. Die konkrete Information über Ziel und Inhalte stellt die Grundlage für Effektivität des eigentlichen Trainings dar. Wie sich diese Phase selbst gestaltet und wie erfolgreich sie ist, hängt natürlich von weit mehr Faktoren ab. Hinweise hierzu bietet die Literatur in beeindruckender Vielfalt und sei deshalb nicht weiter diskutiert (Bruhn, 2011). Erfolgsfaktor der TARGOBANK ist zum Beispiel, die Trainings gemeinsam durch Mitarbeiter der Vertriebssteuerung und der Personalentwicklung zu trainieren. Ferner werden erst die dienstjungen Filialleiter und solche trainiert, die auf Grund der Filialgröße einen erheblichen Anteil an der Gesamtzielerreichung haben. Um den Austausch anzuregen, sind in jedem der Trainings Filialleiter aus allen Regionen der Bank vertreten. Die Maximalanzahl von zehn Teilnehmern pro Training unterstützt außerdem die Intensität, mit der sich die Trainer den Teilnehmern widmen können.

Die Praxisphase

In der Praxisphase soll das Gelernte angewendet werden. Die Praxisphase spiegelt den üblichen Berufsalltag eines Teilnehmers wider, in dem ein Training ob der vielen Aufgaben schnell in Vergessenheit gerät. Denn häufig verfallen Teilnehmer in alte Gewohnheiten, wenn sie wieder im Berufsalltag angekommen sind, und das Gelernte findet keine Anwendung. Unterschiedliche Aspekte und Strategien können dafür sorgen, dass die Anwendung dennoch erfolgt. Zum Beispiel können individuelle Faktoren eine Rolle spielen, wie die Motivation der Teilnehmer oder das Ausmaß, in dem der Vorgesetzte das Gelernte in der Praxis einfordert. Es können Aufsätze über Praxiserfahrungen verfasst oder „Lerntandems" gebildet werden. Dabei finden sich zwei oder mehr Teilnehmer zusammen, die im Nachgang an ein Training regelmäßig ihre Erfahrungen mit dem Gelernten austauschen und so das Gelernte verfestigen. Die TARGOBANK nutzt eine weitere Strategie, um sicherzustellen, dass der Raum für die Praxis genutzt werden kann und so die Nachhaltigkeit gefördert wird: innerhalb von zwei Wochen nach dem Präsenztraining analysiert der Filialleiter mit den im Training erlernten Methoden seine Filiale, fasst seine Ziele in einem Businessplan zusammen und stimmt diesen mit seinem Vorgesetzten ab. Um den Praxistransfer zu erhöhen, folgt der Businessplan derselben Logik und Herangehensweise wie die Inhalte im Präsenztraining.

Zur Vertiefung der Inhalte und zur individuellen Unterstützung begleitet ein Coach den Filialleiter bei der Umsetzung der Ziele aus dem Businessplan. Um ein gemeinsames Verständnis über Ausgangslage und Ziele zu erhalten, führen der Filialleiter, sein Vorgesetzter und der Coach ein gemeinsames Erstgespräch. In diesem wird der Businessplan vom Filialleiter vorgestellt und ein klarer Auftrag an den Coach vergeben sowie die weitere Vorgehensweise besprochen. Fragen, die dort geklärt werden, sind zum Beispiel:

- Was ist das konkrete Ziel und wie sieht der gewünschte Zielzustand aus?

- Was ist der Grund, dass genau dieses Ziel definiert wurde?

- Woran wird festgemacht, dass das Ziel erreicht ist?

- Was wurde bereits zu dem Thema gemacht/besprochen?

- ...

Die Begleitung durch den Coach besteht aus vier mal zwei Tagen verteilt über sechs Monate. Die Begleitung findet bei dem Filialleiter vor Ort in der Filiale statt. An diesen insgesamt acht Tagen arbeitet der Coach mit verschiedenen Methoden an der Erreichung der Ziele aus dem Businessplan und Umsetzung der erlernten Trainingsinhalte. Entgegen der klassischen Definition des Coachings (vgl. Vogelauer, 2002) gehören im Rahmen dieses Projektes neben der Prozessbegleitung auch beratende Elemente zum Aufgabengebiet des Coaches. Darüber hinaus kann der Coach auch Elemente des Training-on-the-job wie z.B. Input zur Verbesserung des Selbstmanagements geben. Der Coach bezieht auch das Team des jeweiligen Filialleiters ein. Das heißt, er beobachtet beispielsweise ein Mitarbeitergespräch und entwickelt im Nachgang gemeinsam mit dem Filialleiter Verbesserungsmöglichkeiten zur Gesprächsführung.

Vor jeder Coachingeinheit findet ein Austausch zwischen Vertriebsdirektor, Filialleiter und Coach statt, um alle Beteiligten auf dem gleichen Wissenstand zu halten. Fragestellungen in diesem Austausch sind zum Beispiel

- Was ist hinsichtlich der vereinbarten Schritte aus dem letzten Coaching passiert?

- Was ist gut gelaufen?

- Was waren Herausforderungen?

- Zu welchen Themen und wie erfolgte eine Begleitung durch den Vertriebsdirektor?

- Was sind konkrete Erwartungen an das nächste Coaching?

- ...

Nach jedem Coaching findet ein erneutes Gespräch statt, in dem das Coaching reflektiert wird und die Fokusthemen bis zum nächsten Coaching besprochen werden. Der Filialleiter fasst die Inhalte des Coachings zusammen und der Coach ergänzt gegebenenfalls. In diesem Gespräch wird sich auch darauf geeinigt, was der Vertriebsdirektor zur Unterstützung seines Filialleiters in der Zwischenzeit anbieten kann. Nach den insgesamt acht Tagen der Praxisphase findet ein Abschlussgespräch zwischen Vertriebsdirektor, Filialleiter und Coach statt. Hier beschreibt der Filialleiter die erfolgreichen Verhaltensveränderungen und deren Mehrwert. Es wird auch über noch anstehende Herausforderungen gesprochen und vereinbart, wie zukünftig damit umgegangen werden soll.

Im ersten Durchführungsjahr war die Teilnahme von 100 Filialleitern am Programm geplant. Aus 100 Teilnehmern, die jeweils acht Tage individuell begleitet werden, resultieren 800 Coachingtage. Diese können mit den personellen Ressourcen der Personalentwicklung der TARGOBANK nicht abgedeckt werden. Deshalb wird auf die Ressource von externen Coaches zurückgegriffen.

Die Zusammenarbeit mit externen Dienstleistern sollte gut überlegt sein. Neben den aufzuwendenden Kosten und dem Anspruch an fachliches Know-how ist auch die Passung zwischen einem externen Dienstleister und dem Unternehmen von Bedeutung. Ein Externer kann die Prozesse, die Kultur und typischen „Gepflogenheiten" einer Organisation nie so gut kennen wie ein interner Mitarbeiter. Aber genau hier kann die Gefahr liegen, mögliche Effekte der Unterstützung durch einen Externen nicht voll auszuschöpfen. Deshalb hat die TARGOBANK einen großen Aufwand betrieben, erfahrene externe Coaches auszuwählen. Basis für die Entwicklung der Kriterien zur Auswahl waren die Anforderungen, die die Coaches vor Ort leisten sollten. Um z.B. Feedback zu einem Filialablauf zu geben, sollte ein Coach über Vertriebserfahrung verfügen. Ferner sollten sie mit der Kultur und den Gepflogenheiten einer Bank schnell vertraut werden und selbst als Führungskraft gearbeitet haben. Eine weitere Anforderung war, sich sowohl der Individualität und den Bedürfnissen eines jeden Filialleiters anpassen, aber auch die Vorgaben der Bank berücksichtigen zu können. Folgender Kriterienkatalog entstand hieraus: *Führungserfahrung, Vertriebserfahrung, Coachingausbildung, Erfahrung im Einzelcoaching, Kommunikation* und *Ergebnisorientierung* sowie die Fähigkeit, den Filialleiter *zu fordern*, aber auch *zu fördern*. Um Coaches auszuwählen, die genau diesen Vorstellungen entsprachen, wurde ein mehrstufiger Auswahlprozess koordiniert. Im ersten Schritt wurden schriftliche Profile auf die vier Kriterien *Führungserfahrung*; *Vertriebserfahrung*; *Coachingausbildung* und *Erfahrung im Einzelcoaching* geprüft. Profile von interessierten Coaches, die diesen Anforderungen entsprachen, wurden zu einem hierfür eigens durch die Personalentwicklung konzipierten Assessment Center eingeladen. Ziel dieses Assessment Centers war es, ein Bild über die Art und Weise zu erhalten, wie ein Coach den Filialleiter fordert, sein Verhalten spiegelt und an alternativen Handlungsmöglichkeiten arbeitet. Abgebildet wurden diese Kriterien in einem halbtägigen Assessment Center mit folgenden Methoden: einem Rollenspiel, in dem der Coach den Filialleiter zu einem fiktiven, vorher definierten Thema coacht, und einem zweiten Rollenspiel, in dem der Coach dem Filialleiter zu einem vorher simulierten Mitarbeitergespräch Feedback gibt. Abschluss bildete ein ca. 30-minütiges Interview. Aus Gründen der Praxisnähe agierten als Rollenspieler neben Mitarbeitern aus der Personalentwicklung auch Vertriebsdirektoren und Filialleiter und bestimmten somit die wichtige Entscheidung der Auswahl mit. Aus rund 120 gesichteten Lebensläufen haben 60 Coaches am Assessment Center teilgenommen und 18 wurden als Coaches beauftragt.

Neben der Sicherstellung der Erfüllung der genannten Anforderungen sollen die Coaches einem gemeinsamen Verständnis folgen und die spezifischen Anforderungen und Prozesse der TARGOBANK kennen. Um dies sicherzustellen, nehmen die Coaches vor ihrem ersten Einsatz an einem dreiteiligen Prozess teil. Dieser startet mit einer Veranstaltung, in der das Programm, der Prozess und die übergeordneten Ziele, die die TARGOBANK damit verfolgt, sowie die Programmansprechpartner vorgestellt werden. Hiernach verbringt jeder Coach einen Tag in einer Filiale, um sich mit den Geschäftsabläufen und den Aufgaben der Filialleiter vertraut zu machen. Als letzten Schritt haben die Coaches in einer gemeinsamen Veranstaltung die Möglichkeit, ihre Eindrücke zu schildern, vertiefende Fragen zu stellen und sich damit auf ihren ersten Coachee optimal vorzubereiten.

Die Evaluation

Die Evaluation einer jeden Maßnahme erlaubt nicht nur den Rückschluss auf den Erfolg, sondern bietet auch Anregungen für eine kontinuierliche Verbesserung. Um ein Programm langfristig erfolgreich zu halten, sollte deshalb immer wieder eine Evaluation vorgenommen werden. Denn auch bei noch so guter Vorarbeit sind einige Themen erst in Verlauf einer Maßnahme erkennbar. Hierzu gehören zum Beispiel die Akzeptanz der Maßnahmen bei der Zielgruppe selbst, organisatorische Probleme oder Trainingsmethoden, die nicht perfekt auf die Zielgruppe ausgerichtet sind. Nicht alle dieser Themen müssen relevant sein und Berücksichtigung finden, aber auf solche, die einen negativen Effekt haben oder einen positiven verhindern, sollte reagiert werden. Neben dieser Art der Evaluation, die das Ziel der Optimierung hat, sollte eine Evaluation auch Basis für die Entscheidung sein, ob der Aufwand eines Programmes den Nutzen überhaupt rechtfertigt. In dem beschriebenen

Beispiel wird durch den Austausch nach jeder Coachingeinheit zwischen den Filialleitern, den Coaches und den Trainern der gesamte Prozess von vielen verschiedenen Seiten beleuchtet. Als konkrete Evaluation werden 20-minütige Telefoninterviews mit den Teilnehmern durchgeführt. Der Fragebogen besteht aus einer Mischung von quantitativen und qualitativen Selbsteinschätzungen zu folgenden Themenfeldern: Trainingsinhalte, Verknüpfung Training und Coaching, Leistung des Coaches, Anwendungsfelder in der Praxis, Organisation, Weiterempfehlung und Gesamtzufriedenheit. Der Durchschnitt der bislang 84 befragten Filialleiter bezüglich der Gesamtzufriedenheit beläuft sich auf 1,9 (Skalierung analog Schulnoten 1 = „sehr gut" bis 6 = „ungenügend"). Bei den qualitativen Fragen zum Thema Lernen und Anwendung in der Praxis wird deutlich, dass die Inhalte, die den größten Lerneffekt ausgelöst haben, die waren, die nicht nur im Training angesprochen wurden, sondern von den Teilnehmern auch tatsächlich angewandt wurden. Dies spricht für den Transfererfolg des Programms.

Neben den Filialleitern werden auch die Coaches zu ihren Erfahrungen mit den Teilnehmern im Rahmen des Programms befragt. Rückmeldungen der Coaches betreffen zum Beispiel das Führungsverständnis der Filialleiter oder die Qualität, in der Geschäftszahlen im Intranet abgerufen werden können. Die Rückmeldungen aus diesen Interviews werden in die Evaluation mit aufgenommen. Darüber hinaus wird eine detaillierte Analyse der Kennzahlen der Bank durchgeführt, die ebenfalls den Programmeffekt verdeutlichte.

Fazit

Das Entwicklungsprogramm für Filialleiter ist bis heute fester Bestandteil der Führungskräfteentwicklung für den Vertrieb. Diese Erfolgsgeschichte soll zukünftig auch auf weitere Zielgruppen ausgeweitet werden (z.B. die Leiter Vermögensberatung sowie die Teamleiter der mobilen Kundenberatung).

In der Rückschau scheint einer der größten Erfolgsfaktoren des Programms eine enge Zusammenarbeit zwischen den Bereichen Human Ressources und Vertrieb zu sein. Die individuelle Coachingbegleitung erhöht die Nachhaltigkeit des Programms im Vergleich zu einem reinen Präsenztraining. Das höhere Management adressiert fortlaufend die Bedeutung der Ziele und Inhalte des Programms und unterstützt damit den Transfererfolg.

Literaturverzeichnis

Behrendt, P., Pritschow, K. & Rüdesheim, B. (2007). Transfercoaching – Vom Seminar zur erfolgreichen Umsetzung im Berufsalltag. Zeitschrift Führung und Organisation, 76(1), 49-56.

Doran, G. T. (1981). There's a S.M.A.R.T. way to write management's goals and objectives. Management Review, 70(11), 35-36.

Mehlich, P. (2012). Anforderungsanalysen mittels Critical Incident Technique. In: T. Brandenburg & M. T. Thielsch (Hrsg.). Praxis der Wirtschaftspsychologie II. Themen und Fallbeispiele für Studium und Anwendung (S.45-56). Münster: MV Wissenschaft.

Nitschke, P. (2013) Trainings planen und gestalten: Professionelle Konzepte entwickeln, Inhalte kreativ visualisieren, Lernziele wirksam umsetzen. Bonn: managerSeminare.

Schuler, H. (2006). Arbeits- und Anforderungsanalyse. In: H. Schuler (Hrsg.), Lehrbuch der Personalpsychologie (S. 45-68). Göttingen: Hogrefe.

Flanagan, J.C. (1954) The Critical Incident Technique. Psychological Bulletin, 51, (4), 327-358.

Vogelauer, W. (2002). Coaching Praxis. München: Luchterhand.

9 The Remake. Kurzfilmdreh als alternative Intervention zum Erleben und Bearbeiten von Teamdynamik

Johannes Sattler, Ben MacKenzie & Lars Förster

Für klassische Teamentwicklungen liegen unzählige Modelle vor, aber zumindest „entwicklungserfahrene" Teams kann man damit kaum noch begeistern. Wie kann man Teamentwicklungen also auf neuartige Art und Weise darbieten? Wie schafft man es, dass die Teammitglieder für die Dauer der Intervention Zeit und Raum vergessen und in den bekannten Flow-Zustand kommen. Wie kann jede einzelne Person ein echtes emotionales Involvement entwickeln und den Kolleginnen und Kollegen auf einer anderen Ebene begegnen als sie es aus dem Arbeitskontext gewohnt sind? Wir nehmen Sie mit auf eine Reise in ein ungewohntes, aber aufregendes Teamentwicklungsformat und beschreiben, wie wir ein Team in Stockholm in ihrer Entwicklung begleitet haben.

„Camera?" – „Rolling!" – „Scene III, Take IV!" Die Klappe hallt durch den Stockholmer Supermarkt, in dem sich das Team an diesem Morgen versammelt hat, um das Remake von „The Big Lebowski" (Coen, 1998) fortzusetzen, welches es gestern begonnen hat. Gespannt blicken 14 Augenpaare auf die Hauptdarstellerin, welche in die Rolle von Jeff Lebowski geschlüpft ist, um im Bademantel und in Badelatschen eine Tüte Milch zu kaufen. Die aktuelle Szene ist ein Closeup ihres Gesichts, während sie vor dem Kühlregal stehenbleibt, sich verstohlen umsieht, die Milchtüte öffnet und einen vorsichtigen Schluck probiert. Schnitt.

„That's it! Perfect!" ruft Richard, der die Regie des Filmremakes mit all seiner Erfahrung als Regisseur professionell und doch nahbar führt. „What do you think, Albin?" fragt er seinen schwedischen Freund und Kameramann, der das Geschehen durch das Objektiv verfolgt hat. „I really like it, you have a lot of talent, Anna, thank you," entgegnet dieser. Die Film-Experten sind zufrieden. „Well, let's move on to our last scene at the cash desk. Michael, can you ask the cashier if you can borrow his shirt, to make it look more authentic?"

Am Tag zuvor wurden bereits weitere Szenen im schwedischen Stockholm gedreht. Als Drehorte dienten ein Zweizimmer-Appartement und eine Bowling-Halle. Was auf der Leinwand im Kino so einfach und natürlich von professionellen Schauspielern wie Jeff Bridges und John Goodman dargeboten wird, ist im Remake für das angetretene Team eine große Herausforderung. Und genau deshalb eignet sich die Movie-Intervention so gut, um Teamarbeit auf eine für Viele faszinierende und ungewohnte Art und Weise erlebbar und diskutierbar zu machen.

127

Teams in Organisationen haben über die letzten Jahre immer stärker an Bedeutung gewonnen. Die Ken Blanchard Companies (2006) formulieren hierzu sinngemäß: "Organisationen setzen Teams für diverse Aufgaben ein: Von Qualitäts- und Prozessverbesserungsinitiativen zu Produktentwicklungen, von Innovationen bis zu Unternehmensfeiern. 84% der Befragten in unserer Umfrage gaben an, dass ihre Organisation Teams einsetzt, um besondere Projekte zu bewältigen". Dies bedeutet einen hohen Bedarf an Teamentwicklung, deren Auslöser und Ziele sehr unterschiedlich sein können. Sie reichen vom ersten Zusammenfinden und Vertrauensaufbau über Rollen- und Aufgabenschärfung und das Etablieren zielführender Arbeitsprozesse bis hin zu kritischer Reflexion von Teamdynamiken oder auch Erfolgsmustern der Zusammenarbeit. Etablierte und/oder fundierte Modelle älteren und jüngeren Datums, die erklären, wie Teamarbeit sich vollzieht und was Teamarbeit erfolgreich macht, gibt es en masse. Dies sind beispielsweise Tuckmans Teamuhr (Tuckman, 1965), Belbins Teamrollen (Belbin, 1993), modernere prozessorientierte Ansätze (wie z.B. Marks, Mathieu, & Zaccaro, 2001) oder auch die Kriterien für Merkmale erfolgreicher Teams (Sattler, Förster, Saller & Studer, 2011). Auf Wissensseite liegt also vermutlich alles Notwendige vor, um erfolgreiche Teamarbeit in der Organisation zu etablieren. Sollte also alles geregelt sein? Mitnichten. Teams klopfen weiter reihenweise bei Beratern und Teamentwicklern an, um sich auf ihrem Weg professionell begleiten zu lassen. Es gibt viele sehr gute Teamentwickler im Markt, die eine solide und fundierte Arbeit leisten und damit Teams eine weitere Optimierung ihrer Zusammenarbeit ermöglichen. Leider gibt es jedoch auch eine hohe Anzahl von Teamentwicklungen, die letztlich nichts weiter sind als ein netter Ausflug ohne nennenswerten Nutzen. Der Erfolg einer Teamentwicklung steht und fällt dabei mit dem Gelingen des Transfers des Erlebten, Diskutierten und Gelernten in den Arbeitsalltag und auf die eigene konkrete Situation im Team.

Schaut man auf Transfermodelle, so kann man zur Analyse dieser bekannten Problematik verschiedene Ansatzpunkte finden. Rank und Wakenhut (1998, S.16) unterscheiden auf der Seite der beeinflussbaren Elemente zwischen Teilnehmermerkmalen, Merkmalen der Arbeitsumgebung und Designmerkmalen der Intervention. Teilnehmermerkmale sind häufig eine relativ stabile Größe, die zumindest im Rahmen von Teamentwicklungen keine beeinflussbare Variable darstellt. Die Gestaltung der Arbeitsumgebung ist eine Kernvariable (vgl. hierzu Baldwin & Ford, 1988) zur Beeinflussung von Transfererfolg aus Interventionen (Rank & Wakenhut, 1998), in diesem Artikel konzentrieren wir uns jedoch ausschließlich auf die dritte Einflussgröße, das Design der Intervention selbst.

Die Herausforderung für diejenigen, die Teamentwicklungen anbieten, liegt darin, Zusammenarbeit auf eine neuartige Weise erfahrbar zu machen, so dass das Erfahrene und Gelernte im Gedächtnis bleibt und bei den Teilnehmern einen dauerhaften Unterschied im Denken und Handeln bewirkt, der auch im Arbeitsalltag bestehen bleibt (z.B. Kirkpatrick, 1996). Es ist demnach nicht ausschließlich eine Frage der richtigen Inhalte, die vermittelt werden. Wichtig ist auch die Frage nach dem „Wie" der Inhaltsvermittlung.

Am effektivsten lernen Menschen durch eigene Erfahrung. Diese uralte Binsenweisheit hat Kolb (1984) mit der Entwicklung der Theorie des Erfahrungslernens auch wissenschaftlich unterbaut. Kolb stellte einen „Lernkreis" auf, in dem er vier Aspekte des Lernens unterscheidet: Die unmittelbare Erfahrung selbst und ihre kognitive Verarbeitung sind notwendig, um Erfahrung zu sammeln. Nutzbar werden neue Erfahrungen jedoch erst durch deren Reflexion und das aktive Experimentieren damit in neuen Situationen. Jede dieser vier Lernformen für sich ist limitiert. Für eine dauerhafte Verankerung neuen Wissens und neuer Verhaltensweisen ist eine Integration aller vier Lernformen notwendig (Kolb, 1984).

Seit der Vorstellung der Theorie des Erfahrungslernens wurden unzählige erfahrungsorientierte Trainings- und Unterrichtskonzepte entwickelt und schnell wurden erfahrungsorientierte Lernformen auch für Teamentwicklungen entdeckt.

Was aber unterscheidet effektive erfahrungsorientierte Teamentwicklungen von weniger effektiven? Welche Dimensionen lassen sich differenzieren? Ein Blick in die Forschungsliteratur (z.B. Kolb, 1984) und praktische Beratungserfahrung zeigen, dass eine Reihe von Kriterien für die Teilnehmer von Teamentwicklungen bedeutsam sind. Allem voran sollten die Sequenzen sowie die Gesamtdramaturgie einem lerntheoretisch fundierten Aufbau folgen (z.B. Kombination rezeptiver und expressiver Elemente, siehe z.B. Döring & Ritter-Mamczek, 2001). Darüber hinaus muss bei jeder erfahrungsorientierten Intervention ein durch die Trainer begleiteter strukturierter Reflexionsprozess stattfinden, um einen erfolgreichen Praxistransfer des Gelernten zu gewährleisten (Kolb, 1984). Daneben haben sich aus unserer Erfahrung insbesondere die folgenden Dimensionen als relevant erwiesen und werden an dieser Stelle besonders beleuchtet:

- Emotionales Involvement

- Kooperationsgrad

- Gegenseitiges Kennenlernen

- Identifikation mit dem „Produkt"

- Inselsituation versus Alltagsnähe

Emotionales Involvement

Der Zusammenhang zwischen Lernen und emotionaler Erregung ist ausgiebig untersucht. Das vieldiskutierte und immer noch gültige Yerkes-Dodson-Gesetz (Yerkes & Dodson, 1908) besagt, dass ein umgekehrt U-förmiger Zusammenhang zwischen Erregungs- und Lernniveau in dem Sinne besteht, dass bei einem mittleren Erregungsniveau am besten gelernt wird. Negative Emotionen wie Stress oder Angst können die Lernleistung verringern (z.B. Zeidner, 1998). Positive Stimmungen hingegen begünstigen holistische und kreative Formen des Denkens (für eine Übersicht siehe Haviland-Jones & Lewis, 2000). Spätestens seit den Bestsellern von Antonio Damasio Anfang dieses Jahrtausends (Damasio, 2002, 2004a, 2004b) ist die zentrale Rolle von Emotionen für Verhalten wissenschaftlich fundiert einer breiten Leserschaft zugänglich gemacht. Klaus Doppler hat das Thema Emotionen kürzlich in verschiedenen Publikationen zum Thema Change-Management explizit in die Organisation übertragen (Doppler, 2011, 2012). Die Kopplung von Emotionen an Verhaltensänderung ist auch aus der Psychotherapie gut belegt (vgl. z.B. Young 2008). Gelingt es also, ein mittleres Maß an emotionalem Involvement und psychischer Erregung der Teilnehmer herzustellen, so ist davon auszugehen, dass die verarbeiteten Inhalte sich deutlich besser im Gedächtnis verankern. Der Nutzen liegt auf der Hand: Zurück im Arbeitsalltag haben intensiver erlebte und damit erinnerte Interventionsinhalte einen deutlich gesteigerten Einfluss auf das Denken und Handeln der Teilnehmer. Die Inhalte werden in strukturell ähnlichen Situationen der Zusammenarbeit eher erinnert und der Transfer des Gelernten in die Praxis begünstigt.

Kooperationsgrad

Es ist unmittelbar einleuchtend, dass ein Szenario, welches Einzelarbeit vorsieht, zur Teamentwicklung wenig geeignet ist. Die Kooperation ist eines der wichtigsten Merkmale von erfolgreicher Teamarbeit. Gelingt die Kooperation auf einer persönlichen Ebene zwischen den einzelnen Teammitgliedern, so können viele Unwegsamkeiten in der Zusammenarbeit (z.B. schlecht definierte Prozesse, unzureichende Strukturen innerhalb des Teams etc.) ausgeglichen werden.

Für eine Teamentwicklung ist es daher von zentraler Bedeutung, ein hohes Maß an Zusammenarbeit von den Teammitgliedern zu fordern. In der Auswertung der Maßnahme muss anschließend analysiert werden, wie erfolgreich das Team bereits kooperiert und an welchen Stellen die Arbeit der einzelnen Teammitglieder noch besser mit den Kollegen verzahnt werden kann.

Gegenseitiges Kennenlernen

Fragt man Mitarbeiter, wann sie eine Arbeitsgruppe als ein Team bezeichnen würden, so stimmen die meisten Personen darin überein, dass es Elemente wie ‚Teamgeist', ‚gegenseitiges Vertrauen' und ‚ein gemeinsames Ziel' geben sollte. Letzteres ist sicherlich unbestritten richtig. Ohne ein gemeinsames Ziel ist die Einrichtung eines Projektteams wenig sinnvoll. Die beiden anderen Aspekte sind insofern interessant, als wir in unserer Beratungspraxis viele Teams erleben, die zwar als solche bezeichnet werden, aber offenbar völlig ohne Teamgeist und gegenseitiges Vertrauen auskommen müssen. Bei der Arbeit mit diesen Teams zeigt sich jedoch häufig, dass der Alltag von Konflikten und Reibungsverlusten geprägt ist, die eine effiziente Zusammenarbeit erschweren. Erfolgreiche Teams hingegen haben es in der Regel geschafft, Vertrauen und Teamgeist auszubilden. Als Basis für beides kann gegenseitiges Verständnis im wörtlichen Sinne angesehen werden. Nur wenn man versteht, welche Qualitäten jeder einzelne in das Team einbringt und warum er in bestimmten Situationen auf eine ganz bestimmte Art und Weise reagiert und entscheidet, wird es auch möglich sein, die Komplexität der Zusammenarbeit im Team zu reduzieren (Luhmann, 2000).

Die eigenen Kollegen gut zu verstehen, erfordert im allerersten Schritt jedoch, sie kennenzulernen. Eine Teamentwicklung sollte daher so beschaffen sein, dass sie ein Kennenlernen über den normalen arbeitsbezogenen Alltag hinaus ermöglicht. Die Erfahrung zeigt: Je mehr persönliche Anknüpfungspunkte geschaffen werden, umso mehr Gespräche finden zwischen den Teammitgliedern statt und umso stärker wird die gefühlte Distanz zu den Kollegen verringert, was sich in vielen Arbeitssituationen positiv auswirkt.

Identifikation mit dem „Produkt"

Mitarbeiter bekannter Marken wie Coca Cola oder BMW spüren es jeden Tag: Ein greifbares Produkt zu haben, erleichtert die Identifikation mit dem Unternehmen. Nicht umsonst erfüllt es Mitarbeiter mit Stolz, wenn sie „beim Daimler schaffen".

Im Kleinen gilt dies auch für Teamentwicklungen. Je eher ein greifbares Produkt vorhanden ist, umso einfacher ist es, sich mit der Teamentwicklung zu identifizieren. Dabei werden hier unter Produkt sowohl die eigenen Aufzeichnungen, ein Handout, ein gemeinsam gebautes Floß oder Kunstwerk, ein Symbol für die Teilnahme oder eben die Aufnahme eines eigenen Film-Remakes verstanden. Anhand dieser Aufzählung wird deutlich, dass ein Produkt im weitesten Sinne fast immer vorhanden ist. Der große Unterschied liegt letztlich darin, wie stark man sich mit dem Produkt identifiziert.

Warum ist diese Dimension für Teamentwicklungen interessant? Gelingt es, ein positiv besetztes Produkt zu erzeugen, das die Teilnehmer an die Teamentwicklung erinnert, dann denken sie auch im Nachhinein gerne und öfter an die Teamentwicklung zurück, sprechen mit verschiedenen Personen darüber und verarbeiten die Inhalte im Idealfall auch noch lange nach der eigentlichen Intervention.

Inselsituation versus Alltagsnähe

Das wohl wichtigste Kriterium, an dem sich sowohl Trainings als auch Teamentwicklungen messen lassen müssen und welches zuvor schon mehrfach angeklungen ist, ist der Praxistransfer. Erreicht der Teamentwickler es nicht, dass die Teilnehmer seiner Intervention die erlebten oder diskutierten Inhalte in ihre eigene Praxis übertragen, so bleibt die Teamentwicklung im besten Fall ein nettes Incentive oder ein Abstecher in ein schönes Seminarhotel. Gelingt es aber, die Inhalte auch in der Praxis am Leben zu erhalten und sie in den Alltag einfließen zu lassen, so ist der erste Schritt zur Veränderung im Team geschafft.

Einige Autoren sehen die „Inselsituation" einer Teamentwicklung als besonders förderlich für Teamentwicklungsprozesse an (z.B. Simmel & Uhlenbrock, 2003). Gemeint sind hiermit Situationen, in denen die Teammitglieder aus ihrem normalen Alltag und organisationalem Umfeld herausgelöst sind. Es gelingt dabei besser, neue Verhaltensweisen und Formen der Zusammenarbeit frei von etablierten Normen, eingeschliffenen Strukturen und Furcht vor Konsequenzen austesten zu können. In der Praxis haben sich viele dieser Insellösungen jedoch als deutlich weniger komplex herausgestellt, als es eine reale Zusammenarbeit im Team erfordert. Sinnvoll erscheint es, mit Team-Interventionen zu arbeiten, die beides bieten: Die also einerseits eine neuartige Umgebung liefern, in der sich die Teammitglieder ausprobieren können und Fehler nicht übel genommen werden. Und bei denen andererseits gleichzeitig die Art der Zusammenarbeit dem Berufsalltag entspricht, also eine relativ komplexe Problemstellung zu bearbeiten ist, für die es keine eindeutige Lösung gibt und die nur mit koordinierter Teamarbeit erfolgreich bearbeitet werden kann. Dieser Gedanke schließt an die Argumentation an, dass eine große Übereinstimmung zwischen Interventionsdesign und Arbeitsalltag zu einem gesteigerten Praxistransfer führt (vgl. z.B. Irvine & Wilson, 1994).

Die folgende Grafik vergleicht Teamentwicklungsmaßnahmen ohne Erfahrungsorientierung, Teamentwicklungsmaßnahmen mit klassischen erfahrungsorientierten (Outdoor-)Elementen und die Movie-Intervention auf den oben dargestellten Dimensionen. Hinter Teamentwicklungen ohne Erfahrungsorientierung

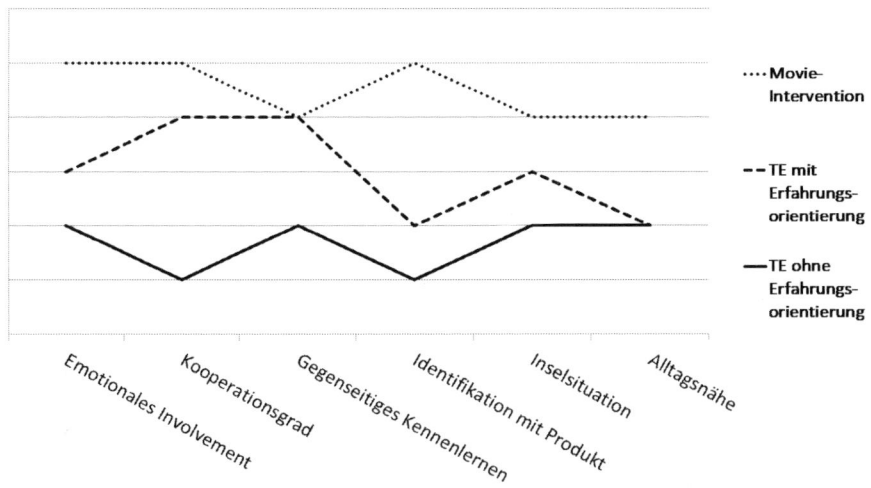

Abbildung 1   Erfahrungsbasierte relative Ausprägungen verschiedener Teamentwicklungsmaßnahmen mit und ohne Erfahrungsorientierung sowie der Movie-Intervention auf verschiedenen Beurteilungsdimensionen.

verbergen sich klassische Seminarraumsettings, in denen Inhalte und Modelle eher diskussions- und inputorientiert vermittelt und gegebenenfalls Team-Fragestellungen über reine Diskussionsarbeit bearbeitet werden. Erfahrungsorientierte Maßnahmen umfassen Interventionen wie Geocaching oder Floßbau, aber auch Konstruktionsaufgaben wie Turm- oder Brückenbau etc. Die Movie-Interventionen werden weiter unten ausführlich beschrieben. In der nachstehenden Grafik sind die Ausprägungen nicht in ihrer absoluten Höhe zu interpretieren, sondern spiegeln unsere Erfahrungswerte aus langjähriger Teamentwicklungserfahrung wider und dienen hier lediglich zur Verdeutlichung. Die Dimension „Inselsituation versus Alltagsnähe" wird in dieser Grafik getrennt dargestellt.

Wie die Abbildung zeigt, bilden Teamentwicklungen ohne Erfahrungsorientierung auf den hier betrachteten Dimensionen gewissermaßen die Baseline. Insbesondere der Kooperationsgrad ist im Seminarraum – abgesehen von der eventuellen gemeinsamen Diskussion – eher niedrig und das entstehende Produkt, die eigenen Aufzeichnungen und Ergebnisnotizen eignen sich weniger zur Identifikation. Abhängig von den behandelten Inhalten (z.B. Konfliktbewältigung) und gesetztem Fokus (z.B. Beziehungsgestaltung im Team) können emotionales Involvement und gegenseitiges Kennenlernen sogar noch etwas höher ausgeprägt sein als in der Grafik angegeben. Geht man davon aus, dass eine solche Teamentwicklung in einem Seminarhotel stattfindet und dabei alltagsrelevante Fragestellungen bearbeitet werden, zeigt sich bei der Inselsituation und der Alltagsnähe eine mittlere bis niedrige Ausprägung.

Deutlich positiver schneiden Interventionen mit Erfahrungsorientierung ab. Durch die aktiven Übungen, die man „am eigenen Leib" erfährt, ist das emotionale Involvement höher, aufgrund der oft als spielerisch erfahrenen und künstlich wirkenden Situation aber auch nicht maximal ausgeprägt. Je nach Übung kann der Kooperationsgrad eine sehr wichtige Rolle einnehmen. Durch das ungewohnte Setting und die lockere Atmosphäre wird auch ein gegenseitiges Kennenlernen noch einmal stärker gefördert als ohne Erfahrungsorientierung. Erfahrungsorientierte Szenarien eignen sich hervorragend, um einzelne Aspekte der Teamarbeit intensiv zu bearbeiten. Der Nachbau eines Computerchips, simuliert durch verschiedene Gegenstände auf einem Tablett, ausschließlich auf Basis sprachlicher Informationsübermittlung nach dem „Stille Post"-Prinzip, ermöglicht beispielsweise eine intensive Auseinandersetzung mit dem Kommunikationsfluss im Team. Was vielen Teilnehmern eher weniger gelingt, ist die Identifikation mit dem „Produkt". Der nachgebaute Computerchip hat beispielsweise einen eher niedrigen Identifikationswert. Um eine Situation zu erschaffen, die neben dem Inselsituations-Charakter auch eine hohe Alltagsnähe aufweist, sind die meisten erfahrungsorientierten Szenarien zu wenig komplex.

Eine Möglichkeit, eine Teamentwicklung anders und stärker entsprechend den oben genannten Kriterien zu gestalten, stellt die Arbeit mit dem Medium Film dar. Zu Beginn mag man sich fragen, warum diese Art der Intervention aufregender und emotionaler sein soll als das Balancieren über einen imaginären Fluss. Um dies nachvollziehen zu können, sei an dieser Stelle ein kurzer Einblick in die gesamte Intervention gegeben, die sich in fünf Phasen gliedern lässt, siehe Abbildung 2.

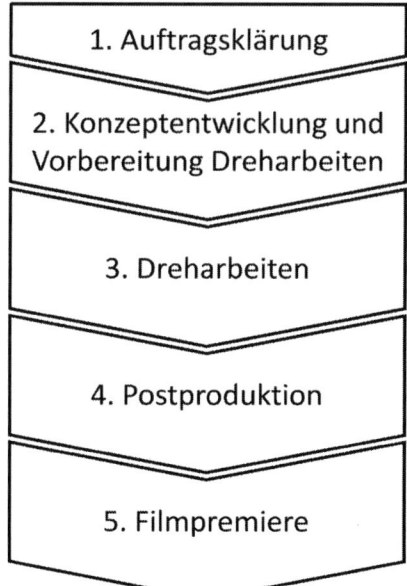

Abbildung 2   Die fünf Phasen der Movie-Intervention.

Auftragsklärung

In der ersten Phase klären Auftraggeber – häufig handelt es sich um die Führungskraft des Teams – und Berater, ob und in welcher Form eine Movie-Intervention zur Zielerreichung geeignet ist. Gemeinsam wird entschieden, welche besonderen Ziele das Team mit der Teamentwicklung verfolgt, welche Herausforderungen während der Durchführung auftreten können und wie die Rahmenbedingungen (verfügbares Budget, Ort und Dauer der Intervention) gestaltet werden. In enger Absprache mit dem Auftraggeber kann die gesamte Intervention individuell auf die Bedürfnisse des Teams zugeschnitten werden. So können in jedem Prozessschritt unterschiedlich große Teile der Filmproduktion wie z.B. die Suche nach Drehorten, Vorbereitung von Requisiten, Kameraführung etc. durch das Team selbst übernommen oder aber durch Filmspezialisten abgedeckt werden. Aufgrund des ausgefallenen und intensiven Interventionsformats ist auch ein klares Commitment der Teammitglieder selbst zur Interventionsdurchführung wünschenswert. Durch sorgfältige Auftragsklärung und gezieltes Erwartungsmanagement im Vorfeld werden die Teilnehmer so gut wie möglich auf die Intervention vorbereitet.

Konzeptentwicklung und Vorbereitung der Dreharbeiten mit den Teilnehmern

Ist die Entscheidung über Form und Umfang der Movie Intervention getroffen, beginnt die Intervention schon lange vor dem eigentlichen Filmdreh. Das teilnehmende Team entscheidet sich mit Unterstützung der Berater für einen Film, der bestimmte Kriterien erfüllen sollte (Tabelle 1 stellt einen kurzen Auszug dieser Kriterien dar) und mit dem sich alle Teammitglieder identifizieren können.

Über verschiedene Kommunikationskanäle (Präsenzmeetings, Absprachen beim Mittagessen, E-Mails, Doodles, etc.) kommen die Teammitglieder bereits vorab ins Gespräch und werden dabei aus ihrem eigentlichen Arbeitskontext entführt. Sie begegnen sich auf einer anderen, häufig persönlicheren Ebene, um Vorlieben für Filmgenres und -szenen zu diskutieren. Schon an dieser frühen Stelle der Intervention werden erste positive Effekte sichtbar: Die Teilnehmer lernen sich besser kennen. Gleichzeitig wird auch das emotionale Involvement schon vor dem eigentlichen Event durch die Voraussicht auf die Arbeit am eigenen Film gestärkt.

Hat sich das Team auf einen Film und einige Szenen geeinigt, so werden diese durch Experten (z.B. Regisseur und Kameramann) für das Team aufbereitet. Je nach Ausgestaltung der Intervention können die Teilnehmer parallel dazu bereits an den Requisiten und Kostümen arbeiten. Durch eingestreute Kommunikationshäppchen, z.B. Bilder einzelner Szenen aus dem Film, Schlüsselzitate, etc. wird die Spannung auf das gemeinsame Filmevent weiter geschürt, bis schließlich das Manuskript der Szenen an die Teammitglieder versandt wird. Dabei ist zunächst noch unklar, wer welche Rolle vor oder hinter der Kamera übernehmen wird.

Tabelle 1   Auszug von Kriterien für die Auswahl eines Films

Bekanntheit des Films, so dass möglichst viele Teammitglieder eine Vorstellung des Inhalts haben
Ausreichend verschiedene, deutliche Rollen (z.B. good guy, bad guy etc.) und auch Rollenfunktionen (Hauptrollen, Statisten)
Teamgröße
Interessen der Teammitglieder
Passung zur Corporate Identity und Unternehmens- oder Teamkultur
In der Auftragsklärung vereinbarte Teamziele

Dreharbeiten

Schließlich trifft sich das gesamte Team mit der Filmcrew und den Beratern am Set. Den Auftakt bildet eine Abendveranstaltung, in der eine Verteilung und erste Einführung in die verschiedenen Rollen stattfindet, damit am nächsten Tag alles gut ineinandergreift und für jede Szene genügend Zeit bleibt. Anschließend wird gemeinsam gegessen und der Auftakt des Teamevents mit einem ersten thematischen Input, z.B. in Form einer moderierten Gruppendiskussion, passend zum Ziel der Teamentwicklung (siehe Phase 1. Auftragsklärung) abgerundet.

Am nächsten Morgen beginnt die Filmarbeit:

Am Set herrscht geschäftiges Treiben und das liegt nicht daran, dass alle Teammitglieder damit beschäftigt sind, ihren Text auswendig zu lernen und sich in den Charakter hineinzuversetzen, den sie darstellen sollen. Im Gegenteil – am Set gibt es deutlich mehr Rollen hinter als vor der Kamera. Neben ein bis zwei Teammitgliedern, die während des Filmens für die Tonaufnahme mit mehreren Mikrofonen verantwortlich sind, notiert eine weitere Person, welche Takes brauchbar waren und welche nicht, und bedient die Klappe. Ein Team von zwei bis drei Personen kümmert sich um Kostüme, Requisiten und die Maske. Ein kleines Kreativteam von zwei Personen tüftelt an Aufbauten für Special Effects, während zwei Teammitglieder sich auf den Weg gemacht haben, um im nächsten Supermarkt für Catering zu sorgen. Eine weitere Person bereitet sich schon einmal auf eine entscheidende Aufgabe vor. Sie wird später dafür verantwortlich sein, dass die Kontinuität zwischen den verschiedenen Takes erhalten bleibt, der gleiche Charakter in verschiedenen Szenen also z.B. die gleiche Kleidung trägt. Und ganz nebenbei sieht man auch vier Personen gemeinsam in einem Stuhlkreis sitzen, um den Text für die folgende Szene einzustudieren. Insgesamt wirkt das Szenario allerdings noch recht ungeordnet, sodass sich ein kurzer Break anbietet, um miteinander zu klären, welche Prozesse hilfreich wären, um noch effizienter zusammenzuarbeiten. Die sich anschließende Diskussion führt von unterschiedlichen Auffassungen der Wichtigkeit verschiedener Aufgaben, gegenseitigen Abhängigkeiten der Aufgaben am Set hin zu Aspekten der Wertschätzung in der Kommunikation miteinander.

Die beschriebene Szenerie zeigt, wie komplex die Movie-Intervention in Durchführung und Reflexion ist. Verschiedenste Themenbereiche der Teamarbeit lassen sich anhand der Filmmetapher relativ offen diskutieren, da die Teilnehmer außerhalb der Arbeitsumgebung in einem neuartigen und unbekannten Setting für sie neue Rollen einnehmen. Dies vereinfacht das Ansprechen von Fehlern und Unzulänglichkeiten ebenso wie hier deutlich zutage tretende Stärken Einzelner oder des Teams. Referenzen auf den Alltag durch die Berater führen dazu, dass der Transfer in die Arbeitspraxis angeregt wird. An dieser Stelle wird deutlich, dass sich die Movie-Intervention als Inselsituation mit viel Alltagsnähe gestalten lässt, denn obwohl vorrangig über die Arbeit am Set gesprochen wird, finden sich fast alle Aspekte der Zusammenarbeit im Team auch in der täglichen Arbeitspraxis wieder.

Kurz darauf wird es spannend: Der erste Take des Events wird gefilmt. Und spätestens jetzt wird den Teammitgliedern klar, dass Emotionen in dieser Art der Intervention doch eine enorme Bedeutung haben. Dies bedeutet nicht nur Aufregung für die Schauspieler, die plötzlich alle Augenpaare auf sich gerichtet sehen und sich von der besten schauspielerischen Seite zeigen wollen. Auch die anderen Teammitglieder halten den Atem an und man könnte eine Stecknadel fallen hören. Ohne es zu merken, haben die Teilnehmer darauf hingearbeitet, mit einer gelungenen Szene ein erstes gemeinsames Etappenziel zu erreichen.

Regelmäßige Reflexionsrunden unterbrechen die Filmarbeit. Individuell auf das Team abgestimmt wechseln sich Diskussionen im Plenum mit anderen Methoden wie Partnerreflexionen, Spiegelungsübungen, in denen sich Kollegen darüber austauschen, wie sie einander am Set erleben und mit Arbeitsaufträgen zu Rollen und gegenseitigen Erwartungen ab. Mit Unterstützung der Berater werden Verhaltensparallelen zwischen der Arbeit am Film und am Arbeitsplatz gesucht und erarbeitet, was bereits auffällig gut funktioniert, und wie die Zusammenarbeit noch weiter verbessert werden könnte. Immer wieder stellen die Teilnehmer an sich selbst fest, welchen Verhaltensmustern jeder einzelne unterliegt und was diese für den Arbeitskontext bedeuten. Dabei ist es relativ einfach, auch kritische Aspekte anzusprechen, da die gesamte Umgebung durch das Medium Film einen spielerisch-verfremdeten Charakter hat (siehe auch Diskussion der Inselsituation weiter oben).

Über die Drehtage wechseln die Rollen mehrfach, sodass jedes Teammitglied, welches eine aktive Rolle vor der Kamera übernehmen will, dies auch tun kann. Mit dem Abschluss der Drehtage ist die Teamentwicklung jedoch noch nicht beendet.

Postproduktion

Im Anschluss an die Dreharbeiten folgt die Postproduktion. Da die technischen Fertigkeiten für die Postproduktion sehr anspruchsvoll sind und deren Aneignung zeitintensiv ist, ist es bei einem kurzen Zeitrahmen der Intervention ratsam, die Video- und Tonnachbearbeitung einem professionellen Cutter zu überlassen. Bei entsprechenden Vorkenntnissen einzelner Personen innerhalb des Teams kann der Schnitt natürlich auch durch ein Teammitglied vorgenommen werden.

Filmpremiere und Abschlussreflexion

Zwei Wochen später trifft sich das Team am Freitagabend an einem der Filmpremiere würdigen Ort. Je nach Organisationskultur kann das ein Besprechungsraum des Unternehmens, das Zuhause des Team-Chefs oder ein gemietetes Kino sein. Der Kreativität sind hier keine Grenzen gesetzt. Auch virtuelle Premieren mit Teammitgliedern an unterschiedlichen Orten, die sich zeitgleich auf den Film schalten und über Telefon- oder Videokonferenz miteinander verbunden sind, wurden bereits realisiert. Nun haben die Teilnehmer zum ersten Mal die Gelegenheit, ihr gemeinsames Werk zu begutachten. Neben Anerkennung für besondere Schauspielleistungen werden auch noch einmal die Akteure im Hintergrund gelobt und spätestens die Outtakes misslungener Szenen bringen die Stimmung am Set noch einmal zurück. Es darf gefeiert werden! Dies ist häufig ein sehr intensiver Moment, denn dem Team wird klar, dass sie etwas Besonderes erlebt und geschaffen haben und dass sie als Team enger zusammengewachsen sind. Der Film ist im wahrsten Sinne des Wortes ein gemeinsames Produkt, das nur deshalb existiert, weil das gesamte Team gemeinsam durch einen sehr intensiven, häufig unübersichtlichen, immer anstrengenden Prozess gegangen ist. Der Stolz ist spürbar im Raum, zumal das gemeinsame Projekt tatsächlich auch hätte scheitern können. Eine solche kollektive Erfahrung ist häufig prägend für ein Team, denn wenn die Zusammenarbeit in einem derart unbekannten Setting funktioniert, dann wird vielen klar, dass es auch im altbekannten Unternehmenssetting funktionieren kann, wenn alle an einem Strang ziehen.

Um die Nachhaltigkeit der Intervention weiter zu unterstützen, bekommt jedes Teammitglied eine DVD mit dem Remake und hält damit ein reales Produkt des Erlebten in Händen, so dass das Teamevent auch über die gemeinsamen Tage am Set hinaus nachklingen kann.

Fazit

Ein zusammenfassender Blick auf die Movie-Intervention zeigt, dass das emotionale Involvement sowohl über eine längere Dauer entsteht als auch durch das Medium Film in einem starken Ausmaß hervorgerufen wird.

Eine starke Kooperation unter den Teilnehmern ist sowohl vor der Kamera, beim gegenseitigen Reagieren aufeinander als auch hinter der Kamera bei den Rahmenprozessen wichtig, um am Ende ausreichend Material für ein Film-Remake zu haben.

Etwas schwächer, aber immer noch hoch ausgeprägt, ist die Gelegenheit zum gegenseitigen Kennenlernen. Einerseits bietet die Movie-Intervention ein günstiges Szenario, Kollegen auf einer ganz anderen als der gewöhnlichen Alltagsebene zu begegnen und kennenzulernen. Andererseits sind die Teilnehmer durch die starke Struktur, welche die Filmproduktion vorgibt, intensiv in die

Arbeitsprozesse am Set eingebunden und haben relativ wenig Zeit, sich über persönliche Themen auszutauschen.

Die Identifikation mit dem Produkt entsteht in der Movie-Intervention praktisch nebenbei und dennoch in großem Maße. Die Aussicht auf einen eigenen Film, in dem idealerweise eine große Anzahl Teammitglieder auch zu sehen ist, erzeugt eine hohe Identifikation schon während der Dreharbeiten. Die abschließende Filmpremiere und der eigene Film in Form einer DVD, die Freunden und Familie gezeigt werden kann, verstärken die Identifikation darüber hinaus.

Wie schon beschrieben, gelingt es in der Movie-Intervention, die Teilnehmer aus ihrem Arbeitsalltag herauszulösen und ein Setting zu schaffen, welches für alle Beteiligten gänzlich neu ist. Gleichzeitig sind die auftretenden prozessualen und interpersonellen Problemstellungen komplex und der Projektcharakter einer Filmproduktion kommt der Projektarbeit im Berufsalltag sehr nahe. Dies unterstützt den Transfer auf reale Situationen des Arbeitskontextes.

Aufgrund der hohen Ausprägung auf vielen der beschriebenen Dimensionen und des hohen Komplexitätsgrades stellt die Movie-Intervention hohe Anforderungen an Teilnehmer und Berater. Mehr noch als in etablierten erfahrungsorientierten Interventionen ist eine Strukturierung, Steuerung und intensive Begleitung der Nachreflexion durch die Berater notwendig. Auch die Teammitglieder selbst müssen eine hohe Reflexionsfähigkeit mitbringen und eine gute Qualität in der Zusammenarbeit sollte bereits erreicht sein. Für junge Teams, die gerade erst neu gebildet sind, eignet sich ein Filmdreh dann auch eher als Incentive-Maßnahme oder um einzelne, spezifische Aspekte der Zusammenarbeit zu verbessern wie z.B. die Erarbeitung von Teamrichtlinien, die Verbesserung des Kommunikationsflusses etc. Für deren Bearbeitung sind aber auch Teamentwicklungen mit klassischen erfahrungsorientierten Elementen hervorragend geeignet und in der Durchführung weniger aufwendig. Für Teams jedoch, die bereits einen hohen Reifegrad erreicht haben und ihrer Zusammenarbeit den letzten Feinschliff geben wollen, stellt die Movie-Intervention eine spannende und neuartige Form der Teamentwicklung dar, die eine ganzheitliche Bearbeitung von Teamprozessen ermöglicht und noch lange in den Köpfen der Teammitglieder arbeiten wird.

Literaturverzeichnis

Baldwin, T.T., & Ford, J.K. (1988). Transfer of Training: A Review and Directions for further Research. Personnel Psychology 41(1), 63-105.

Belbin, M. (1993). Team Roles at Work. Oxford: Butterworth-Heinemann.

Coen, J. (Regisseur und Produzent) (1998). The Big Lebowski. [Film]. London: Polygram Filmed Entertainment.

Damasio, A. (2002). Ich fühle, also bin ich: Die Entschlüsselung des Bewusstseins. Berlin: List Taschenbuch.

Damasio, A. (2004a). Descartes' Irrtum: Fühlen, Denken und das menschliche Gehirn. Berlin: List Taschenbuch.

Damasio, A. (2004b). Der Spinoza Effekt: Wie Gefühle unser Leben bestimmen. Berlin: List Taschenbuch.

Doppler, K. (2012). Feel the Change!: Wie erfolgreiche Change Manager Emotionen steuern. Frankfurt: Campus.

Doppler, K. (2011). Der Change Manager: Sich selbst und andere verändern. Frankfurt: Campus.

Döring, K.W., & Ritter-Mamczek, B. (2001). Lehren und Trainieren in der Weiterbildung. Ein praxisorientierter Leitfaden. Weinheim: Deutscher Studien Verlag.

Haviland-Jones, J., & Lewis, M. (Hrsg.). (2000). Handbook of emotions,Vol. 2. New York: Guilford Press.

Irvine D., & Wilson, J. P. (1994). Outdoor Management Development – Reality or Illusion? Journal of Management Development, 13(5), 25-37.

Ken Blanchard Companies (2006). Research findings: The critical role of teams. Online verfügbar unter: http://www.kenblanchard.com/img/pub/pdf_critical_role_teams.pdf (letztmalig abgerufen: 11.07.2013).

Kirkpatrick, D. L. (1996). Great ideas revisited. Training and Development, 50(1), 54-59.

Kolb, D. A. (1984). Experiential Learning – Experience as the Source of Learning and Development. Englewood Cliffs: Prentice Hall.

Luhmann, N. (2000). Vertrauen. Ein Mechanismus der Reduktion sozialer Komplexität. Stuttgart: Lucius & Lucius.

Marks, M. A., Mathieu, J. E., & Zaccaro, S. J. (2001). A temporally based framework and taxonomy of team processes. The Academy of Management Review, 26(3), 356-376.

Rank, B., & Wakenhut, R. (1998). Sicherung des Praxistransfers im Führungskräftetraining. Mering: Rainer Hampp.

Sattler, J., Förster, L., Saller, T., & Studer, T. (2011). Führen: Die erfolgreichsten Instrumente und Techniken. Freiburg: Haufe.

Simmel, M., & Uhlenbrock, H.-G. (2003). Teamentwicklung durch Outdoor Training: Verfremden um zu erkennen. In: Stumpf, S., Thomas, A. (Hrsg.): Teamarbeit und Teamentwicklung. Göttingen: Hogrefe.

Tuckman, B. (1965). Development in Sequences in small groups. Psychological Bulletin, 63, S. 348-399.

Yerkes, R.M., & Dodson, J.D. (1908). The relation of strength of stimulus to rapidity of habit-formation. Journal of Comparative Neurology and Psychology, 18, 459–482.

Young, J.E., Klosko, J.S., & Weishaar, M.E. (2008). Schematherapie. Ein praxisorientiertes Handbuch. Paderborn: Junfermann.

Zeidner, M. (1998). Test anxiety: The state of art. New York: Plenum Press.

10 Kollektive Achtsamkeit: Erfolgsfaktor in Hochleistungsteams

Peter Mistele & Silke Geithner

Hochleistungsteams, wie z.B. Feuerwehren, medizinische Rettungsdienste oder Einsatzkommandos der Polizei, müssen in dynamischen Einsatzsituationen handeln. Diese Situationen sind häufig durch Zeit- und Entscheidungsdruck, Intransparenz, suboptimale Informationsversorgung, Stress sowie eine hohe Eigengefahr gekennzeichnet. Von zentraler Bedeutung für das erfolgreiche Handeln dieser Teams ist unter anderem die „kollektive Achtsamkeit". Durch diese gemeinsame Achtsamkeit können die Teams sowohl Veränderungen der Einsatzsituation sowie gegenseitig das Handeln der Teammitglieder antizipieren als auch flexibel in der jeweiligen Situation reagieren. Mit Achtsamkeit ist dabei eine grundlegende mentale Haltung und Denkweise gemeint, die es Teams oder Organisationen vor allem in unvorhergesehenen Situationen erlaubt, flexibel und situationsadäquat zu handeln. Der folgende Beitrag diskutiert am Beispiel der Hochleistungsteams das Konzept der „kollektiven Achtsamkeit". Im Fokus stehen dabei die folgenden Fragen: Warum ist achtsames Handeln in Hochleistungsteams notwendig? Was kennzeichnet „kollektive Achtsamkeit"? Was können andere Organisationen und Teams, z. B. Wirtschaftsunternehmen, von der kollektiven Achtsamkeit von Hochleistungsteams lernen?

Warum ist achtsames Handeln in Hochleistungsteams notwendig?

Heutzutage ist es für Organisationen immanent wichtig, in dynamischen und hochkomplexen Situationen zielgerecht agieren zu können. Daher streben viele Unternehmen danach, diese Fähigkeit aufzubauen, um so ihre Wettbewerbsfähigkeit und damit ihren Unternehmenserfolg zu verbessern (vgl. Pawlowsky & Mistele, 2008, S. 6ff.; Pawlowsky & Steigenberger, 2012, S. 5ff.). Bei der Suche und Analyse von Erfolgsfaktoren hierfür werden primär erfolgreiche Wirtschaftsunternehmen untersucht, die im Vergleich zur Konkurrenz Spitzenleistungen bei klar messbaren ökonomischen Leistungszielen – wie Umsatz, Gewinn, Marktanteile etc. – erbringen (vgl. z. B. Victor & Boynton, 1998). Verlässt man auf dieser Suche einmal die klassischen Pfade der Betriebswirtschaftslehre, bieten betriebswirtschaftlich randständige Organisationen, die in Hochrisikoumwelten agieren (vgl. z. B. Roberts, 1990; La Porte & Rochlin, 1994; Weick, Sutcliffe & Obstfeld, 1999; Weick & Sutcliffe, 2003, 2015), interessante Erkenntnisse, wie diesen Herausforderungen begegnet und die organisationale Leistungsfähigkeit verbessert werden kann. Diese Organisationen zeichnen sich unter anderem durch eine **kollektive Achtsamkeit** (collective mindfulness) aus, die ihnen hilft, in neuen und unbekannten Situationen zuverlässig auf das jeweilige Ziel hinzuarbeiten (vgl. Weick & Sutcliffe, 2003).

Kernkraftwerke, petrochemische Anlagen sowie medizinische Rettungsdienste, Feuerwehren oder Spezialeinheiten der Polizei zählen zu Organisationen, die in Hochrisikoumwelten agieren (u. a. Roberts, 1990; Mistele, 2007; Pawlowsky & Mistele, 2008; Mistele, Pawlowsky & Kaufmann, 2015). In Hochrisikoumwelten können Fehler und Fehlhandlungen zu einer hohen Gefahr für Mensch und Umwelt führen (vgl. Dietrich & Childress, 2004; Bourrier, 2005). Das Merkmal dieser Organisationen ist, dass sie sich durch zuverlässiges Agieren in komplexen und neuen oder unbekannten Situationen auszeichnen und so Sicherheit gewährleisten. Ihre Leistung in diesem Kontext besteht in einem bewussten und zielorientierten Handeln, so dass es zu weniger Zwischenfällen und Unfällen kommt, als statistisch zu erwarten wären, und die Sicherheit bewusst gefördert wird (vgl. Weick & Sutcliffe, 2003). Diese Organisationen waren bisher vor allem Gegenstand der sog. verlässlichkeitsorientierten Forschung. Hierzu zählen die Arbeiten der Fehlerforschung (z.B. Reason, 1994, 1997), Crew Resource Management Forschung (z.B. Helmreich & Foushee, 1993; Thomas, Sherwood & Helmreich, 2003; Flin, 1995; Flin & Maran, 2004), High Performance Forschung (z.B. Mistele, 2007; Pawlowsky, Mistele & Geithner, 2005, 2008; Pawlowsky & Steigenberger, 2012) oder die High Reliability Forschungen (z.B. Weick & Sutcliffe, 2003, 2015). Allen Arbeiten ist gemein, dass sie sich intensiv mit teambezogener oder organisationaler Leistungsfähigkeit beschäftigen, wobei Leistung als zuverlässige Sicherheit interpretiert wird. Die Ursprünge der verlässlichkeitsorientierten Forschungen liegen in den Arbeitswissenschaften, der Fehler-, Sicherheits- und Unfallforschung und in der Psychologie.

Untersuchungen in medizinischen Rettungsdiensten, Spezialeinheiten der Polizei[1] oder Feuerwehren zeigen, dass die Teams dieser Organisationen mit speziellen **Handlungsbedingungen** konfrontiert sind. Aufgrund ihrer ausgeprägten Leistungsfähigkeit beim Agieren in Hochrisikoumwelten werden diese Teams im Folgenden als *Hochleistungsteams*[2] bezeichnet. Charakteristisch für die betrachteten Teams ist, dass sie im *Einsatz* als besondere Arbeitsform agieren (im Folgenden Mistele, 2007, S. 119ff.). Unter einem Einsatz kann ein abgeschlossenes Handeln, bezogen auf ein bestimmtes (Einsatz-)ziel oder -aufgabe verstanden werden. Kennzeichnend für Einsätze ist, dass sie unregelmäßig in verschiedenen Umweltsituationen auftreten, einen bestimmten Anfangs- und Endzeitpunkt haben und maßgeblich zum Erreichen eines festgelegten kurzfristigen Einsatzziels durchgeführt werden. Aufgrund dieser besonderen Arbeitsform verfügen die Teams quasi über zwei Organisationsstrukturen. Während die formale Organisationsstruktur das Handeln in der einsatzfreien Zeit bestimmt, richten die Teams ihr Handeln im Einsatzfall an zeitlich begrenzten flexiblen Einsatzstrukturen aus, wobei sich die konkrete Ausgestaltung der Einsatzstruktur nach der jeweiligen Art, Umfang und Schwere des Einsatzes richtet (vgl. von Massenbach-Bardt, 2008).

---

1 Hierzu zählen insbesondere Sondereinsatzkommandos (SEK) oder Mobile Einsatzkommandos (MEK). In den folgenden Zitaten wird dies als SEP (Spezialeinheiten Polizei) abgekürzt.

2 Die Hochleistungsteams wurden im Rahmen eines von der Arbeitsgemeinschaft betriebliche Weiterbildung e.V. und dem ESF geförderten Forschungsprojektes zum Thema „Lernen in und von Hochleistungsteams" untersucht. Die Projektergebnisse sind u. a. ausführlich dargestellt bei Mistele, 2007, Pawlowsky & Mistele, 2008; Mistele, 2010; Steigenberger, 2012.

Denkt man an die Einsatzsituationen der betrachteten Teams, wie z. B. Beendigung einer Geiselnahme, der Wohnungsbrand oder der sich verschlechternde Gesundheitszustand eines verunfallten Patienten, so ist zu konstatieren, dass diese Situationen nie statisch sind. Vielmehr sind sie hoch dynamisch und verändern sich auch ohne das Zutun der Teammitglieder. Die *dynamischen Einsatzsituationen* führen dazu, dass Teammitglieder Situationsveränderungen schnell wahrnehmen, verarbeiten und entsprechend handeln müssen. Meist geht diese hohe Situationsdynamik mit einem massiven *Zeit- und Entscheidungsdruck* einher. Teammitglieder haben oft nur Sekunden, um sich ein Bild von der Situation zu machen, eine Entscheidung zu treffen und entsprechend zu handeln. Sie haben nicht die Möglichkeit, das Handeln zu unterbrechen, um in Ruhe über die Situation nachzudenken. Erschwerend kommt häufig noch hinzu, dass Teams beim Eintreffen am Einsatzort mit *einer intransparenten Einsatzlage* konfrontiert sind. Sie befinden sich zu Einsatzbeginn in einer sog. „chaotischen Phase", in der sie noch keinen vollständigen Überblick über die Situation und das Geschehen haben und sich diesen erst erarbeiten müssen. Hochleistungsteams versuchen diese „chaotische Phase" so kurz wie möglich zu halten und schnell in eine ruhige Phase zu überführen, in der ein strukturiertes, koordiniertes und zielführendes Handeln möglich ist. Wichtig hierfür ist, dass entscheidungsrelevante Informationen vorhanden sind. Leider zeigt sich jedoch, dass bei Einsätzen – insbesondere bei Einsatzbeginn – eine *suboptimale Informationsversorgung* vorliegt: Entweder stehen Informationen nicht oder nur in unzulänglicher Form zur Verfügung oder es liegt eine Fülle von Informationen vor, aus denen die entscheidungsrelevanten Inhalte erst herausgefiltert werden müssen. Je höher die Qualität der Informationen ist, desto konkreter können zielbezogene Arbeitsanweisungen erteilt werden. Hochleistungsteams verlassen sich selten ausschließlich auf die Vorabinformationen von außenstehenden Dritten, da hier die Gefahr besteht, dass vorliegende, entscheidungsrelevante Information herausgefiltert und unberücksichtigt bleiben (vgl. Mistele, 2007, S. 122). Stattdessen versuchen sie die Informationsbeschaffung und -validierung durch die Mitglieder der Einsatzteams zu realisieren. Dies ist jedoch aufgrund der Einsatzdynamik und des Zeitdrucks nur begrenzt möglich. Daher sind Einsatzführungskräfte gezwungen, auf Basis von unvollständigen, ungenauen oder nicht überprüften Informationen und damit unter hoher Unsicherheit zu entscheiden und zu handeln. Diese Situation ist den Hochleistungsteams bewusst und sie betreiben ein kontinuierliches Informationsmanagement, indem sie permanent Informationen beschaffen und bewerten, um so ihr Handeln an die sich verändernde Informationslage anzupassen. Nicht selten führen die oben genannten Faktoren zu einem persönlich empfundenen *Stress* bei den einzelnen Teammitgliedern (vgl. Mistele, 2007, S. 124). Generell kann Stress unterschiedliche Ursachen haben und wird individuell wahrgenommen (vgl. u.a. Weaver, Bowers & Salas, 2001). So kann die hohe Umweltdynamik für ein Teammitglied positiver Stress sein, der sich motivierend und leistungsförderlich auswirkt (*„Es geht etwas."*), während ein anderes Teammitglied dies als negativ und leistungshemmend auffasst. Um die negativen Wirkungen des Stress zu minimieren, machen sich Hochleistungsteams diesen explizit bewusst und versuchen ihm aktiv entgegenzuwirken (vgl. Mistele, 2007, S. 126). Insbesondere wird in Trainings versucht, die Stressresistenz der Teammitglieder zu erhöhen sowie ihnen stressminimierende Handlungs- und Vorgehensweisen an die Hand zu geben. Als letztes Merkmal der speziellen Handlungsbedingungen ist die *hohe Eigengefahr* zu nennen, in denen sich Mitglieder von Rettungsdiensten, Feuerwehren oder Spezialeinheiten der Polizei bewegen. Sie verfügen über ein hohes Committment und riskieren ihre Gesundheit oder setzen gar ihr Leben aufs Spiel, um Einsätze erfolgreich zu beenden und Menschenleben zu retten (vgl. Mistele & Kirpal, 2006, S. 5). Sie sind sich der Gefahren bewusst und versuchen, durch ein vorausschauendes und achtsames Handeln die potenziellen Gefahren zu minimieren.

Die hier am Beispiel von medizinischen Rettungsdiensten, Feuerwehreinheiten oder Spezialeinsatzkommandos der Polizei dargestellten handlungsbeeinflussenden Kontextfaktoren in Einsatzsituationen führen dazu, dass sich diese Hochleistungsteams durch ein besonders ausgeprägtes *gemeinsames achtsames Handeln* auszeichnen. Mit diesem können sie ihre Leistungsfähigkeit im Sinne des Erhalts von Sicherheit aufbauen, erhalten und steigern (vgl. Weick & Sutcliffe, 2015; Gebauer, 2010).

Was ist nun kollektive Achtsamkeit genau? Dieser Frage widmen sich die nachfolgenden Abschnitte des Beitrags.

Kollektive Achtsamkeit: Was kennzeichnet sie?

Das Konzept der kollektiven Achtsamkeit ist in der High Reliability Theory (HRT) verankert. Die HRT geht auf Arbeiten eines interdisziplinären Forscherteams um Karl Weick (u. a. 1987) an der University of California, Berkeley, zurück und zielt darauf ab, den Aufbau und Erhalt von Verlässlichkeit in Organisationen in Hochrisikoumwelten aus einer verhaltenswissenschaftlichen Perspektive zu erklären. Grundlegende Erkenntnis ist, dass verlässliche, in Hochrisikoumwelten agierende Organisationen über eine Kultur aus sicherheits- und verlässlichkeitsrelevanten Werten und Normen verfugen. Diese Kultur ermöglicht ein gemeinsames Verständnis von Sicherheit und Zuverlässigkeit, lässt Organisationen Anomalien frühzeitig erkennen, fördert einen offen Umgang mit Fehlern und begünstigt eine hohe Klarheit und Identifikation mit den grundlegenden Zielen der Organisation. Zentral in der HRT ist das Konzept der gemeinsamen oder *kollektiven Achtsamkeit* – collective mindfulness (vgl. Weick, Sutcliffe & Obstfeld, 1999, S. 92ff.; Weick & Sutcliffe, 2003, S. 22ff. und 76ff.). Hierunter wird eine grundlegende mentale Denkweise und Haltung verstanden, die es Teams und Organisationen erlaubt, achtsam zu handeln und so in den oben genannten situativen Handlungsumwelten flexibel und situationsadäquat zu agieren (vgl. Weick & Sutcliffe, 2003, S. 15, 2015 S. 21). Achtsamkeit meint dabei nicht lediglich die Wahrnehmung von Situationen und Situationsveränderungen – vielmehr meint Achtsamkeit, schwache Umweltsignale wahrzunehmen, zu interpretieren und entsprechend zu handeln. Gerade Organisationen und Teams, die in Hochrisikoumwelten agieren, verfügen über eine höhere Umweltsensibilität und sind bereit, potenzielle Gefahren zu erkennen und zu analysieren. Durch dieses Verhalten vergrößert sich der Wahrnehmungstrichter der Aufmerksamkeit (vgl. Weick, Sutcliffe & Obstfeld, 1999). Das Konzept der Achtsamkeit *„is a result of heedful interrelation of actions in a social system"* (Weick & Roberts, 1993, S. 357), fokussiert die organisationale Ebene und kann daher als organisationale Kompetenz aufgefasst werden. In neueren Ausführungen sprechen Weick & Sutcliffe daher auch von „mindful management" (Weick & Sutcliffe, 2015, S. 18). Achtsamkeit meint dabei nicht detaillierte Planung und Standardisierung von Prozessen, weil das Unerwartete gerade nicht antizipiert und geplant werden kann. Antizipiert werden kann aber, dass in Organisationen jederzeit Unerwartetes passieren kann (vgl. Neumer, 2012, S. 57).

Das Konzept der kollektiven Achtsamkeit ist das Ergebnis der folgenden *fünf Dimensionen*, die es Teams und Organisationen erlauben, auch in unvorhergesehenen Situationen angemessen und effektiv zu agieren (vgl. Weick, Sutcliffe & Obstfeld, 1999, S. 92ff.; Weick & Sutcliffe, 2015, S. 7ff):

• Sensibilität für betriebliche Abläufe

• Konzentration auf Fehler

• Abneigung gegen vereinfachende Interpretation

• Streben nach Flexibilität

• Respekt vor fachlichem Wissen und Können

Sensibilität für betriebliche Abläufe

Sensibilität für betriebliche Abläufe meint, dass die Teammitglieder ein möglichst umfassendes Bild über die aktuellen Prozesse und die Gesamtsituation haben sowie über gemeinsame Denkmuster (shared mental model) verfügen (vgl. Mistele, 2007). Kontinuierlich wird nach Wissen über die Prozesse gesucht. Für die Mitarbeiter ist es immer wieder nötig, sich ein neues Bild von der tatsächlich ablaufenden operativen Realität zu machen und dabei auf Überraschungen und unterschiedliche Details zu achten, die aus verschiedenen Perspektiven gedeutet werden müssen (vgl. Weick, Sutcliffe & Obstfeld, 1999, 109 ff.; Gebauer, 2010, S. 55). Dadurch kann auch das eigene Handeln sowie das der Teammitglieder besser in die Problemlösung eingeordnet werden. Damit sich eine solche Sensibilität einstellen kann, ist es wichtig, dass von der Führungsspitze Ziele, Situation und Zusammenhänge transparent gemacht und kommuniziert werden.

Die Sensibilität für betriebliche Abläufe ist abhängig von geteilten Informationen und gemeinsamen Interpretationsschemata über Fehler, Abläufe und Prozesse (vgl. Winge, Steigenberger, Wiekert & Pawlowsky, 2012, S. 54). Für die Teammitglieder eines SEKs findet daher vor jedem Einsatz eine Einsatzbesprechung statt, in der klar die Einsatzziele und Rollenverteilungen geklärt werden. Hieraus leiten die Teammitglieder ihre Teilzielstellungen, Aufgaben und die gegenseitigen Erwartungen der Mitarbeiter während des Einsatzes ab. Solch eine Einsatzbesprechung findet auf der Wache oder bei zeitkritischen Ad-hoc-Einsätzen direkt am Einsatzort statt. Beim SEK weiß somit jeder *„der in einen Einsatz mitgeht, was auf ihn zukommt. Auch die Rollen werden im Vorfeld verteilt. Es kennt jeder das Ziel, die Art, worum es geht, wie es geht und was seine Aufgabe ist. Und es kriegt jeder in der Besprechung mit, was der andere macht. [F3 SEP]"* (Mistele, 2007, S. 132). Ein ähnliches Verhalten findet sich bei der Feuerwehr. Wegen der intransparenten Lagen handeln die Einsatzgruppen nicht sofort nach Eintreffen am Einsatzort. Vielmehr gehen sie in „Bereitstellung" und warten, bis der Einsatzleiter die Lage erkundet hat. Erst wenn diese Erkundigung abgeschlossen ist, der Einsatzleiter das Einsatzziel und die entsprechenden Teilziele und Aufgaben im Rahmen einer kurzen Einsatzbesprechung definiert und verteilt hat, beginnt das operative Einsatzhandeln. Um die Sensibilität für (betriebliche) Abläufe aufrechtzuerhalten, ist es für Hochleistungsteams im Einsatz auch wichtig, dass alle Mitarbeiter Situationsveränderungen kommunizieren. Unterbleibt eine solche Kommunikation, können sich Anomalien, Störungen und Zwischenfälle rasch zu Fehlern und Unfällen kumulieren. Daher gibt es in Hochleistungsteams viele Interaktions- und Kommunikationskanäle zwischen Teams, Abteilungen und über Hierarchien hinweg und das Management ist in operative Prozesse eingebunden (vgl. Gebauer, 2010, S. 55), so z.B. bei den nach Einsätzen stattfindenden Einsatznachbereitungen (vgl. Geithner & Krüger, 2008).

Konzentration auf Fehler

Die Konzentration auf Fehler ist eng mit der Sensibilität für Abläufe verbunden. Erkenntnisse der Fehlerforschung (z. B. Reason, 1997) zeigen, dass Fehler systemimmanent und latent vorhanden sind. Hochleistungsteams sind sich dessen genauso bewusst, wie sie wissen, dass sie selbst nicht unfehlbar sind. Daher rechnen sie damit, überrascht zu werden. Sie akzeptieren ihre Fehlbarkeit und versuchen durch ihr Verhalten, Fehler möglichst frühzeitig zu erkennen und ihnen entgegenzuwirken (vgl. Weick & Sutcliffe, 2003, 2015; Reason, 2000). Im Rahmen der Sensibilität für betriebliche Abläufe zeigen sie eine Konzentration auf Fehler und achten insbesondere auf schwache Signale. Sie haben eine Wahrnehmungsfähigkeit entwickelt, die es ihnen erlaubt Anomalien oder Abweichungen frühzeitig zu bemerken. Dadurch haben sie einen größeren verbleibenden Handlungsspielraum, den Fehlern entgegenzuwirken. So achten erfahrene Feuerwehrleute im Innenangriff einer Brandbekämpfung bspw. auf die Temperatur der Tür und Rauch unter der Tür, bevor sie einen brennenden Raum betreten. Denn einen hohe Temperatur oder wabernder sich zurückziehender Rauch unter der Tür sind Anzeichen für eine bevorstehende lebensgefährliche Rauchgasdurchzündung (Flash Over), die sofort erfolgen würden, sobald die geschlossene Tür geöffnet und damit Sauerstoff zugeführt werden würde.

Zudem betrachten Hochleistungsteams Zwischenfälle und Fehler nicht als etwas Negatives, das es zu verschweigen gilt – vielmehr sehen Hochleistungsteams in jedem noch so kleinen Fehler eine Lernmöglichkeit, mit Hilfe derer sich die künftige Leistungsfähigkeit verbessern lässt (vgl. Reason, 2000; Weick, Sutcliffe & Obstfeld, 1999). Es geht somit nicht um persönliche Schuldzuweisungen, sondern vielmehr wird nach den zugrunde liegenden Interaktionsmustern eines Fehlers gefragt (vgl. Gebauer, 2010, S. 55). Daher werden nicht nur Unfälle, sondern auch Zwischenfälle und besondere Vorkommnisse analysiert. Hochleistungsteams verfügen über eine Kultur, in der Einsatzsituationen und -geschehnisse vertrauensvoll kommuniziert und Fehler offen angesprochen und reflektiert werden können (vgl. Mistele & Geithner, 2008, S. 213ff.). Institutionalisiert sind daher Einsatznachbereitungen, bei denen insbesondere Fehler analysiert werden (vgl. Geithner & Krüger, 2008, S. 143f.): *„Es gibt hier kein Wegrennen nach dem Einsatz. Es bilden sich immer Gruppen und dann wird das Ganze noch mal diskutiert. [B4 Feuerwehr]"* (Mistele, 2007, S. 146).

Abneigung gegen vereinfachende Interpretation

Hochleistungsteams wissen um die Komplexität, mit der sie konfrontiert sind (vgl. Weick & Sutcliffe, 2003, S. 24, 73f.). Eine Möglichkeit, mit dieser Komplexität umzugehen, wäre, sie zu reduzieren, indem das Beobachtungsfeld eingeschränkt wird. Dies hätte jedoch zur Folge, dass sich die Wahrnehmungsfähigkeit verringert und damit die Fehlerauftrittswahrscheinlichkeit erhöhen würde (ebd.). Daher haben Hochleistungsteams tendenziell eine Abneigung gegen vereinfachende Interpretationen (ebd). Stattdessen versuchen sie, für ein möglichst breites Vorstellungsspektrum zu sorgen. Mit der Diskussion konträrer Standpunkte, der kontinuierlichen Reflexion, der interdisziplinärer Teamzusammensetzung, der Nutzung unterschiedlicher Erfahrungshintergründe, dem Prinzip des Mehrfach-Checks sowie kontinuierlichen Trainings versuchen sie, eine verengende einheitliche Wahrnehmungsfähigkeit zu vermeiden. Sie sind überzeugt, dass komplexe Probleme auch einer komplexen Problemlösung bedürfen (vgl. Weick, 1987, S. 112; Roberts, 1990; Weick & Sutcliffe, 2015, S. 63). Bekannte Ursache-Wirkungs-Zusammenhänge müssen aufgebrochen werden und indes soll auf kleinste Abweichungen, Störungen oder positive Überraschungen geachtet werden (vgl. Gebauer, 2010, S. 53).

Für Rettungsdienste, SEKs oder Feuerwehreinheiten ist dabei die oben genannte Einsatznachbereitung, in der das Handeln reflektiert wird, ein zentraler Bestandteil jedes Einsatzes (vgl. Mistele, 2007, S. 145ff., 2010, S. 41f; Geithner & Krüger, 2008, S. 141f.). Die Einsatznachbereitung mit ihrer bewussten retrospektiven Reflexion des Handelns zielt vor allem darauf ab, die gemeinsamen Stärken und Schwächen des Einsatzhandelns zu identifizieren. Dabei werden insbesondere auch alternative Interpretationsmuster sowohl der Einsatzsituation als auch des Handelns durchgespielt, was zu einem größeren Repertoire an komplexen Interpretationen führt und die Wahrnehmung für zukünftige Einsätze schärft. Ferner führt diese Reflexion bei den Beteiligten zum Erwerb von einsatzbezogenem Wissen und Erfahrung. Die Beteiligten lernen durch die gemeinsamen Diskussionen, die Qualität des eigenen Handelns sowie verschiedener Interpretationen von Situationen besser einzuschätzen. Zudem entwickeln sie ein Verständnis, wie Einsätze ablaufen sollen, welche Gefahren bestehen oder welche Situationsveränderungen eintreten können. Dadurch entwickeln alle Teammitglieder auch ein wechselseitiges Bewusstsein über die individuellen Kenntnisse, Fähigkeiten und Erfahrungen der Kollegen, welches sich in künftigen Einsätzen dann auch auf die Flexibilität auswirkt (vgl. Geithner & Krüger, 2008, S. 142).

Streben nach Flexibilität

Mitarbeiter in Hochleistungsteam sind häufig mit Situationen konfrontiert, die für sie neu, ungewohnt oder unerwartet sind und in denen sie schnell Entscheidungen treffen sowie improvisiert handeln müssen. Um diese Situationen erfolgreich bewältigen zu können, unternehmen Hochleistungsteams ganz bewusst Anstrengungen, sich Flexibilität aufzubauen und zu erhalten. Flexibilität zeigt sich in der Fähigkeit, Probleme schnell zu erkennen und zu behandeln: *„Anders als die Antizipation, die uns dazu ermuntert, zuerst nachzudenken und dann zu handeln, motiviert die Flexibilität, zu handeln, während man nachdenkt, oder auch zu handeln, um klarer zu denken."* (Weick & Sutcliffe, 2003, S. 93). Hierfür bedarf es Mitarbeiter, die nicht nur fachliche Lösungen für klar umrissene Probleme kennen. Sie müssen über allgemeine, nicht-fachliche Fähigkeiten verfügen, die ein situationsspezifisches Handeln unterstützen. Zu diesen Fähigkeiten gehören vor allem die Wahrnehmungs- und Entscheidungsfähigkeit. Um Flexibilität aufzubauen und zu verbessern, ist es nach Weick und Sutcliffe (2003, S. 85f.) wichtig, in der Einsatzsituation schnell und präzise zu kommunizieren. Darüber hinaus ist es wesentlich, zeitnah aus Feedback zu lernen und neue Erkenntnisse zu gewinnen sowie eine Erfahrungsvielfalt auf- und auszubauen, um vorhandene Handlungsmuster zu kombinieren und auf die jeweilige Situation anzuwenden. Hierbei spielen die beschriebenen Einsatznachbereitungen wiederum eine zentrale Rolle.

Flexibilität zeigt sich bei den Hochleistungsteams auch in der Fähigkeit, ihre Einsatzorganisation entsprechend den situativen Gegebenheiten und Einsätzen anzupassen (vgl. Mistele, 2007, S. 156). Diese flexiblen Einsatzstrukturen sind vom jeweiligen Einsatz, dessen Art, Größe und Umfang abhängig und können sich sowohl von Einsatz zu Einsatz als auch von der administrativen Struktur unterscheiden. Auch die Einsatzführung, die zentral für die Koordination während des Einsatzes ist, wechselt und wird meist von Personen übernommen, die nicht direkt in das operative Einsatzgeschehen involviert sind und einen Blick für die Gesamtsituation behalten können. Zudem wechseln die Rollen und Aufgaben der Mitarbeiter von Einsatz zu Einsatz. Hochleistungsteams verfügen über ein klar definiertes und von allen Mitgliedern akzeptiertes Rollenkonzept, welches die jeweiligen Teilziele, Aufgaben und Verantwortlichkeiten der Teammitglieder regelt. Im Rahmen dieses Rollenkonzeptes kommt es mitunter auch zur einsatzbezogenen Unterordnung eines z. B. formal vorgesetzten SEK-Mitarbeiters während des Einsatzes: *„Intern ist unser Kommandoführer natürlich der Chef. Das spielt aber für den Einsatz an sich keine Rolle. Die Einsatzgruppierung, die draußen vor Ort ist, ist in diesem Moment eine autarke losgelöste Einheit. [F3, SEP]"* (Mistele, 2007, S. 154). Durch diese wechselnden Rollen kennen die Teammitglieder die Anforderungen und Aufgaben der anderen sehr genau, was für die effektive Koordination der Einzelleistungen eine wichtige Voraussetzung ist. Im Bedarf können so auch nahtlos andere Rollen im Einsatz übernommen werden. Damit fördern das Rollenkonzept und das ausgeprägte Rollenverhalten der Teammitglieder eine strukturelle, funktionale und zeitliche Flexibilität von Hochleistungsteams.

Respekt vor fachlichem Wissen und Können

Die letzte Dimension kollektiver Achtsamkeit ist der Respekt vor fachlichem Wissen und Können, welches auch als Veränderlichkeit der Entscheidungsstrukturen – *„fluidity of decision-making structure"* (Weick, Sutcliffe & Obstfeld, 2000, S. 34) oder als *„deference to expertise"* (Weick & Sutcliffe, 2015, S. 115) bezeichnet wird. Um in unerwartet aufgetretenen Situationen rasch handeln zu können, müssen Entscheidungen zügig getroffen werden. Mit der flexiblen Entscheidungsfindung verschieben Hochleistungsteams je nach Situationsdynamik die Entscheidungsgewalt von der Hierarchiespitze an die Peripherie (vgl. Weick & Sutcliffe, 2015, S. 115; La Porte, 1996, S. 63). In ruhigen Zeiten werden die Entscheidungen zentral getroffen. In unvorhergesehenen Einsatzsituationen oder wenn die Aufgaben komplexer werden, delegieren Hochleistungsteams die Entscheidungsgewalt bewusst an Personen, die über das benötigte Fachwissen und Können verfügen und meist nahe am Handlungsgeschehen agieren (vgl. Roberts, Stout & Halpern, 1994, S. 616; Weick, Sutcliffe & Obstfeld, 2000, S. 37). Dies bedeutet, dass Entscheidungen an den Ort verlagert werden, wo die höchste fachliche Expertise für das zu lösende Problem liegt. Wegen des Respekts vor fachlichem Wissen und Können treten formale hierarchische Strukturen mit ihren Macht- und Entscheidungskompetenzen bei fachlichen Entscheidungen in den Hintergrund. So kann bspw. ein Feuerwehrtrupp, der den Auftrag zu einem inneren Löschangriff in einem bestimmten Zimmer hat, eigenständig entscheiden, diesen zugunsten einer Personenrettung aufzugeben, sobald bei der inneren Erkundung eine verletzte Person gefunden wird – hier greift das in den Werten der Organisation verankerte handlungsleitende Prinzip „Personenrettung vor Sachrettung". Wichtig dabei ist jedoch, dass der Angriffstrupp die getroffene Entscheidung sofort an den Einsatzleiter kommuniziert, damit dieser entsprechend agieren und neue Maßnahmen ergreifen kann.

Einsatzleiter in Hochleistungsteams gründen ihre Entscheidungen auf Informationen, Teilentscheidungen und Handlungen der Kollegen, die aufgrund der Nähe zum operativen Einsatzgeschehen in der Lage sind, die Situation besser einzuschätzen – diese Kollegen sind bei der Feuerwehr *„das verlängerte Auge des Einsatzleiters. [X1, Feuerwehr]"* (Mistele, 2007, S. 158). Mitarbeiter in Hochleistungsteams haben gelernt, dass die Erfahrungen sowie das fachliche Wissen und Können eines Mitarbeiters bei Entscheidungen in unbekannten Situationen wichtiger sind als dessen hierarchische Position in der Organisation (vgl. Weick & Sutcliffe, 2015, S. 126). Hochleistungsteams umgehen zu Gunsten der fachlichen Kompetenzen ganz bewusst die formale Hierarchie und lockern damit klassische Befehls- und Kontrollgewalten, die unter normalen Umweltbedingungen gelten würden (vgl. Weick & Sutcliffe, 2003, S. 29f.). Diejenige Person, welche über das benötigte Wissen oder Können zum Handeln in der unerwarteten Situation verfügt, übernimmt die Führungsrolle. Diese Verschiebung der Führungsrolle wird als *„koordinierte Führung"* (ebd., S. 91) bezeichnet und fördert die Flexibilität des Handelns.

Zusammenfassend lässt sich festhalten: Durch das *Zusammenspiel der fünf Dimensionen kollektiver Achtsamkeit* gelingt es Hochleistungsteams wie Feuerwehren, Rettungsdiensten oder Spezialeinheiten der Polizei sowohl Unerwartetes zu antizipieren als auch angemessen darauf zu reagieren (vgl. Weick & Sutcliffe, 2003, S. 67ff. und 81ff.; Mistele, 2007, S. 174ff.). Umweltveränderungen, Anomalien und Fehler sollen durch *Antizipation* rechtzeitig bemerkt werden, bevor sie zu schwer kontrollierbaren Zwischenfällen und Unfällen eskalieren. Hierbei wirken sich die Sensibilität für betriebliche Abläufe sowie die Konzentration auf Fehler und die Abneigung gegen vereinfachende Interpretation förderlich aus. Da trotz aller Vorsichtsmaßnahmen unerwartete Situationen eintreten können, ist eine *flexible Reaktion* auf Unerwartetes wichtig. Mit Hilfe des kontinuierlichen Strebens nach Flexibilität sowie dem Respekt vor fachlichem Wissen und Können sind Hochleistungsteams in der Lage, unerwarteten Situationen adäquat zu begegnen (vgl. Roberts, 1990, S. 161). Dadurch werden ihre Resilienzfähigkeiten[3] erhöht (vgl. Gebauer, 2010, S. 53). Nachfolgende Abbildung 1 fasst die Dimensionen kollektiver Achtsamkeit zusammen:

---

[3]   Mit Resilienz ist die Fähigkeit gemeint, Krisen durch Rückgriff auf persönliche und sozial vermittelte Ressourcen zu meistern und als Anlass für Entwicklungen zu nutzen. Weitere Ausführungen zu Resilienz und High Performance Teams finden sich bei Duchek, Geithner & Mistele (2014)

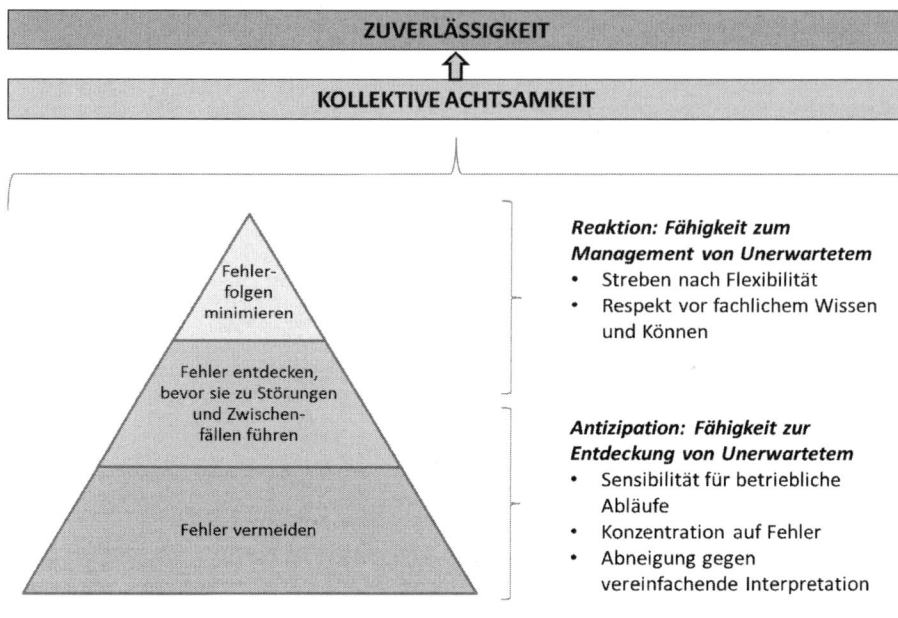

Abbildung 1   Dimensionen kollektiver Achtsamkeit (in Anlehnung an Mistele, 2007, S. 60 u. 62).

Die fünf Dimensionen kollektiver Achtsamkeit beeinflussen sich wechselseitig und führen in ihrem Zusammenspiel dazu, dass Hochleistungsteams nicht in eine Trägheit oder Gedankenlosigkeit bei der Aufgabenerfüllung verfallen, sondern zuverlässig handeln. Organisationen, die bereit sind, auf unterschiedlichste Fehler, Störungen oder Zwischenfälle zu reagieren, sind gleichzeitig bereit, über diese Störungen im Vorfeld nachzudenken, mögliche Handlungsalternativen zu entwickeln und auf die schwachen Signale der Störungen zu achten (vgl. Mistele, 2007, S. 61). Als organisationale Kompetenz ermöglicht die kollektive Achtsamkeit, potenzielle Fehler rechtzeitig zu antizipieren und flexibel auf Fehlerfolgen zu reagieren. Achtsamkeit fokussiert folglich insbesondere auf das Fehlermanagement durch die Förderung von Selbstbeobachtungsprozessen und -kompetenzen (vgl. Gebauer & Kiel-Dixon, 2009, S. 49). Ein gutes Fehlermanagement zeigt sich in der erfolgreichen Bewältigung von unvorhergesehenen, kritischen Situationen. Gleichzeitig verbreitert der Umgang mit Fehlern die Erfahrungsbasis der Mitarbeiter und ermöglicht es diesen, noch sensibler auf Anomalien und Abweichungen achten zu können (vgl. Weick, Sutcliffe & Obstfeld, 1999, S. 90).

Was können Unternehmen von Hochleistungsteams bezüglich der kollektiven Achtsamkeit lernen?

Zunächst lässt sich konstatieren, dass die Fähigkeit, in dynamischen und komplexen Umweltsituationen erfolgreich agieren zu können, heute auch für Unternehmen von großer Relevanz ist. Mit der Entwicklung zur Informations- und Wissensgesellschaft hat sich beispielsweise die standardisierte Massenfertigung hin zur flexiblen Spezialisierung und kooperativen Herstellung von Produktion und Dienstleistungen durch kontinuierliche Aushandlung zwischen Zulieferer, Produzent und Kunde (sog. Ko-Konfiguration) gewandelt (vgl. Victor & Boynton, 1998). Durch den verschärften internationalen Wettbewerb und beschleunigte Geschäftsprozesse nimmt sowohl die Komplexität innerhalb der Unternehmen als auch in der Beziehung zur Organisationsumwelt deutlich zu (vgl. Geithner, 2012, S. 1). Klassische Unternehmen stehen heute vor der Herausforderungen, die denen der Hochzuverlässigkeits- und Hochleistungsorganisationen ähneln: Sie müssen eine hohe Zuverlässigkeit in einem unberechenbaren, hochdynamischen, innovativen Umfeld zeigen, wobei Qualitäts- und Sicherheitsnotwendigkeiten mit hohen Effizienzansprüchen koexistieren, die Fehlerintoleranz der Umwelt steigt, Kunden anspruchsvoll sind und der Wettbewerb massiv ist (vgl. Gebauer & Kiel-Dixon, 2009, S. 40; Gebauer, 2010, S. 56). Unternehmen sind folglich gefordert, Kompetenzen zu entwickeln, die Zunahme von Komplexität und Dynamik erfolgreich zu bewältigen und Fehler zu minimieren. Dabei sind sie vor allem auf das reibungslose und effiziente Zusammenspiel aller Teammitglieder angewiesen (vgl. Winge, Steigenberger, Wiekert & Pawlowsky, 2012, S. 49). Die Erkenntnisse aus der oben beschriebenen Hochleistungs- und Hochzuverlässigkeitsforschung liefern daher interessante Anschlussstellen, denn klassisch organisierte Unternehmen konzentrieren sich häufig zu stark auf ihre Erwartungen, Pläne und vergangene Erfolge. Dadurch verhindern sie, sich erwartungsoffen immer wieder ein neues Bild der Lage zu verschaffen und situationsgerecht zu handeln (vgl. Gebauer & Kiel-Dixon, 2009, S. 41).

Die Prinzipien kollektiver Achtsamkeit, die in Hochleistungsteams für deren erfolgreiches Agieren in hochdynamischen Situationen zentral sind, auf Wirtschaftsunternehmen zu übertragen, ist keine triviale Aufgabe. Dies erfordert ein fundamentales Umdenken und stellt klassische Organisationsprinzipien in Frage – insbesondere haben sich Unternehmen von der Vorstellung der prinzipiellen Plan- und Berechenbarkeit sozialer Systeme zu verabschieden (vgl. Gebauer, 2010, S. 57). Ferner liegt die Herausforderung für Unternehmen vor allem in der Balance zwischen effizienzsteigernden Routinen mit dem Fokus auf Fehlern sowie der Aufmerksamkeit darauf, wann routiniertes Handeln zur Situationsbewältigung nicht mehr ausreichend ist (vgl. Koch, 2008; Winge, Steigenberger, Wiekert & Pawlowsky, 2012, S. 55). Die Achtsamkeitspraktiken von Hochleistungsteams liefern daher gute Ansatzpunkte, wie Unternehmen eine kollektive Achtsamkeit erwerben und ausbauen können (vgl. Weick & Sutcliffe 2015; Schulz, Geithner & Mistele, 2017). Nachfolgende Tabelle 1 gibt einen Überblick über die Dimensionen der kollektiven Achtsamkeit, wie diese in Hochleistungsteams erreicht werden und was Unternehmen potenziell davon lernen können.

Vor allem die Zergliederung von Arbeitsaufgaben in Fachfunktionen nach tayloristischem Prinzip, wie sie in Produktionsunternehmen nach wie vor häufig zu finden ist (vgl. Geithner, 2012), macht nur dann weiter Sinn, wenn Mitarbeiter genau die Anforderungen vor- und nachgelagerter sowie benachbarter Aufgaben in ihrem Zusammenspiel zum eigenen Handeln kennen, um einerseits Verständnis für den Gesamtzusammenhang zu entwickeln und andererseits zwischen Rollen und Aufgaben bedarfsorientiert zu wechseln. Um eine solche Sensibilität für betriebliche Abläufe zu schaffen, bieten sich vor allem die Etablierung von Rollenkonzepten sowie eine Job Rotation von Mitarbeitern in vor- und nachgelagerte Arbeitsbereiche an.

Für die Betrachtung der Zusammenhänge aus verschiedenen Perspektiven sowie die breite Interpretation von Abweichungen und Fehlern als wesentliches Element kollektiver Achtsamkeit sind multidisziplinäre Teams sowie Interaktions- und Kommunikationskanäle zwischen Teams, Abteilungen und über Hierarchien hinweg notwendig, die einen offenen Wissensfluss ermöglichen und das Verständnis aller Mitglieder für den gesamten Leistungserstellungsprozess fördern (vgl. Gebauer, 2010, S. 55; Steigenberger & Pawlowsky, 2012, S. 135). Daher sollten Unternehmen, z. B. bei der Durchführung von Projekten, sich nicht scheuen, benachbarte Abteilungen und Bereiche frühzeitig in die Planung und Konzeption neuer Aufgaben und Projekte einzubeziehen sowie eine regelmäßige und transparente Kommunikation zu etablieren.

Tabelle 1   Dimensionen kollektiver Achtsamkeit und Implikationen für Unternehmen

	Beschreibung	in Hochleistungsteams erreicht durch	Implikation für Unternehmen
	1) Sensibilität für betriebliche Abläufe		
Antizipation	Teammitglieder haben ein umfassendes Bild über die aktuellen Prozesse sowie die Gesamtsituation	→ klare Kommunikation der Ziele, Situation, Rollen, Aufgaben und Zusammenhänge durch die Einsatzleitung in der Einsatzbesprechung → Erkundung der Situation vor dem Einsatz → alle kommunizieren Situationsveränderungen	→ transparentes Führungshandeln → Kenntnis der Prozesse im Unternehmen (Kern- und Unterstützungsprozesse) und Prozessdokumentation (Datenbank) → Besprechung von Zielen und Vorgehen → Interaktions- und Kommunikationskanäle zwischen Teams, Abteilungen und über Hierarchien hinweg → Einbindung des Managements in operative Prozesse → Kommunikation von Fehlern und Abweichung → Job Rotation
	2) Konzentration auf Fehler		
	Hochleistungsteams akzeptieren ihre Fehlbarkeit und versuchen, Fehler frühzeitig zu erkennen	→ Wahrnehmung schwacher Signale (Anomalien und Abweichungen) → Aufarbeitung von Einsätzen und Kommunikation von Fehlern (Einsatznachbereitung) → Fehler als Lernchance → Vertrauenskultur	→ Fokus auf Fehler / potenzielle Fehler – was könnte schiefgehen? → Aufbau von Sensibilität für Umweltveränderungen → Vertrauens-, Lern- und Fehlerkultur etablieren → Dokumentation und Auswertung von Fehlern → institutionalisierte Feedbackprozesse
	3) Abneigung gegen vereinfachende Interpretation		
	Vereinfachende Interpretationen zur Komplexitätsreduktion werden zugunsten eines möglichst breiten Vorstellungsspektrums abgelehnt	→ Diskussion konträrer Standpunkte → kontinuierliche Reflexion → interdisziplinäre Teamzusammensetzung / Nutzung unterschiedlicher Erfahrungshintergründe → institutionalisierte Einsatznachbereitung → Prinzip des Mehrfachchecks (cross check) → kontinuierliche Trainings	→ Diskussion konträrer Standpunkte und Betrachtung von Sachverhalten als verschiedenen Perspektiven → kontinuierliche Reflexion → interdisziplinäre Teamzusammensetzung / Nutzung unterschiedlicher Erfahrungshintergründe → institutionalisierte lessons-learned und selbstverstärkende Feedbackprozesse → Job Rotation

4) Streben nach Flexibilität		
Fähigkeit, im Einsatz flexibel zu handeln sowie Probleme schnell zu erkennen und zu behandeln	→ ausgeprägte nicht-fachliche Fähigkeiten bei den Teammitgliedern (Wahrnehmungs- und Entscheidungsfähigkeit) → Erfahrungsvielfalt durch Einsatznachbereitungen → flexible Einsatzorganisation → akzeptiertes Rollenkonzept	→ Stärkung von Wahrnehmungs-, Entscheidungs- und Teamfähigkeit → institutionalisierte lessons-learned → Job Rotation und akzeptiertes flexibles Rollenkonzept
5) Respekt vor fachlichem Wissen und Können		
Entscheidungsgewalt wird situationsadäquat von der Spitze zur Peripherie verschoben, wo die höchste fachliche Kompetenz liegt	→ Prinzip der „koordinierten Führung" → fachliches Wissen und Können sowie Nähe zum operativen Einsatzgeschehen ist wichtiger als formale Hierarchie → Auflockerung klassischer Befehls- und Kontrollgewalten → akzeptiertes Rollenkonzept	→ Prinzip der „koordinierten Führung" → Auflockerung klassischer Befehls- und Kontrollgewalten → akzeptiertes Rollenkonzept

Flexible Reaktion (vertikale Beschriftung links)

Auch ein Umdenken im Umgang mit Fehlern ist erforderlich und sollte von Führungskräften gefördert werden. In Hochleistungsteams geht es im Vergleich zu Wirtschaftsunternehmen gerade nicht darum, gegenüber Fehlern intolerant zu sein. Hochleistungsteams akzeptieren ihre Fehlbarkeit und versuchen, Störungen, Abweichungen und Unerwartetes an die Oberfläche zu bringen, was die Werte in den Fehlerstatistiken sogar ansteigen lässt (vgl. Gebauer, 2010, S. 58). Durch eine ausgeprägte kollektive Fehlerkultur, bei der Fehler als Lernchance begriffen werden und wo Routinen der Fehlerbeobachtung institutionalisiert sind (z. B. in Form regelmäßiger Reflexionen), wird es auch Teams in Unternehmen auf lange Sicht gelingen, zuverlässig zu handeln. Prinzipien des konsequenten Fehler-Reportings und der systematischen Aufbereitung von Fehlern lassen sich auch in Unternehmen institutionalisieren bzw. sind im Rahmen des Total Quality Managements bereits etabliert. Wichtig ist allerdings, Fehler nicht an der Oberfläche, sondern in ihrem systemischen Zusammenhang zu den Prozessen zu sehen sowie die Faktoren zu identifizieren, die zur Fehlerentstehung geführt bzw. diese begünstigt haben. Indem auch der Prozess, wie etablierte Routinen der Fehleranalyse verändert werden, kontinuierlich hinterfragt und ggf. verändert wird, wird insgesamt die organisationale Lern- und Innovationsfähigkeit gestärkt (vgl. Gebauer & Kiel-Dixon, 2009, S. 41).

Gebauer (2010, S. 58f.) betont, dass es bei der Übertragung der Prinzipien kollektiver Achtsamkeit auf Unternehmen insbesondere um die Koevolution der *Ebenen Individuum, Interaktion und Organisation* geht. Achtsames Handeln speist sich: (1) Aus den persönlichen Fähigkeiten der Mitarbeiter, wie z. B. der Beherrschung von Befragungstechniken ohne Schuldzuweisungen, die Fähigkeit, zwischen Wahrnehmung und Interpretation zu unterscheiden, persönliche Verhaltenstendenzen in unsicheren und stressreichen Situationen zu kennen oder den eigenen Standpunkt gegenüber anderen zu vertreten. (2) Aus den *kollektiven Interaktionsmustern,* wie z. B. der Etablierung achtsamkeitsfördernder Umgangsformen im tagtäglichen Miteinander, der Gestaltung von Meeting-Routinen, einschließlich des Fragens nach Überraschungen, der Integration von Zweiflern und der systematischen Fehlerauswertung, der Zusammensetzung von Teams, der Gestaltung von Übergabeprozeduren und Schichtrhythmen oder des Findens gemeinsamer Symbole als gemeinsame Referenzen und zur Erinnerungsfunktion. (3) Aus geeigneten *Organisationsstrukturen,* hier vor allem Führungs- und Entscheidungsstrukturen, Anreizsysteme, Karrieremöglichkeiten und Rotationsverfahren.

Die Fähigkeit der kollektiven Achtsamkeit, die in Hochleistungsteams der Feuerwehr, des Rettungsdiensts oder in den Spezialeinheiten der Polizei zuverlässiges Handeln auch in unbekannten und schwierigen Situationen ermöglicht, bietet interessante Anknüpfungspunkte für die Leistungsverbesserung und v. a. Fehlervermeidung in Unternehmen. Insbesondere gilt dies für Unternehmen, die mit komplexeren Aufgaben betraut sind. Allerdings können die Dimensionen kollektiver Achtsamkeit (Sensibilität für betriebliche Abläufe, Konzentration auf Fehler, Abneigung gegen vereinfachende Interpretation, Streben nach Flexibilität, Respekt vor fachlichem Wissen und Können) sowie Methoden zu deren Entwicklung nicht einfach nur in die bestehenden Organisationslogiken und -praktiken integriert werden. Vielmehr erfordern sie eine kritische Reflexion vor dem eigenen Unternehmenshintergrund sowie ein grundsätzliches Umdenken etablierter Führungs- und Organisationsprinzipien in Unternehmen (vgl. Gebauer & Kiel-Dixon, 2009; Weick & Sutcliffe 2015). Gelingt dies, lassen sich auch in betriebswirtschaftlichen Unternehmen unerwartete Situationen durch ein achtsames Handeln sowohl pro-aktiv als auch reaktiv begegnen und sichern damit dem Unternehmen wettbewerbsrelevante Vorteile.

Literaturverzeichnis

Bourrier, Mathilde (2005). An Interview with Karlene Roberts. European Management Journal. 23 (1), S. 93-97.

Dietrich, Rainer & Childress, Traci M. (Hrsg.) (2004). Group Interaction in High Risk Environments. Aldershot u. a.: Ashgate.

Duchek, Stephanie, Geithner, Silke & Mistele, Peter (2014). Resilienz in High Reliability Theorie und High Performance Teams. In: Bargstedt, Uwe, Horn Günter & van Vegten, Amanda (Hrsg.). Resilienz in Organisationenen stärken. Frankfurt/Main: Verlag für Polizeiwissenschaft. S. 77-96.

Flin, Rhonda H. (1995). Crew Resource Management for Teams in the Offshore Oil Industry. Journal of European Industrial Training. 19 (9), S. 23-27.

Flin, Rhonda H. & Maran, Nikki (2004). Identifying and training non-technical skills for teams in acute medicine. Quality and Safety in Health Care. 13(1). S. 80-84.

Gebauer, Annette (2010). Aus Krisen und Katastrophen lernen – der Ansatz High Reliability Organizing: Wege zu einer Kultur kollektiver Achtsamkeit. PERSONALFÜHRUNG 10/2010, S. 50-59.

Gebauer, Annette & Kiel-Dixon, Ursula (2009). Das Nein zur eigenen Wahrnehmung ermöglichen. Umgang mit Extremsituationen durch Aufbau organisationaler Fähigkeiten. OrganisationsEntwicklung 3|2009, S. 40-49.

Geithner, Silke (2012). Arbeits- und Lerntätigkeit in Industrieunternehmen - Fallstudien aus Perspektive der kultur-historischen Tätigkeitstheorie. Berlin: Lehmanns.

Geithner, Silke & Krüger, Veronika (2008). Hochleistungsteams – Lernen durch Reflexion. In Pawlowsky, Peter & Mistele, Peter (Hrsg.), Hochleistungsmanagement: Leistungspotenziale in Organisationen gezielt fördern. Wiesbaden: Gabler. S. 133-149.

Helmreich, Robert L. & Foushee, Clayton H. (1993). Why Crew Resource Management? Empirical and Theoretical Bases of Human Factors Training in Aviation. In Wiener, Earl L., Kanki, Barbara G. & Helmreich, Robert L. (Hrsg.). Cockpit Resource Management. San Diego u. a: Academic Press, S. 3-45.

Koch, Jochen (2008). Routinen in Hochleistungssystemen – Zwischen Perfektionierung und Mindfulness. In Pawlowsky, Peter & Mistele, Peter (Hrsg.), Hochleistungsmanagement: Leistungspotenziale in Organisationen gezielt fördern. Wiesbaden: Gabler. S. 97-110.

La Porte, Todd (1996). High Reliability Organizations: Unlikely Demanding and at Risk. Journal of Contingencies and Crisis Management. 4 (2), S. 60-71.

La Porte, Todd & Rochlin, Gene (1994). A Rejoinder to Perrow. Journal of Contingencies and Crisis Management. 2 (4), S. 221-227.

Mistele, Peter (2007). Faktoren verlässlichen Handelns: Leistungspotenziale von Organisationen in Hochrisikoumwelten. Wiesbaden: DUV.

Mistele, Peter (2010). Kompetenzentwicklung bei Organisationen in Hochrisikoumwelten. In Mistele, Peter & Bargstedt, Uwe (Hrsg.), Sicheres Handeln lernen – Kompetenzen und Kultur entwickeln. Frankfurt, Verlag für Polizeiwissenschaften. S. 31-48.

Mistele, Peter & Geithner, Silke (2008). Leistungsfaktoren von Organisationen in Hochrisikoumwelten: Die Bedeutung kontinuierlicher Reflexion für kooperatives Handeln. In Clases, Christoph (Hrsg.), „Kooperation konkret!". Lengerich u.a.: Pabst, S. 208-217.

Mistele, Peter & Kripal, Simone (2006). Mitarbeiterengagement und Zielorientierung als Erfolgsfaktoren – Ergebnisse einer empirischen Untersuchung in Hochleistungssystemen. FOKUS prints 1/06. Chemnitz: Technische Universität.

Mistele, Peter, Pawlowsky, Peter & Kaufmann, Jörg (2015). Kollektive Achtsamkeit als Erfolgsfaktor von High Reliability Organization. In: Gausmann, Peter, Henniger, Michael & Koppenberg, Joachim (Hrsg.), Patientiensicherheitssmanagement. Berlin, De Gryter. S. 69-84.

Neumer, Judith (2012). Entscheidung unter Ungewissheit. Von der bounded rationality zum situativen Handeln. In Böhle, Fritz & Busch, Sigrid (Hrsg.), Management von Ungewissheit. Bielefeld: Transcript. S. 38-67.

Pawlowsky, Peter (2008). Auf dem Weg zu höherer Leistung... In Pawlowsky, Peter & Mistele, Peter (Hrsg.), Hochleistungsmanagement. Leistungspotenziale in Organisationen gezielt fördern. Wiesbaden: Gabler, S. 413-424.

Pawlowsky, Peter & Mistele, Peter (2008). Über den Tellerrand schauen. In Pawlowsky, Peter & Mistele, Peter (Hrsg.), Hochleistungsmanagement. Leistungspotenziale in Organisationen gezielt fördern. Wiesbaden: Gabler, S. 1-17.

Pawlowsky, Peter, Mistele, Peter & Geithner, Silke (2005): Hochleistung unter Lebensgefahr. Harvard Business Manager. 11/2005, S. 50-58.

Pawlowsky, Peter, Mistele, Peter & Geithner, Silke (2008): Auf dem Weg zur Hochleistung. In Pawlowsky, Peter & Mistele, Peter (Hrsg.), Hochleistungsmanagement. Leistungspotenziale in Organisationen gezielt fördern. Wiesbaden: Gabler, S. 19-32.

Pawlowsky, Peter, Mistele, Peter & Steigenberger, Norbert (2008). Quellen der Hochleistung: Theoretische Grundlagen und empirische Befunde. In Pawlowsky, Peter & Mistele, Peter (Hrsg.), Hochleistungsmanagement. Leistungspotenziale in Organisationen gezielt fördern. Wiesbaden: Gabler, S. 33-60.

Pawlowsky, Peter & Steigenberger, Norbert (Hrsg.) (2012). Die H!PE-Formel. Empirische Analysen von Hochleistungsteams. Frankfurt/Main: Verlag für Polizeiwissenschaft.

Reason, James (1994). Menschliches Versagen. Heidelberg u. a.: Spektrum.

Reason, James (1997). Managing the Risk of Organizational Accidents. Aldershot u. a.: Ashgate.

Reason, James (2000). Human Error: Models and Management. British Medical Journal. 320 (7237), S. 768-770.

Roberts, Karlene H. (1990). Some Characteristics of one Type of High Performance Organization. Organizational Science. 1 (2), S. 160-176.

Roberts, Karlene H., Stout, Suzanne K. & Halpern, Jennifer J. (1994). Decision dynamics in two high reliability military organizations. Management Science. 40 (5), S. 614-624.

Schulz, Klaus-Peter, Geithner, Silke & Mistele, Peter. Learning how to cope with uncertainty: Can high-reliability organizations be a role model for manufacturing companies?. Journal of Organizational Change Management, 30 (2), S. 199-216, https://doi.org/10.1108/JOCM-08-2015-0142

Steigenberger, Nobert (2012). Teamerfolg in der Luftrettung. In Pawlowsky, Peter & Steigenberger, Norbert (Hrsg.), Die H!PE-Formel. Empirische Analysen von Hochleistungsteams. Frankfurt/ Main: Verlag für Polizeiwissenschaft, S.79-91.

Steigenberger, Norbert & Pawlowsky, Peter (2012). Was machen Hochleistungsteams - Empirische Befunde - Zusammenführung der Ergebnisse. In Pawlowsky, Peter & Steigenberger, Norbert (Hrsg), Die H!PE-Formel. Empirische Analysen von Hochleistungsteams. Frankfurt/ Main: Verlag für Polizeiwissenschaft, S.119-141.

Thomas, Eric J., Sherwood, Gwen D. & Helmreich, Robert L. (2003). Lessons from Aviation: Teamwork to Improve Patient Safety. Nursing Economics. 21 (5), S. 241-243.

Victor, Bart & Boynton, Andrew C. (1998). Invented here: Maximizing your organization's internal growth and profitability. Boston: Harvard Business School Press.

von Massenbach-Bardt, Jürgen (2008). Erfolgsfaktoren des Spezialeinsatzkommandos Baden-Württemberg. In Pawlowsky, Peter & Mistele, Peter (Hrsg.), Hochleistungsmanagement. Leistungspotenziale in Organisationen gezielt fördern. Wiesbaden: Gabler, S. 361-378.

Weaver, Jeanne L., Bowers, Clint A. & Salsas, Eduardo (2001). Stress and Teams: Performance Effects and Interventions. In Handcock, Peter A. (Hrsg.) & Desmond, P. (Hrsg.). Stress, Workload and Fatigue: Mahawah, NJ: Lawrence Erlbaum, 2001, S. 83-106.

Weick, Karl E. (1987). Organizational Culture as a Source of High Reliability. California Management Review. Vol. 24 (2), S. 112-127.

Weick, Karl E. & Roberts, Karlene H. (1993). Collective Minds in Organizations – Heedful Interrelating on Flight Decks. Administrative Science Quarterly, 38, S. 357-381.

Weick, Karl E. & Sutcliffe, Kathleen (2015). Managing the unexpected sustained performance in a complex world. 3rd edition. New Jersey: Wiley.

Weick, Karl E. & Sutcliffe, Kathleen (2003). Das Unerwartete managen. Stuttgart: Klett-Cotta.

Weick, Karl E., Sutcliffe, Kathleen M. & Obstfeld, David (1999). Organizing for High Reliability - Processes of Collective Mindfulness. Research in Organizational Behaviour. Vol. 21, S. 81-123.

Weick, Karl E., Sutcliffe, Kathleen & Obstfeld, David (2000). High Reliability: The Power of Mindfulness. Leader to Leader, S. 33-38.

Winge, Susanne, Steigenberger, Norbert, Wiekert, Ingo & Pawlowsky, Peter (2012). Hypothesen – Quellen der Hochleistung. In Pawlowsky, Peter & Steigenberger, Norbert (Hrsg.), Die H!PE-Formel. Empirische Analysen von Hochleistungsteams. Frankfurt/Main: Verlag für Polizeiwissenschaft. S. 53-68.

11   Motivorientierte Erweiterung der Komfortzone

Ilja Rep

Viele Menschen wollen sich weiterentwickeln, sich verändern oder persönlich wachsen. Der Wunsch nach Verhaltensänderung resultiert aus einem Wunsch nach veränderten Ergebnissen im Leben. Häufig hören diese Menschen dann den kommunikativen Evergreen „Mensch, dann bewege Dich doch mal außerhalb Deiner Komfortzone." Ein Blick auf das reale Leben zeigt: Leichter gesagt als getan. Offensichtlich bedeutet es für viele Menschen eine Herausforderung, Dinge anders zu machen als bisher. Die Gründe dafür sind so vielschichtig wie das Leben selbst. Die 16 Lebensmotive nach dem Reiss Profile bieten die Möglichkeit, eine individuelle Motivation zu entwickeln (Brand & Ion, 2011, S. 18f.), um die persönliche Komfortzone zu erweitern, sich an neue Verhaltensweisen zu gewöhnen und dadurch nachhaltig andere Ergebnisse zu kreieren als bisher.

Was ist die Komfortzone?

Gewohntes ist komfortabel

Die Idee der Komfortzone ist vielen Menschen bekannt (Bardwick, 1995, S. 20ff.). Die Komfortzone ist die bekannte Welt, in der sich ein Mensch wohlfühlt. Der Aufenthalt in der Komfortzone ist von Vertrautheit, Sicherheit und manchmal auch Geborgenheit gekennzeichnet. Diese vertraute Umgebung fühlt sich sicher an und ermöglicht es, dass man sich nicht besonders anstrengen oder nachdenken muss. Innerhalb der Komfortzone bewegt man sich auf gewohnten Pfaden gleichsam wie von einem Autopiloten gesteuert: Man kann sich entspannt zurücklehnen und die schöne Aussicht genießen. Das Leben fühlt sich unbeschwert, leicht und einfach an, ein bequemer Alltag zum Wohlfühlen.

Individuelle Grenzen

Bei der Entwicklung der individuellen Persönlichkeit spielen laut Roth (2009, S. 15-32) neben den inneren, genetisch bestimmten Faktoren verschiedene äußere Faktoren eine Rolle: Wohnort, Familie, Freunde, Job, Routinetätigkeiten, Sprache, erlernte Fertigkeiten (z.B. Fahrradfahren), Nahrungsmittel, Rituale (z.B. Zähneputzen, sonntagabends Tatort schauen, Parkplatzsuche), Lebensumstände (z.B. verheiratet sein, Kinder haben), soziales Milieu, regionale Kultur, Landeskultur und Glaubenssätze. Aus der Aufzählung wird deutlich, dass jeder Mensch basierend auf seiner Persönlichkeitsstruktur seine eigene individuelle Komfortzone hat, eine persönliche Sonderedition, ein ganz spezifisches Verständnis von dem, was man als vertraut und gewohnt empfindet. Diese individuelle Betrachtung bedeutet implizit, dass es keine richtige oder falsche Komfortzone gibt, sondern jeder Mensch hat seine eigene Version – die spannende Frage lautet nur: Funktioniert mein Leben in meiner Komfortzone hinreichend gut, bin ich wirklich zufrieden mit diesem beschaulichen Leben oder will ich mehr? Doch bevor wir uns der Beantwortung dieser Frage zuwenden, schauen wir uns die Komfortzone genauer an.

Freiheit und Abenteuer

Die Idee der Komfortzone kommt aus der Erlebnispädagogik und erklärt, wie junge Menschen lernen. Ein Erlebnis hat zwei Bedeutungsebenen: Ein Alltagserlebnis (z.B. Wecker klingelt) und ein „besonderes" Erlebnis (z.B. Heirat, Meisterfeier des 1. FC Köln). Besonders wird ein Erlebnis dann, wenn es sich um ein außergewöhnliches Ereignis handelt. Es kann entweder völlig ungewohnt sein oder die letzten abgespeicherten Erfahrungen liegen bereits sehr lange zurück. Besondere Erlebnisse bedeuten in der Regel eine persönliche Herausforderung, weil sie nicht alltäglich und mit Abenteuer und Wagnis verbunden sind (Heckmair & Michl, 2002). Die Dimensionen Abenteuer und Wagnis ergeben sich aus dem handlungsorientierten Ansatz, d.h. man tut etwas aktiv und schaut nicht nur passiv beobachtend zu (Heckmair & Michl, 2002, S. 90). Der erlebnispädagogische Ansatz zielt darauf ab, über „abenteuerliche" Aktivitäten spielerisch verhaltensverändernde und persönlichkeitsbildende Ziele zu erreichen (Rehm, 2006). Sich außerhalb seiner gewohnten Welt zu bewegen, bedeutet beinahe für jeden Menschen zwangsläufig ein Abenteuer. Alles Außergewöhnliche ist mit intensiven Gefühlen verbunden, z.B. Überraschung, Angst, Trauer, Schmerz, Freude. Die Emotionalität des abenteuerlichen Erlebnisses ist entscheidend für die Verankerungstiefe der Lernerfahrung: Menschen erinnern sich klarer und lebendiger an ein Erlebnis, wenn es mit intensiven Gefühlen verbunden war (Markowitsch, 2009). Die Intensität der Erinnerung an eine Lernerfahrung bestimmt wiederum, mit welcher Wahrscheinlichkeit sie das Verhaltensrepertoire in der Gegenwart beeinflusst. In diesem Sinne erscheinen abenteuerliche Erlebnisse eine wirksame Voraussetzung dafür zu sein, fundamentale Veränderungen auf der Verhaltensebene zu ermöglichen.

Zwischenfazit

Ausflüge ins Abenteuerland ermöglichen also emotional aufgeladene Lernerfahrungen, die wiederum eine nachhaltige Erweiterung bzw. Veränderung des Verhaltensrepertoires erleichtern.

Das Lernzonenmodell

Doch wie hoch ist die verträgliche Dosis von Abenteuer? Menschen haben eine individuell unterschiedliche Stressresistenz (Brand & Ion, 2011, S. 29). Dabei unterscheidet sich nicht nur der Zeitpunkt, ab dem ein Mensch Stress empfindet, sondern auch ob der Stress als positiv unterstützend oder negativ belastend empfunden wird. Ab einer bestimmten Intensität von Abenteuer ist ein Ausflug jenseits der Komfortzone nicht mehr pädagogisch wertvoll, sondern wird als psychische Belastung empfunden. Die persönliche Verträglichkeitsgrenze ist dann erreicht, wenn aus neugieriger Spannung Angst wird. Der Bereich, in dem man „guten" stimulierenden Stress (Eustress) empfindet, heißt im Lernzonenmodell „Lernzone" (Senninger, 2000). In der Lernzone lernt man, indem man gefordert, aber nicht überfordert wird. Man spricht auch von einem „Stretch" (engl. „to stretch" = dehnen). In diesem Sinne absolviert man in der Lernzone emotionale und kognitive Dehnübungen, macht Yoga für den Geist. Entfernt man sich immer weiter vom bekannten Terrain, dann landet man in der Panikzone und empfindet „negativen" Stress (Distress). Von Orientierungslosigkeit und starken Angst- und/oder Ekelgefühlen getrieben will man nur noch so schnell wie möglich zurück nach Hause in seine Komfortzone. Die Grenze zwischen Lern- und Panikzone verläuft dort, wo blockadefreies Lernen aufhört; wie die Komfortzone selbst sind auch diese beiden Zonen individuell unterschiedlich. Wo die persönlichen Grenzen genau liegen – und wie man sie sukzessive erweitern kann – findet man nur durch Ausprobieren und aktives Erleben heraus.

Die folgende Grafik fasst die vorstehenden Ausführungen anschaulich zusammen:

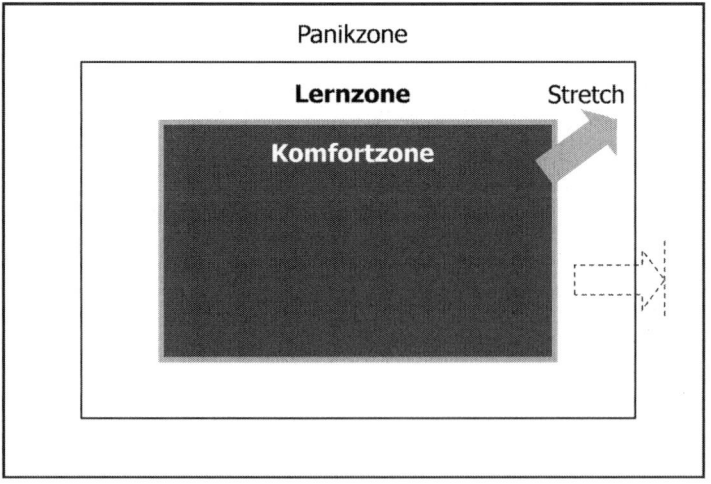

Abbildung 1   Lernzonenmodell nach Senninger (2000)

Warum ist es erstrebenswert, die Komfortzone zu erweitern?

Warum ist es überhaupt erstrebenswert, etwas zu tun, was man als potenziell unbequem, vielleicht sogar als stressig oder bedrohlich empfindet? Auf den ersten Blick erscheint diese Frage wie die Quadratur des Kreises. Schließlich ist es sehr praktisch, wenn man nicht nachdenken muss, weil man sich intuitiv an gewohnten Mustern orientieren kann, z.B. feste Arbeitszeiten, Montagsmeetings, donnerstagabends Pokern, samstagabends Sportschau, neben dem vertrauten Partner aufwachen. Das Leben innerhalb der Komfortzone ist sogar dreifach bequem: Man bewegt sich auf vertrautem Terrain UND man muss nicht nachdenken, sich nicht mit den Überraschungseiern des Lebens auseinandersetzen. Zudem „trachtet [das Gehirn] immer danach, Dinge zu automatisieren, Gewohnheiten auszubilden, und es besetzt dies mit deutlichen Lustgefühlen." (Roth, 2009, S. 258). Warum also soll man diese komfortable Wohlfühlzone verlassen? Erschwerend kommt folgender Umstand hinzu: Das unbekannte Glück jenseits der Komfortzone ist naturgemäß höchstens schemenhaft erkennbar. Daher kann man auch kein Bedauern darüber empfinden, dass man es (noch) nicht erlebt hat. Dennoch sind sich manche Menschen des unbekannten Glücks bewusst und sehnen sich danach. Die große Hoffnung, dass alles besser werden soll, aber bitte ohne die Komfortzone zu verlassen, ist eine schöne Illusion, die meist an der Realität scheitert. Denn jede Entwicklung hat ihren Preis.

Trotz der hohen Attraktivität eines Lebens innerhalb der Komfortzone kann es für jeden Menschen einige gute Beweggründe für eine Grenzüberschreitung geben, z.B. Ausflüge mit Rückfahrkarte – kein Exil, Lernen, Beweglichkeit, Selbstvertrauen und Selbstwirksamkeit, freie Wahl des Lebensentwurfs, aufwendige „Grenzsicherung".

Ausflüge mit Rückfahrkarte – kein Exil

Die Idee ist, regelmäßig Ausflüge aus der Komfortzone heraus zu machen. Das Ziel ist dabei nicht, wie Rapunzel dauerhaft ins Exil verstoßen zu werden. Es geht darum, einen Schritt hinaus auf unbekanntes Gebiet zu setzen und wahrzunehmen, welche Chancen und Möglichkeiten sich dort bieten. Die Gewissheit, stets wieder in die Vertrautheit der eigenen Komfortzone zurückkehren zu können, gibt ein sicheres und ermutigendes Gefühl.

Lernen

Indem man Dinge tut, die man bisher nicht getan hat, lernt man. Das klingt zwar auf den ersten Blick ziemlich banal. Doch wenn man diesen Gedanken konsequent zu Ende denkt, dann bedeutet das auf den Punkt gebracht: Persönliches Wachstum ist nur außerhalb der Komfortzone möglich (Brommer, 1992). Je häufiger man eine bestimmte neue Erfahrung macht, umso wahrscheinlicher ist es, dass sich neue neuronale Verknüpfungen bilden und sie

Teil des persönlichen Autopiloten wird. Hält man sich nur innerhalb seiner Komfortzone auf, nutzt man seine Potenziale nicht, vergeudet sie sogar. Innerhalb der Komfortzone ist dagegen eher ein verstetigendes Lernen möglich, z.B. indem man seine Technik beim Brustschwimmen perfektioniert.

Zudem empfinden manche Menschen ein Leben, das durch Routine dominiert und durch die Abwesenheit von Neuem geprägt ist, nach einer Weile als leer, langweilig und monoton. Man erstickt in seinem eigenen Alltagseinerlei. Dieses Phänomen nennt man auch Bore-out: Man langweilt sich zu Tode (Rothlin & Werder, 2007). Aus dieser Perspektive kann man der Aussicht auf abenteuerliche Abwechslung durchaus etwas Positives abgewinnen.

Auf die positiven Effekte von Lernen mit emotionaler Verankerung wurde bereits im vorangegangenen Abschnitt hingewiesen.

Beweglichkeit

Das Leben lädt einen indirekt dazu ein, sich überwiegend innerhalb seiner Komfortzone aufzuhalten, wenn die konkreten Lebensbedingungen vergleichsweise stabil sind. Das Leben lullt einen dann quasi ein. Doch dann kann es passieren, dass sich die Lebensumstände abrupt verändern (z.B. Kind zieht aus dem Haus, Jobverlust, Beförderung, Umzug). Wenn man nicht gewohnt ist, das Neue als etwas Normales zu empfinden, kann die notwendigen Anpassungsprozesse sowohl psychisch als auch physisch eine sehr unangenehme Erfahrung sein, die von leichter Überforderung bis hin zur Depression oder gar noch weiter reichen können (Roth, 2009, S. 88ff. und S. 142f.). Veränderungsbereitschaft kann man aber lernen, wenn man sich regelmäßig dehnt, man gewohnt ist, sich auf Neues einzulassen (siehe oben „Stretch").

Selbstvertrauen und Selbstwirksamkeit

Kehrt man nach einem Ausflug jenseits der Komfortzone wieder in sie zurück, stellt sich häufig ein Gefühl von Stolz und Zufriedenheit ein, weil man sich getraut hat. Die Erfahrung, in einer herausfordernden Situation selbstständig handeln und etwas bewirken zu können, lässt eine hohe Selbstwirksamkeitserwartung entstehen (Bandura, 1977). Damit wächst auch das Selbstvertrauen. Ein gestiegenes Selbstvertrauen und das Erfahren einer hohen Selbstwirksamkeit machen es einem wiederum leichter, weitere Ausflüge in Angriff zu nehmen, und lassen sogar die Bereitschaft, sich anspruchsvolleren Herausforderungen zu stellen, wachsen (Bandura, 1997).

Freie Wahl des Lebensentwurfs

Menschen dürfen (!) heute mehr entscheiden als früher. Früher waren Lebenswege durch die Erwartungen der Eltern, der Gesellschaft und des sozialen Milieus beinahe vorherbestimmt. Das war zwar einengend, aber auch bequem. Heutzutage darf man sich aussuchen, welches Leben man führen will. Wenn man seinen Lebensentwurf selbst gestalten darf, dann ist es hilfreich die zur Verfügung stehenden Wahlmöglichkeiten überhaupt zu kennen. Wenn man sich immer wieder jenseits der bekannten Welt aufhält, erlebt man hautnah, was im Leben alles möglich ist. Auch erlebt man seine Stärken in einem neuen Umfeld anders, entdeckt vielleicht sogar Qualitäten in sich, von denen man vorher gar nicht wusste, dass sie in einem stecken. Diese neuen Erfahrungen erlauben es einem, sich bewusst für einen bestimmten Lebensentwurf zu entscheiden, anstatt einfach nur den erstbesten zu nehmen.

Aufwendige Grenzsicherung

Es klingt beinahe wie ein Treppenwitz, dass der Aufwand, den man betreiben muss, um die Grenzen der Komfortzone zu sichern, mindestens genauso hoch ist wie der Aufwand, der für Ausflüge jenseits der bekannten Grenzen notwendig ist. Beispielsweise fühlen sich viele Menschen unsicher, wenn sie eine Präsentation halten sollen; sie setzen dann alle Hebel in Bewegung, damit dieser Kelch an ihnen vorübergeht – zur Not werden sie eben einfach krank. Ein anderes Beispiel ist die Leidenschaft, mit der viele Schüler und Studenten Spickzettel kreieren und eine Strategie für den unauffälligen Einsatz entwickeln – anstatt die Zeit zum Lernen zu nutzen. Wenn man sich schon so viel Mühe macht, dann kann man sie auch direkt in persönliches Wachstum investieren.

Warum ist es eine Herausforderung, seine Komfortzone zu erweitern?

Es gibt zahlreiche Ursachen, warum es für einen Menschen eine Herausforderung bedeuten kann, die Grenzen seiner Komfortzone zu überschreiten: Bequemlichkeit und Effizienz, Angst, mangelndes Selbstvertrauen, Scham und Konsistenz. Meist sind gleich mehrere dieser Ursachen gleichzeitig am Werk.

Bequemlichkeit und Effizienz

Eine zentrale Ursache wurde bereits erwähnt: Die grundsätzliche magnetische, verführerische Attraktivität von Einfachheit und Bequemlichkeit der Komfortzone. Die Komfortzone ist die persönliche Chillout-Lounge. Dazu kommt der bedeutsame Effizienznutzen, wie er oben durch den Autopiloten beschrieben ist: Man weiß, wie man mit Vertrautem umzugehen hat. Gerade in der heutigen zunehmend dynamischen und komplexen Welt wirkt allein die Aussicht auf Effizienzgewinne sehr attraktiv. Man braucht also einen wirklich guten Grund, um seine Komfortzone verlassen und zumindest kurzfristig das Gefühl, Bequemlichkeit und Effizienz einschränken zu wollen.

Angst

Im computeranimierten Zeichentrickfilm „The Croods" (2013) besteht die Komfortzone einer Steinzeitfamilie aus der Höhle, in der sie leben. Alles außerhalb der Höhle wird als gefährlich, als potenzielle Bedrohung eingestuft. Daher fühlt sich die Familie innerhalb der Höhle geschützt. Die Steinzeitfamilie ist in erster Linie angstgetrieben.

Angst ist ein evolutionspsychologisches Ursprungsgefühl. In der Entwicklungsgeschichte des Menschen war es von entscheidendem Vorteil, seine Umwelt eher übervorsichtig wahrzunehmen und sich ängstlich durch unbekanntes Terrain zu bewegen (Buss, 2004). In diesem Sinne war Angst einmal ein Überlebenselixier. In der heutigen (westlich industrialisierten) Welt lauern aber keine Säbelzahntiger mehr hinter jeder Ecke. Dieses tief sitzende Bedürfnis nach Angstvermeidung durch Sicherheit und Schutz passt nur noch sehr bedingt zu den Anforderungen, die das moderne Leben an Menschen stellt. Hier kommt der vermeintliche Verstand ins Spiel, den man auch als „Problemerkennungsgerät, chronischen Schwarzseher oder Den-Teufel-an-die-Wand-Maler" bezeichnen könnte (Wengenroth, 2011, S. 47 ff.). Dieses gedankliche Probleme-Wälzen in Kombination mit der Angst als archaisches Erbe unserer Vorfahren kann dazu führen, dass man sich Unbekanntes in apokalyptischen Endzeitfantasien ausmalt und sich wie gelähmt in seiner Komfortzone verkriecht (Pinker, 2002). Der frühere US-Präsident Dwight D. Eisenhower brachte diese Sehnsucht nach Schutz plakativ auf den Punkt: „Wenn Du vollkommene Sicherheit willst, dann geh ins Gefängnis. Das Einzige, was fehlt, ist Freiheit."

Mangelndes Selbstvertrauen

Das Selbstvertrauen ist eine der wichtigsten Voraussetzungen für die Bereitschaft, sich außerhalb der gewohnten Welt zu bewegen. Neue Welten erhöhen zwangsläufig die Wahrscheinlichkeit, einen „Fehler" zu machen – schließlich muss man sich dort erst orientieren, zurechtfinden, anpassen und lernen. Allein diese Aussicht, einen Fehler zu machen, kann bereits handlungslähmend wirken. Je stärker das Selbstvertrauen ist, umso leichter lassen sich Fehler aushalten. Das Selbstvertrauen drückt das Vertrauen in die eigenen Fähigkeiten aus, auch mit widrigen Umständen gut klarzukommen: Selbstwirksamkeitserwartung und Frustrationstoleranz sind hoch ausgeprägt. Man ist von seiner Selbstwirksamkeit überzeugt: Man nimmt sich etwas vor und ist fest davon überzeugt, dass man sein Ziel auch erreicht. Ist das Selbstvertrauen aufgrund von negativen Lebenserfahrungen angeschlagen oder von Natur aus höchstens durchschnittlich ausgeprägt, dann erscheint der Gedanke plausibel, dass man den Schutz der vertrauten Komfortzone nur im äußersten Notfall verlässt.

Scham

Die Scham ist wie die Angst ein evolutionspsychologisches Ursprungsgefühl (Buss 2004). Scham hat den natürlichen Zweck, den Zusammenhalt einer sozialen Gruppe zu stärken. Ein Mensch empfindet Scham, wenn er vom Rest der Gruppe verachtet oder gar verstoßen wird bzw. werden könnte. Das Schamgefühl animiert einen dazu, die (ungeschriebenen) Regeln einer Gruppe zu achten und sich moralisch integer zu verhalten. Sehr wahrscheinlich war es in der menschlichen Evolution irgendwann einmal von Vorteil, Teil einer Gruppe zu sein und zu bleiben (Wurmser, 1993). Die Aussicht, sich in einer neuen Welt jenseits der Komfortzone erst einmal zurechtfinden und eine Gleichung mit mehreren Unbekannten lösen zu müssen, kann ein handlungslähmendes Schamgefühl auslösen: Man könnte sich ja blamieren. Was sollen bloß die Nachbarn denken?

Konsistenz

Menschen streben grundsätzlich danach, sich konsistent zu verhalten: Das, was man gestern getan hat, will man auch heute tun. Hat man den Aufenthalt in der Komfortzone gestern als sinnvoll angesehen, so gibt es einen starken Drang, diese Meinung auch heute zu vertreten: „Es ist ganz einfach unser geradezu zwanghaftes Bestreben, konsistent (oder konsequent) zu sein oder zu erscheinen, d.h. in Übereinstimmung mit unserem früheren Verhalten zu handeln." (Cialdini, 2010, S. 92). Es handelt sich um einen psychologischen Automatismus, der unbewusst wirkt. So lässt sich auch erklären, warum ein Mensch sich lieber im vertrauten Leid seiner Komfortzone häuslich einrichtet, als selbstverantwortlich für Veränderungen zu sorgen, obwohl sogar im Bewusstsein angekommen ist, wie schädlich die aktuelle Situation ist: „Hinter den dicken Festungsmauern sturer Konsistenz halten wir der Belagerung durch die Vernunft unverrückbar stand." (Cialdini, 2010, S. 96). Es bedarf vermutlich ein gewisses Maß an Veränderungsenergie, um diese Konsistenzbarriere zu durchbrechen (Roth, 2009, S. 142f).

Wie kann man seine Komfortzone erweitern?

Im Rausch der Endorphine

Warum soll man das Risiko eingehen, sich diffusen Gefahren jenseits der Komfortzone auszusetzen? Bei Gefahr schüttet die Hirnanhangdrüse Endorphine – körpereigenes Morphium – aus. Dieser selbst gemachte Drogenrausch ist die Überwindungsprämie der Angst, also die Belohnung dafür, dass man sich mutig einem gefährlichen Risiko aussetzt. Vielleicht empfindet nun der geneigte Leser mehr Lust, künftig häufiger Ausflüge jenseits der Komfortzone zu machen.

Glaube an Veränderung

Verlässt man seine Komfortzone, verändert man sich. Die Grundvorausset-zung für einen erfolgreichen Ausflug jenseits der Komfortzone ist der Glaube, dass Veränderung überhaupt möglich und sinnvoll ist. So hat Entwicklungs-psychologin Carol Dweck an der Stanford University in Studien Folgendes herausgefunden: „Menschen sind fähig, sich zu verändern, wenn sie dies grundsätzlich für möglich halten. Wer glaubt, seine Persönlichkeit und seine Fähigkeiten selbst beeinflussen zu können, ist offener für neue Erfahrungen und riskiert auch mehr." (Carol Dweck zitiert nach Nuber, 2007).

Der Erfolg eines Ausflugs hängt zudem von zwei weiteren Faktoren ab, die die Gedanken zur Machbarkeitsüberzeugung und Frustrationstoleranz auf-greifen (siehe oben):

Der Auslöser, überhaupt den ersten Schritt machen zu wollen.

Beim ersten Gegenwind nicht sofort umzufallen, sondern zielsicher am Ball zu bleiben (Frustrationstoleranz).

Auslöser

Es braucht einen Auslöser, der einen Veränderungsimpuls aussendet. Sonst sorgt allein die Systemenergie der Komfortzone dafür, dass alles beim Alten bleibt. Der Auslöser kann ein starker Leidensdruck oder rationale Einsicht sein (Blankertz & Doubrawa, 2000).

Rationale Einsicht allein bringt in den seltensten Fällen hinreichend Ver-änderungsenergie, weil man über die Sinnhaftigkeit einer Veränderung nur nach*denkt*. Am Ende dieser Überlegungen steht ein Gedanke wie „Ich könnte mal was tun. Irgendwie wäre es schon vernünftig." Dazu kommen die Be-lohnungsmechanismen für die Aufrechterhaltung des Status quo (siehe oben).

Ein starker Leidensdruck ist meist schmerzhafter Natur (der Systemerhalt ist bedroht) und/oder ärgerlicher Natur (starker Wunsch nach Veränderung). Schmerz und Ärger sind wie Angst und Scham (siehe oben) evolutionspsycho-logische Ursprungsgefühle. So wirksam ein emotionaler Auslöser auch ist, so hat er doch häufig unangenehme Nebenwirkungen: Wenn der Leidensdruck bereits so hoch ist, dass man seine Komfortzone gerne verlässt, dann ist meist bereits das Kind in den Brunnen gefallen.

Zwischenfazit: Denken (Kopf) allein hilft nicht, Fühlen (Bauch) allein kommt meist zu spät. Das wirft die Frage auf, ob es nicht noch eine kreative Zwischenstufe gibt.

Die 16 Lebensmotive

In mehreren Studien fand der US-Psychologe Steven Reiss heraus, dass sich menschliche Einstellungen, Werte und Verhaltensweisen auf insgesamt 16 Le-bensmotive zurückführen lassen (Reiss & Havercamp 1998). Mit der daraus entwickelten wissenschaftlich fundierten Methode kann man menschliche

Motivation messen (Havercamp & Reiss, 2003). Die individuellen Ausprägungen der 16 Lebensmotive eines Menschen nennt man auch „Reiss Profile". Da es über 6 Mrd. Motivkombinationen gibt, ist so gut wie jedes Profil in den Ausprägungen der Lebensmotive einzigartig und gibt die individuellen Antworten auf fundamentale Fragen wie: „Was ist mir wichtig? Was treibt mich an? Warum verhalte ich mich so? Was macht mich zufrieden?" Damit kann jeder Mensch für sich verstehen, wie er eine hohe Antriebsenergie aus sich selbst heraus entwickeln kann (intrinsische Motivation). Die Bedeutung von Motivation ist ja „sich in Bewegung setzen". Mit diesem Wissen kann man auch herausfordernde Ziele leichter erreichen. Aus dieser Perspektive bietet das Reiss Profile die notwendigen Anhaltspunkte dafür, wie man wollen kann.

Die Vereinigung aus Kopf und Bauch

Menschen handeln dann nachhaltig aus sich selbst heraus, wenn sie das denken, was sie fühlen (Schmid, 1994): „Wir erledigen also eine Aufgabe, weil sie uns Spaß macht und wir mit ihr ein verfolgtes Ziel erreichen können. Bewegt man sich innerhalb dieser Schnittmenge, benötigt man keine besondere Willenskraft, um die Aufgabe zu erledigen und fällt eventuell sogar in einen ‚Flow'." (Brand & Ion 2011: 35f.). Der daraus resultierende Lustgewinn muss höher sein als die Belohnung dafür, wenn man alles so lässt, wie es bislang ist.

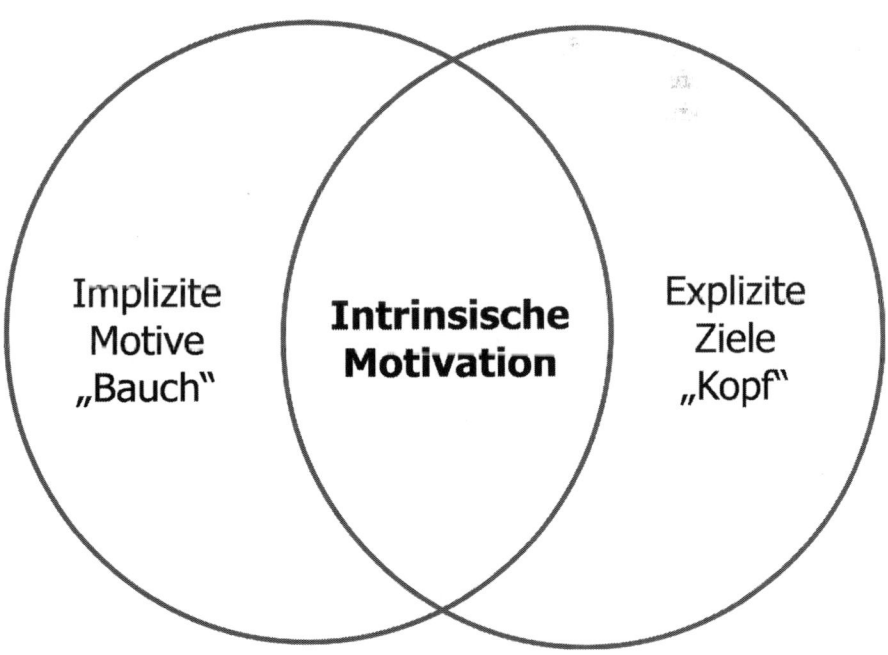

Abbildung 2   Schnittmengenmodell nach Kehr (2009)

Daraus ergibt sich die Schlussfolgerung, dass ein Ausflug jenseits der Komfortzone zum einen sinnvoll sein muss (in der Regel eine einfache Aufgabe) und zum anderen Spaß machen muss, wenn der Weg sich nicht wie die persönliche Via Dolorosa anfühlen soll (in der Regel eine Herausforderung). Dabei muss das positiv erlebte Gefühl unter Umständen stärker sein als eventuell vorhandene gegensätzliche Gefühle. Die Schlüsselfrage lautet demnach: Welche Lebensmotive kann man nutzen, um ausreichend Lust auf einen Ausflug jenseits der Komfortzone zu haben?

Lust auf Veränderung

Viktor E. Frankl formulierte einst in Anlehnung an Friedrich Nietzsche den revolutionären Gedanken „Wer ein Warum im Leben hat, erträgt fast jedes Wie." Das Reiss Profile hilft dabei, die Frage nach dem „Warum?" zu beantworten, um den Gordischen Knoten der eigenen Gedankenwelt zu lösen (siehe oben). Für jedes Lebensmotiv gibt es eine Bandbreite unterschiedlichster Ausprägungen. Die folgenden ausgewählten Lebensmotive werden aus Gründen der Anschaulichkeit auf eine hohe bzw. niedrige Ausprägung reduziert. Eine überblicksartige Beschreibung der 16 Lebensmotive findet sich bei Brand & Ion (2011, 23ff.).

Hohe Macht

„Macht" steht für das Streben nach Einfluss, Führung, Kontrolle und Dominanz. Aus der Sicht des Machtmotivs ist es völlig inakzeptabel, dass es jenseits der Komfortzone unabhängige Gebiete gibt, die noch nicht Teil des eigenen Königreichs sind. Das Machtmotiv will die Initiative ergreifen, die Dinge vorantreiben und selbst gestalten.

Hohe Teamorientierung

„Teamorientierung" steht für das Streben nach Gemeinschaft, emotionaler Nähe und Verbundenheit. Wenn sich jemand, dem man sich emotional sehr verbunden fühlt, in einem Gebiet jenseits der Komfortzone aufhält, dann sagt das Teamorientierungsmotiv: „Hey, geh da auch hin, sonst entfernst Du Dich emotional vom anderen, der da draußen ist!" Das Teamorientierungsmotiv ist auch zufrieden, wenn man den Weg gemeinsam geht.

Hohe Neugier

„Neugier" steht für das Streben nach Wissen und den Wunsch, mehr über die Welt und sich selbst zu erfahren. Die Gebiete jenseits der Komfortzone sind ein unentdecktes Land und wollen erkundet werden. Es ist der unbändige Wissensdurst, der einen über die Grenze führt.

Niedrige Anerkennung

„Anerkennung" steht für das Streben nach positivem Feedback und Bestätigung von außen, weil der Selbstwert nicht aus sich selbst heraus stabil ist. Dazu kommen auch Selbstbeobachtung (ich habe etwas toll gemacht) und soziale Vergleiche (ich kann es genauso gut/besser als andere). Stark anerkennungsmotivierte Menschen nehmen Misserfolge häufig sehr persönlich, streben daher auch häufig nach Perfektion und möchten möglichst wenig Fehler machen, um negative Anerkennung zu vermeiden. Da es sehr wahrscheinlich ist, dass auf der Reise durch neue Welten nicht alles glatt läuft, ist es eher hilfreich, wenn einer Person Anerkennung nicht wichtig ist. Diese Person zeichnet ein hoher Selbstwert aus, der von äußeren Einflüssen weitgehend unabhängig ist. Damit ist auch die persönliche Frustrationstoleranz höher und man kehrt beim ersten Gegenwind nicht einfach um. Ein niedriges Anerkennungsmotiv ist auch hilfreich dabei, das Bedürfnis nach Konsistenz zu überwinden, weil es vergleichsweise egal ist, ob wegen des Konsistenzbruchs von anderen Kritik geübt wird.

Hohe Ziel-/Zweckorientierung

„Ziel-/Zweckorientierung" steht für das Streben nach persönlichem Nutzen – unabhängig davon, was der moralische Kodex des sozialen Umfelds dazu sagen könnte. In diesem Sinne sind ziel-/zweckorientierte Menschen konstruktiv schambefreit und nicht durch eine Peinlichkeitsvermeidungsstrategie geprägt. Das bedeutet aber nicht, dass sie moralische Prinzipien völlig ignorieren, sondern sich von ihnen nur nicht per se einengen lassen. Sie sind eher in der Lage, eine Entscheidungssituation objektiv in ihre Bestandteile zu zerlegen: „Wenn ich das mache, was bringt mir das? Und was denken wohl die anderen darüber?" Dieses Lebensmotiv kann auch dabei helfen, das Bedürfnis nach Konsistenz zu überwinden, nach dem Motto: „Was kümmert mich mein Geschwätz von gestern."

Hoher Status

„Status" steht für das Streben nach Prestige in der sozialen Hierarchie, einem der vorderen Plätze in der Nahrungskette. Wenn die Erweiterung der Komfortzone sehr wahrscheinlich mit einem Zuwachs an Status verbunden sein wird, dann kann dieses Lebensmotiv einen starken Antrieb bedeuten.

Hohe Rache/Kampf

„Rache/Kampf" steht für das Streben nach Gewinnen (besser sein als andere) und Vergeltung. Dieses Lebensmotiv kann dazu inspirieren, seine Komfortzone zu erweitern, wenn man es damit jemandem heimzahlen kann oder wenn man es schafft, als erster ein Ziel zu erreichen, z.B. „Ich habe mich schneller weiterentwickelt als Du."

Niedrige emotionale Ruhe

„Emotionale Ruhe" steht für das Streben nach Berechenbarkeit, Planbarkeit und Sicherheit. Ein Ausflug in ein unbekanntes Land ist natürlich alles andere als berechenbar. Für das Projekt „Erweiterung meiner Komfortzone" ist es daher eher hilfreich, nach Abenteuer und Risiko zu streben und somit nur ein niedriges Bedürfnis nach emotionaler Ruhe zu haben. Dann ist man auch stresstolerant und nicht so leicht aus der Ruhe zu bringen, wenn das Leben ein Überraschungsei spendiert. Hinter dem Lebensmotiv „Emotionale Ruhe" steckt die Angstskala: Je höher es ausgeprägt ist, umso größer die Grund-angst, die man empfindet – und umso größer das Schutzbedürfnis. Aber es gibt Hoffnung: Nur weil das Bedürfnis nach Emotionaler Ruhe hoch aus-geprägt ist, bedeutet das nicht, dass man sein Leben lang angstgesteuert in seiner Komfortzone versauern müsste. Ein Ausflug jenseits der Grenzen der Komfortzone ist nur nicht das, was einem intuitiv in den Sinn kommt. Man verspürt keinen natürlichen Impuls dafür. Man braucht einfach einen guten Grund, die Perspektive von der Angst(vermeidung) hin zu einem attraktiven Ziel zu verschieben. Dieser Gedanke gilt auch für alle anderen Lebensmotive: Man KANN sich anders verhalten, es fällt einem nur nicht so leicht.

Praxistest

Ein Jahr nach der ersten Auflage dieses Beitrags entstand die Idee, die Erwei-terung der Komfortzone einem Praxistest zu unterziehen. Eine Reise um die Welt in 200 Tagen sollte es sein. Allein. Dieses Vorhaben spielte sich jenseits der Komfortzone ab. Die meisten der vertrauten Orientierungspunkte im Le-ben waren nicht mehr da. Am Ende der Reise hatten die donnernden Wasser-fälle von Iguazú die letzten Grenzen der Komfortzone hinweggeschwemmt.
 Was musste passieren, damit dies möglich wurde?

- Sich mit neugierigem Entdeckergeist auf ein großes Abenteuer einlassen.

- Bereit sein, Kontrolle loszulassen, um sich selbst und dem Leben vertrau-en zu können: Berechenbare Gewissheit existiert einfach nicht.

- Im Gegenteil: Gefahr kann verwegen reizvoll sein.

- Akzeptieren, dass Aufenthalte jenseits der Komfortzone anstrengend und manchmal schmerzhaft sind.

- Halt finden, indem man Beziehungen zu freundlichen Menschen pflegt.

- Orientierung finden, indem man Leute fragt, die sich dort schon besser auskennen.

- Üben und ausprobieren, bis man sich im Neuen hinreichend sicher fühlt. Da ist Geduld sehr hilfreich.

- Sich über jede gelungene Erweiterung der Komfortzone freuen.

- Und immer bedenken: Jedem Fehler und jeder Peinlichkeit wohnt ein kreativer Zauber inne.

Zusammenfassung

Dreifacher Nutzen

Die motivorientierte Erweiterung der Komfortzone bietet einen dreifachen Nutzen:

1. Klarheit: Was sagen meine Lebensmotive dazu, warum will ich meine Komfortzone erweitern?

2. Schwung: Welche Lebensmotive kann ich nutzen, um Lust darauf zu haben, meine Wohlfühloase zumindest zeitweilig zu verlassen?

3. Selbstvertrauen: Wie fühlt es sich an, den ersten Schritt getan zu haben? Welche Erfolgserlebnisse habe ich bereits erzielt? Wie kann ich mich ggf. von meinem Streben nach Anerkennung und Emotionaler Ruhe emanzipieren, um konsequent das zu tun, was mir wirklich wichtig ist im Leben?

Habituation

Reisen bildet. Diese Volksweisheit illustriert sehr anschaulich, wie man seine Komfortzone erweitern kann. Wenn man das erste Mal in eine ferne Welt eintaucht, erscheint vieles ungewohnt, neuartig, befremdlich und manchmal sogar angsteinflößend. Beim zweiten Besuch erkennt man erste Bezugspunkte wieder, die man beim ersten Besuch kennengelernt hat. Diesen Prozess der Gewöhnung nennt man Habituation. Unbekanntes wird bekannt, Bekanntes wird vertraut. Und die Komfortzone wächst kontinuierlich – ähnlich der Landgewinnung in den Niederlanden. Wenn man sich neue unvertraute Gebiete erschließen möchte, muss man sie erst kennenlernen. Viel Vergnügen auf Ihrer persönlichen Entdeckungsreise ins Unbekannte…

Literaturverzeichnis

Bandura, A. (1977). Self-Efficacy: Toward a Unifying Theory of Behavioral Change. Psychological Review, 1977, 84 (2), S. 191-215.

Bandura, A. (1997). Self Efficacy: The Exercise of Control. Basingstoke, Worth: Palgrave Macmillan.

Bardwick, J.M. (1995). Danger in the Comfort Zone: From Boardroom to Mailroom – How to Break the Entitlement Habit That's Killing American Business. New York: AMACOM.

Blankertz, S. & Doubrawa, E. (2000). Einladung zur Gestalttherapie. Wuppertal: Hammer.

Brand, M. & Ion (2011). Einführung in die Theorie der 16 Lebensmotive. In: M. Brand & F. Ion (Hrsg.). Die 16 Lebensmotive in Theorie und Praxis, S. 17-38, Offenbach: GABAL.

Brommer, U. (1992). Lehr- und Lernkompetenz erwerben. Ein Weg zur effizienten Persönlichkeitsentwicklung. Wiesbaden: Gabler.

Buss, D. (2004). Evolutionäre Psychologie. München: Pearson Studium.

Cialdini, R. (2010). Die Psychologie des Überzeugens (6. Aufl.). Bern: Hans Huber.

DeMicco, K. & Sanders, C. (2013). The Croods. Glendale: DreamWorks.

Havercamp, S. M. & Reiss, S. (2003). A Comprehensive Assessment of Human Strivings: Test–Retest Reliability and Validity of the Reiss Proile. Journal of Persnality Assessment, 81(1), 123–132.

Heckmair, B. & Michl, W. (2002). Erleben und Lernen: Einstieg in die Erlebnispädagogik (4. Aufl.). Neuwied/Kriftel: Luchterhand.

Kehr, H. (2009). Authentisches Selbstmanagement. Weinheim/Basel: Beltz.

Nuber, U. (2007). Ein anderer Mensch werden. Psychologie Heute, 12, S. 20-21.

Markowitsch, H.J. (2009). Dem Gedächtnis auf der Spur: Vom Erinnern und Vergessen (3. Aufl.). Darmstadt: WBG.

Pinker, S. (2002). Wie das Denken im Kopf entsteht. München: Kindler.

Reiss, S. (2009). Wer bin ich und was will ich wirklich? Mit dem Reiss Profile die 16 Lebensmotive erkennen und nutzen. München: Redline.

Reiss, S. & Havercamp, S. M. (1998). Toward a Comprehensive Assessment of Fundamental Motivation: Factore Structure of the Reiss Profile. Psychological Assessment, 10 (2), 97-106.

Rehm, M. (2013). Was ist „Erlebnispädagogik"?. In: Informationsdienst Erlebnispädagogik & Soziale Trainings. Texte. URL: http://www.erlebnis-paedagogik.de/texte.htm (aufgerufen: 20.04.2013)

Roth, G. (2009). Persönlichkeit, Entscheidung und Verhalten. Warum es so schwierig ist, sich und andere zu ändern (5. Aufl.). Stuttgart: Klett-Cotta.

Rothlin, P. & Werder, P.R. (2007). Diagnose Boreout. Heidelberg: Redline Wirtschaft.

Schmid, B. (1994). „Wo ist der Wind, wenn er nicht weht." Professionalität und Transaktionsanalyse aus systemischer Sicht. Paderborn: Junfermann.

Senninger, T. (2000). Abenteuer leiten – in Abenteuern lernen: Methoden-set zur Planung und Leitung kooperativer Lerngemeinschaften für Trai-ning und Teamentwicklung in Schule, Jugendarbeit und Betrieb. Münster: Ökotopia Verlag Wengenroth, M. (2011). Das Leben annehmen. So hilft die Akzeptanz- und Commitmenttherapie. Bern: Hans Huber.

Wikipedia 2013. Erlebnispädagogik. URL: http://de.wikipedia.org/wiki/Er-lebnispädagogik (aufgerufen: 20.04.2013)

Wurmser, L. (1993). Die Maske der Scham. Die Psychoanalyse von Scham-affekten und Schamkonflikten. Berlin/Heidelberg/New York: Springer.

12 „Ohne Gesundheit ist alles nichts" – vom weichen Faktor zur harten Realität

André Kasiske

Gesundheit entwickelt sich immer mehr zum kritischen Erfolgsfaktor für Wirtschaftsunternehmen. Aktuell befinden sich die Unternehmen in einem Dilemma zwischen Anspruch und Wirklichkeit: Einerseits wissen Unternehmen, dass die körperliche sowie geistige Gesundheit Voraussetzung und Triebfeder von Leistung, Produktivität und Zufriedenheit ist. Andererseits befinden sich Unternehmen in der sich schnell wandelnden Zeit permanent in einem Spagat zwischen Substanzerhaltung und Effizienzsteigerung, die sie in die Zwickmühle und an den Rand der Gesunderhaltung führen.

In diesem Beitrag erfahren Sie, warum Gesundheit einen rasant wachsenden Stellenwert in der Wirtschaft im Laufe der nächsten Jahre bekommen wird und warum Gesundheit keine reine Privatsache mehr sein kann. Sie erhalten eine Antwort darauf, was Unternehmen unternehmen (können), um dem wichtigen Thema der Gesunderhaltung die Aufmerksamkeit zu schenken, die der Wert der Gesundheit verdient. In abschließend beschriebenen Praxisbeispielen bekommen Sie Impulse und Ansätze, auf welcher Basis und wie Verantwortliche in Unternehmen nach dem Prinzip der Gesunderhaltung handeln können.

Im ersten Abschnitt gilt es zunächst den Begriff der Gesundheit näher zu definieren und ein darauf basierendes Konzept zur Gesunderhaltung zu beschreiben.

Gesundheit und Salutogenese – Definition und Konzept

Dieser Beitrag basiert auf der Definition der Weltgesundheitsorganisation (WHO) gemäß ihrer Verfassung vom 22. Juli 1946 von Gesundheit: „Gesundheit ist ein Zustand vollkommenen körperlichen, geistigen und sozialen Wohlbefindens und nicht allein das Fehlen von Krankheit und Gebrechen" (Weltgesundheitsorganisation, 1948). Diese Definition der WHO legt die Messlatte hoch und ist sicherlich in der alltäglichen Realität eher fern als nah. Dennoch setzt die WHO mit dieser Definition einen Maßstab, der erstrebenswert ist. Dieser Gesundheitsdefinition folgend entstehen innovative Konzepte, die die präventive Gesunderhaltung in den Mittelpunkt der Überlegungen stellen.

Differenzierter betrachten Bengel, Strittmatter und Willmann (2001, S.16) diese Definition: „Heute besteht in den Sozialwissenschaften und der Medizin Einigkeit darüber, dass Gesundheit mehrdimensional betrachtet werden muss. Neben körperlichem Wohlbefinden (z.B. positives Körpergefühl, Fehlen von Beschwerden und Krankheitsanzeichen) und psychischem Wohlbefinden (z.B. Freude, Glück, Lebenszufriedenheit) gehören auch Leistungsfähigkeit, Selbstverwirklichung und Sinnfindung dazu".

Das Konzept der „Salutogenese" nach Aaron Antonovsky entstand auf Basis der Erforschung dreier zentraler Fragestellungen (Bengel, Strittmatter und Willmann, 2001, S.24):

- Warum bleiben Menschen – trotz vieler potenziell gesundheitsgefährdender Einflüsse gesund?

- Wie schaffen sie es, sich von Erkrankungen wieder zu erholen?

- Was ist das Besondere an Menschen, die trotz extremster Belastungen nicht krank werden?

Der Begriff der „Salutogenese" (Salus, lat.: Unverletztheit, Heil, Glück; Genese, griech.: Entstehung) ist gegensätzlich zu dem gegenwärtig aktuellen Krankheitsmodell und biomedizinischen Ansatz der „Pathogenese" (Beschäftigung mit der Entstehung und Behandlung von Krankheiten) zu verstehen. Salutogenese beschreibt allerdings nicht die Entstehung und Erhaltung von Gesundheit als einen absoluten Zustand.

Vielmehr meint Salutogense, dass „alle Menschen als mehr oder weniger gesund und gleichzeitig mehr oder weniger krank zu betrachten sind. Die Frage lautet daher: Wie wird ein Mensch mehr gesund und weniger krank?" (Bengel, Strittmatter und Willmann, 2001, S.24)

Zum besseren Verständnis ist folgende Metapher hilfreich, die Antonovsky geprägt hat: „Die pathogenetische Herangehensweise möchte Menschen mit hohem Aufwand aus einem reißenden Fluss retten, ohne sich darüber Gedanken zu machen, wie sie da hineingeraten sind und warum sie nicht besser schwimmen können. Aus Sicht der Gesundheitserziehung hingegen springen Menschen aus eigenem Willen in den Fluss und weigern sich gleichzeitig, das Schwimmen zu lernen. Die Frage kann also nur lauten: Wie wird man, wo immer man sich in dem Fluss befindet, dessen Natur von historischen, soziokulturellen und physikalischen Umweltbedingungen bestimmt wird, ein guter Schwimmer?" (Antonovsky, Übersetzung durch Franke, 1997, S. 92).

So betrachtet hängt Gesundheit einerseits von gesundheitspolitischen und – auf Unternehmen bezogen – gesundheitsunternehmerischen Rahmenbedingungen und Voraussetzungen ab. Andererseits auch von der persönlichen Fähigkeit, zu „schwimmen". Diese Persönlichkeitseigenschaft, zu „schwimmen", wird von Antonovsky „Kohärenz" genannt. Kohärenz beschreibt eine Grundhaltung, die Welt zusammenhängend und sinnvoll zu erleben. Sie bildet das Kernstück des salutogenetischen Ansatzes.[1]

---

1   Neben dem Kohärenzgefühl behandelt Antonovsky die Elemente „Gesundheits- Krankheits-Kontinuum", „Stressoren und Spannungszu- stände" und „generalisierte Widerstandsressourcen" (Bengel, Strittmatter und Willmann, 2001, S.28). Auf diese Elemente wird in diesem Artikel nicht detailliert eingegangen.

In seiner Erforschung des Elementes „Kohärenz" liegen folgende Gedanken zu Grunde: „Äußere Faktoren wie Krieg, Hunger oder schlechte hygienische Verhältnisse gefährden die Gesundheit. Dennoch gibt es auch unter gleichen äußeren Bedingungen Unterschiede im Gesundheitszustand verschiedener Menschen. Wenn also die äußeren Bedingungen vergleichbar sind, dann wird es seiner Ansicht nach von der Ausprägung dieser individuellen, sowohl kognitiven als auch affektiv-motivationalen Grundeinstellung abhängen, wie gut Menschen in der Lage sind, vorhandene Ressourcen zum Erhalt ihrer Gesundheit und ihres Wohlbefindens zu nutzen" (Bengel, Strittmatter und Willmann, 2001, S.28).

Kohärenz setzt sich nach Antonovsky aus drei Komponenten zusammen (Bengel, Strittmatter und Willmann 2001, S.29):

- Gefühl von Verstehbarkeit

- Gefühl von Bewältigbarkeit

- Gefühl von Sinnhaftigkeit

Dies bedeutet für den Arbeitskontext, dass Gesundheit dort gefördert wird, wo Aufgaben und Rollen, Prozesse und Strukturen, Zweck und Zielsetzungen als verstehbare und in sich konsistente Informationen erlebt werden. Zudem ist es förderlich, dass schwierige Situationen als bewältigbar und lösbar wahrgenommen werden. Das bedeutet, dass man selbst oder das Umfeld „geeignete Ressourcen zur Verfügung hat, um den Anforderungen zu begegnen" (Antonovsky, Übersetzung durch Franke, 1997, S. 35). Vor allem steht aber die motivationale Komponente der erlebten Sinnhaftigkeit. Gesundheitsförderlich ist es, wenn man das Leben und die Arbeit als emotional sinnvoll empfindet. Das bedeutet, dass man den Einsatz von Energie und Engagement sowie die Übernahme von Verantwortung und Herausforderung eher willkommen annimmt als dies permanent belastend zu empfinden.

Dem Konzept folgend liegt die Vermutung nahe, dass Drucksituationen im Arbeitsalltag in ihrer Wirkung auf die Gesundheit abgemildert werden, wenn Unternehmen salutogene Bedingungen schafften (z.B. Verzicht auf Mehrarbeit und Überstundenausgleich, konstruktiver Umgang mit Fehlern, wertschätzende Kommunikations- und Führungskultur, klare Priorisierung von Aufgaben, (Unternehmens-)Vision als Orientierungshilfe und Sinnstiftung, hierarchieübergreifende Informationspolitik, kein rein quantitativer Zieldruck).

Salutogenese zeigt Handlungsmöglichkeiten auf und manifestiert sich in einer Haltung pro Gesundheit. Salutogenese liegt vielen erfolgreichen Gesundheitskonzepten zugrunde, wie auch den in diesem Artikel beschriebenen Praxisbeispielen.

Einleitung: Das Dilemma der Unternehmen – zwischen Anspruch und Wirklichkeit

Nach meiner Einschätzung werden Unternehmen für ihr Überdauern in die Gesunderhaltung der Menschen investieren müssen. Zunehmend wird es mehr Unternehmen geben, die es sich zur Aufgabe machen, gesunde Arbeitsbedingungen zu schaffen, die Gesunderhaltung der Angestellten zu fördern und gesundes Verhalten anzuerkennen. Und es wird abnehmend die Unternehmen geben, die der reinen Gewinnmaximierung treu bleiben, von ihren Angestellten permanente Erreichbarkeit, Flexibilität und Mobilität verlangen. Beides zugleich wird es nicht geben, da sich die Faktoren, die zur Gesunderhaltung beitragen, und die genannten Faktoren der Entgrenzung der Arbeit ausschließen. Unternehmen werden sich zu einer klaren und transparenten Entscheidung der Art der Unternehmensführung bekennen und dafür bekannt werden.

Keupp (2012, S.22) schlussfolgert richtungsweisend, indem er sagt, dass wenig gewonnen sei, wenn „an Mitarbeiter appelliert wird, dass sie mehr für ihre Gesundheit tun müssten, wenn in Betrieben die Leistungsnormen oder Verkaufserwartungen ständig erhöht werden oder eine Führungskultur, die inhumane Arbeitsbedingungen erzeugt, unverändert bleibt."

Unternehmen können in ihrer öffentlichen Positionierung zum Thema Gesunderhaltung in ein Glaubwürdigkeitsdilemma schlittern durch eine wahrgenommene Kluft von „Sagen" und „Handeln" zwischen...

- ...gelebter Kurzfristigkeit in Planungs-, Entscheidungs- und Kontrollzyklen und gewünschter Langfristigkeit in der Etablierung der Gesunderhaltung, Zufriedenheit und Engagement der Angestellten,

- ...Defizitvermeidung und Ressourcenstabilisierung,

- ...Realität einer getriebenen Unternehmenskultur und Anspruch einer gesunden Unternehmenskultur,

- ...erwarteter permanenter Erreichbarkeit und Work-Life-Balance,

- ...permanent steigenden Produktivitätsanforderungen und Gewinnmaximierung und Konsolidierung und gesundem Wachstum

- ...dem Diktat der Fremdsteuerung und dem Aufsatz zur Selbstgestaltung.

Die gegenwärtig verbreitete Haltung, dass Gesundheit reine Privatsache sei und der Mensch für seine Fitness und Ausgeglichenheit selbst sorgen müsse, wirkt doch zu einseitig. Ebenso erscheint es unerfüllbar, dass der Mensch für die Bewältigung der an ihn gestellten Anforderungen der Wissensgesellschaft und für die Erfüllung der hochgesteckten Erwartungen des Unternehmens selbst verantwortlich sei, auch für sein Scheitern. Denn: „Nicht selten erlebt sich das angeblich selbstwirksame ‚unternehmerische Selbst' als ‚unternommenes Selbst'" (Keupp, 2012, S.20).

Nach Feststellung des Dilemmas stellt sich die Frage, wie ein adäquates Soll-Profil unternehmerischen Handelns aussehen kann. Dabei kann ein visionärer Blick Impulse geben.

Ein visionärer Anspruch: Gesundheit als integraler Bestandteil von Arbeit

Unternehmen werden

- durch die Fokussierung auf Gesunderhaltung Sinn stiften,

- in ihren Strategien das Thema der Gesunderhaltung priorisieren,

- mit ihren Top-Managern Ziele zur Gesunderhaltung vereinbaren,

- ihre Führungskräfte zu gesunderhaltendem Führungsverhalten auffordern und fördern und

- in ihren Strukturen und Prozessen dem Thema Gesunderhaltung eine hohe Priorität beimessen.

Kurzum: In der Unternehmenskultur wird sich die Gesunderhaltung spiegeln. Menschen arbeiten zusammen, die den Wert der Gesundheit anerkennen und den Nutzen von Gesundheit freilegen (Gänseler und Bröske, 2010, S. 48) sowie die Einsicht und den Sinn einer gesunderhaltenden Unternehmenskultur forcieren.

Gesundheit wird keine reine Privatsache mehr sein. Unternehmen werden sich daran gewöhnen, sich für die Gesunderhaltung ihrer Angestellten verantwortlich zu fühlen und zu sein. Angestellte werden sich daran gewöhnen, dass Unternehmen vor allem durch mehr Gesundheitsangebote und Aufklärung zur Gesunderhaltung versuchen, auch das Verhalten außerhalb der Arbeit mitzugestalten. Unternehmen werden zukünftig ihre Aufgabe darin sehen, mit ihren Angestellten zu vereinbaren, wo ihre rein berufliche und aufgabenbezogene Verantwortung und ihr Engagement aufhören. Unternehmen werden klare Grenzen setzen, um den aktuellen und gebilligten Entgrenzungstendenzen von Arbeit entgegenzuwirken. Diese Grenzen verdeutlichen, was, wann und warum nicht mehr getan werden soll. Und das alles für die Gesunderhaltung aller Angestellten. Gesundheit wird integraler Bestandteil von Arbeit, denn „Ohne Gesundheit ist alles nichts".[2]

Im nächsten Teil wird beschrieben, welche aktuellen Forschungsergebnisse und Trends für adäquate Zielbilder und mögliche Interventionen berücksichtigt werden sollten.

---

[2]   Nach dem Zitat von Abbi Hübner: „Gesundheit ist nicht Alles, aber ohne Gesundheit ist Alles Nichts.

Gegenwärtige Entwicklungen: Kondratjews 6. Wirtschaftszyklus, Demografie und Forschungsergebnisse

Dass Gesundheit mehr als ein Trendthema ist, belegen Indizien und Forschungsergebnisse. Ein Indiz basiert auf den Annahmen des sowjetischen Wirtschaftswissenschaftlers Nikolai Kondratjew (1892-1938), der in Wirtschaftszyklen – den langen Wellen – geforscht hat. Die Theorie der langen Wellen besagt, „dass es irgendwann einen nötigen Faktor gibt, der im Verhältnis zu den anderen zu knapp und daher zu teuer wird, um mit ihm noch weiter rentabel arbeiten zu können. (…) Genau aus diesen Knappheiten entstehen Innovationen und neue Märkte, weil diese wirtschaftlich notwendig werden (…)" (Händeler, 2008, S. 33).

Der deutsche Zukunftsforscher Erik Händeler, der sich auf die Theorie der langen Wellen spezialisiert hat, sieht das Thema der Gesundheit als nächste Knappheitsgrenze und somit als Motor des nächsten Kondratjew-Zyklus, der die aktuelle lange Welle der Informationstechnologie (seit 1990) ablösen wird. „Auf unserer historischen Entwicklungsstufe ist Gesundheit zur aktuellen Knappheit geworden, die das Wachstum niedrig hält. Hier entsteht der neue Innovationsdruck, der neue Produkte und Dienstleistungen rentabel macht. (…) Der vermeintliche Kostenfaktor Gesundheit wird künftig der entscheidende Produktionsfaktor für die Wirtschaft in der Informationsgesellschaft sein" (Händeler, 2008, S.38). Gänseler und Bröske (2010, S. 47) untermauern die These von Händeler: „In der Wissensgesellschaft läuft die Wertschöpfung über Menschen und zum Nutzen von Menschen. Damit ist der Mensch aber auch der Flaschenhalsfaktor: Er muss nicht nur geistig fit sein, sondern an Körper und Psyche gesund, damit wirklicher Wert geschöpft wird und nicht Kosten und Ausfälle produziert werden".

Dieses Indiz wird flankiert durch den Fakt der demografischen Entwicklung in Deutschland. Das Verhältnis zwischen jungen qualifizierten Menschen, die den Arbeitsmarkt betreten, und älteren erfahrenen Menschen, die im Begriff sind, den Arbeitsmarkt zu verlassen, gerät zunehmend aus dem Gleichgewicht (vgl. Statistische Ämter des Bundes und der Länder, 2011). Die demografische Entwicklung hat nicht nur Einfluss auf verschiedenste Bereiche der Gesellschaft, sondern schlägt sich auch in vielen Bereichen des Unternehmensalltags nieder. Unternehmen stehen nicht nur vor der Aufgabe im Kampf um die besten Arbeitskräfte konkurrenzfähig zu sein, sondern müssen auch ihre Beschäftigten über einen längeren Zeitraum als noch vor einigen Jahren physisch und psychisch leistungsfähig halten. Für Arbeitskräfte wird es zunehmend wichtiger, in einem Umfeld zu arbeiten, das ihnen die Möglichkeit gibt, auch langfristig die Gesundheit zu erhalten, denn das „künftige Differenzierungsmerkmal für Mitarbeiter wird die Gesundheit. Die heutige Frage der Personalauswahl `Wie alt schon?´ wird in wenigen Jahren abgelöst durch die Frage `Wie fit noch?´" (Gänseler und Bröske, 2010, S. 56).

Dass der Gesundheitszyklus für einen Aufschwung wirklich realistisch ist, beweisen zum einen Statistiken und Kennzahlen des Gesundheitsmanagements aus den Gesundheitsreports und diversen Veröffentlichungen, vor allem der wissenschaftlichen Institute der Krankenkassen (z.B. Fehlzeitenreports der WIdO der AOK) oder statistischen Bundesämtern (z.B. Gesundheitsberichterstattung des Bundes oder das Gesundheitsmonitoring des Robert-Koch-Institutes). Zum anderen können Sie auch einen Blick in Ihr persönliches Umfeld werfen, lieber Leser. Möglicherweise brauchen Sie gar nicht so weit zu schauen, um bei sich und anderen festzustellen, welchen Gesetzmäßigkeiten und Anforderungen die berufstätige Bevölkerung gegenwärtig unterliegt:

- permanente Erreichbarkeit in Zeiten der Komplexitätssteigerung und Globalisierung der Arbeitswelt,

- Verschmelzung und Entgrenzung von Arbeits- und Privatleben

- ausgeklügelte Kontrollcockpits zur analogen Feststellung der Zielerreichung,

- digitaler Lebensstil auf höchstem technologischem Standard,

- Informationsvielfalt und -dichte, generierbares und reproduzierbares Wissen

- flexibler Umgang mit Zeit und grenzenlose Wahlfreiheit

- Mobilitätsanforderungen durch die Kurzfristigkeit von sich schnell wandelnden Unternehmensstrukturen,

- Gewinnmaximierung und Produktivitätssteigerung aufgrund des Primärinteresses der Shareholder,

- wenig Kommunikation mit Vorgesetzten, Kostensenkungsprogramme und Prozessoptimierungen.

Diese beschleunigte und transparente Welt hat jedoch auch ihr Korrektiv: den Menschen. Man fragt sich, ob der Mensch für diese Art der Anforderungen gemacht ist?! Positiv an den genannten Eindrücken ist, dass wir „den Gegner" – die Anforderungen – kennen und wir somit die Chance haben, den Umgang mit den Anforderungen zu lernen. Dieser Prozess ist für viele Angestellte ein schmerzvoller und schwierig zu bewältigender. „Die Verlängerung von Arbeitszeiten verkürzt die verfügbare Freizeit und damit die potenziell verfügbare Regenerationszeit" (Rau, 2012, S. 185). Die Folge dieser Entgrenzung von Arbeit ist wachsender Zeit- und Leistungsdruck. „Vor allem Führungskräfte haben keine Zeit mehr, krank zu sein. Führungskräfte waren im Jahr 2010 nur an durchschnittlich 4,8 Tagen krankgemeldet. Sie schleppten sich aber an

8,3 Tagen ins Büro, obwohl sie eigentlich ins Bett gehörten" (Münsterland-zeitung, 11.08.2011). Dieses Phänomen des „Präsentismus" (trotz Krankheit am Arbeitsplatz sein) spiegelt nicht nur den verspürten Druck und die Angst der Führungskräfte wieder, sondern führt auch zu Minderleistung und Pro-duktivitätsverlust (vgl. Booz & Company, 07.06.2011; Gänseler und Bröske, 2010, S. 35). Die Entgrenzung von Arbeit, eine inhumanere Unternehmens-kultur und Sinnentzug ziehen ein sich veränderndes Krankheitsbild mit sich: eher weg von körperlichen Krankheiten, mehr hin zu psychischen und psy-chosomatischen Krankheitssymptomen.

„Der prozentuale Anteil der Fehlzeiten aufgrund psychischer Erkrankungen liegt mit 9,6% im dritten Jahr in Folge höher als der Anteil der Herz- und Kreislauferkrankungen (6,2%). Die psychischen und Verhaltensstörungen haben in den letzten Jahren deutlich zugenommen. (...) Nach Prognosen der Weltgesundheitsorganisation (WHO) ist mit einem weiteren Anstieg der psy-chischen Erkrankungen zu rechnen. Der Prävention der Erkrankungen wird daher in Zukunft eine wachsende Bedeutung zukommen. Die Fehlzeiten sind im Vergleich zum Jahr 2000 bei allen Krankheitsarten – bis auf die psychischen Erkrankungen – rückläufig." (Meyer, Weirauch und Weber, 2012, S. 315/316).

Alarmierend wirkt auch die Zunahme der Burnout-Erkrankten von 8,1 Fehl-tagen in 2004 je 1.000 AOK-Mitglieder auf 94,4 Tage in 2011 je 1.000 AOK-Mitglieder. Dies bedeutet eine Zunahme um das 11-fache in 7 Jahren (Meyer, Weirauch und Weber, 2012, S. 337). „Alters- und geschlechtsbereinigt hoch-gerechnet auf die mehr als 34 Millionen gesetzlich versicherten Beschäftigten bedeutet dies, dass ca. 130.000 Menschen mit insgesamt mehr als 2,6 Millio-nen Fehltagen im Jahr 2011 wegen eines Burnouts krankgeschrieben wurden (Meyer, Weirauch und Weber, 2012, S. 337). Erwähnenswert an dieser Stelle ist noch die durchschnittliche Falldauer psychischer Erkrankungen, die mit 22,5 Tagen je Fall mehr als doppelt so hoch lag wie der Durchschnitt aller Krankheiten mit 11,0 Tagen je Fall im Jahr 2011 (Meyer, Weirauch und We-ber, 2012, S. 292). Laut Heinrich Deserno (2005, S.188), Psychoanalytiker aus Frankfurt hat "die WHO hochgerechnet, dass im Jahr 2020 Depressionen welt-weit und in allen Bevölkerungsschichten die zweithäufigste Krankheitsursache sein wird" und begründet dies mit der Feststellung, dass „Depressionen für den spätmodernen Lebensstil beispielhaft werden könnten, und zwar in dem Sinne, dass sie das Negativbild der Anforderungen beziehungsweise paradoxen Zumu-tungen der gesellschaftlichen Veränderungen darstellen und deshalb in besorg-niserregender Weise zunehmen könnten" (Deserno, 2005, S.188).

Alles in allem sind die Thesen von Kondratjew und Händeler sowie mög-liche subjektive Wahrnehmungen und Beobachtungen bei einem selbst und seinem Umfeld sowie die Forschungsergebnisse und Berichte aus offiziellen Reports und von Experten unterschiedlicher Disziplinen alarmierend genug, um in sofortige Aktivitäten hin zu mehr Gesunderhaltung zu investieren. Die Unternehmenswelt lässt sich allerdings noch nicht wirklich zu einem klaren Bekenntnis stimulieren, gefolgt von klarem Verhalten und klaren Maßnah-men pro Gesundheit als strategischen und kulturellen Faktor. Es gibt jedoch

Lippenbekenntnisse und eine billigende Wahrnehmung, dass die Themen Betriebliches Gesundheitsmanagement, Vereinbarkeit von Beruf und Familie, Demografischer Wandel und Gesundheitsförderung am Arbeitsplatz ihre Berechtigung haben.

Das Paradoxe bei all den alarmierenden Zahlen, die eher als gesundheitsgefährdend einzuordnen sind, ist, dass Gesundheit Leistung fördert. Wer also Leistung will, muss Gesundheit fördern.

„Leistungsbereitschaft, Flexibilität und Innovationskraft eines Menschen hängen maßgeblich ab von seiner körperlichen Gesundheit und seinem seelischen Wohlbefinden." (Badura, 2000)

Der Faktor Gesundheit steht demnach auf der Türschwelle der Unternehmenspforten, auf deren Klingelschild steht: „betriebswirtschaftliche Notwendigkeit".

Basierend auf dieser Feststellung hat die Bertelsmann AG ein mehrjähriges Forschungsvorhaben realisiert, bei dem zum einen der Zusammenhang von partnerschaftlicher Führung mit der Gesundheit der Mitarbeiter einerseits und den wirtschaftlichen Ergebnissen andererseits untersucht wurden. Zum einen wurden Mitarbeiterbefragungen durchgeführt und zum anderen wurden erstmals auch Strukturgleichungsmodelle angewendet, die Ursachen und Wirkungen zwischen Faktoren auf der Unternehmenskultur aufzeigen. Ergebnisse der Untersuchung haben ergeben, dass Einflussfaktoren auf die Mitarbeitergesundheit wie Autonomie oder Strategietransparenz auch auf die Identifikation der Mitarbeiter mit ihren Aufgaben und dem Unternehmen wirkt. Die gesteigerte Identifikation wiederum hat einen belegbaren positiven Effekt auf das betriebswirtschaftliche Ergebnis. So gesehen spiegeln sich salutogene Arbeitsbedingungen und gesundheitsförderndes Führungsverhalten gleichermaßen in der Gesunderhaltung der Mitarbeiter und in der Ergebnissteigerung in Unternehmen wider – eine Win-win-Situation (Netta, 2011, S. 179-190).

Wenn man das also alles weiß und auch die Erkenntnis akzeptiert, dass ohne Gesundheit alles nichts ist, dann wundert man sich, dass Unternehmen nicht konsequent die Gesunderhaltung der Angestellten fördern.

Meiner Ansicht nach könnte eine Antwort darin liegen, dass organisationales Lernen, das sich prägend auf eine Unternehmenskultur auswirkt, mehr Zeit und deutlichere Beweise benötigt, wie z.B. einen zu hohen Leidensdruck oder eine erstrebenswerte Perspektive. Meine Befürchtung ist, dass es erst ein unternehmensweites Kollektiv-Burnout braucht, um dafür Sorge zu tragen, dass hier eine Entwicklung beschleunigt wird. Denn Menschen, die ein Burnout erlitten, tun alles, damit dies nicht noch einmal eintritt. Gegebenenfalls müssen Unternehmen auch erst in einen Erschöpfungszustand oder in die Depression verfallen, dass sie Strategien, Prozesse und Kultur ändern.

Praxisbeispiele für Interventionen zur Gesunderhaltung in Unternehmen

Glücklicherweise gibt es jedoch schon eine Vielzahl von überzeugenden unternehmerischen Vorzeigeinitiativen zur Gesunderhaltung der Angestellten, die einem Kollektiv-Burnout vorbeugen. Um einen eigenen passenden unternehmerischen, strategischen Ansatz zu entwickeln und zu formulieren, ist es hilfreich, gute unternehmerische Beispiele pro Gesunderhaltung zu kennen. Allen Beispielen liegen das Konzept und die Haltung der Salutogenese zu Grunde. Sie bekommen hier einen Einblick in drei unternehmensspezifische Ansätze, die alle das Ziel verfolgen, ganzheitlich ihre Konzepte zur Gesunderhaltung zu realisieren.

Förderung einer Gesundheitskultur am Beispiel Vattenfall Europe

Glaw, Pillekamp, Radke-Singer und Uhlig (2012, S. 221-231) beschreiben in ihrem Artikel einen ganzheitlichen Ansatz betrieblichen Gesundheitsmanagements bei Vattenfall Europe mit dem Titel: „Förderung der Gesundheitskultur und Umgang mit der Flexibilisierung von Arbeit bei Vattenfall Europe" (S. 221). Konkrete Ziele dabei waren, die „Arbeitszufriedenheit und die Identifikation der Mitarbeiter zu stärken, ihre Arbeits- und Beschäftigungsfähigkeit zu erhalten sowie ein gesundheitsgerechtes Verhalten zu unterstützen" (Glaw et al., 2012, S. 221). Die Autoren zeigen auf, wie das Betriebliche Gesundheitsmanagement einen Beitrag leisten kann, der flexiblen Arbeitswelt gerecht zu werden, indem Gesundheit in der Unternehmenskultur verankert wird. Nach Mitarbeiterbefragungen und der Entwicklung vielfältiger gesundheitsorientierter Maßnahmen resümieren die Autoren, dass „alle gesundheitsfördernden Initiativen nur dann nachhaltig sind, wenn gleichzeitig zu den Maßnahmen auch organisatorische Ursachen für hohe Fehlzeiten wie der Managementstil oder das Betriebsklima unterstützend verändert werden" (Glaw et al., 2012, S. 230). Gerade die Stellschrauben der unternehmerischen Arbeitsbedingungen und sowohl das salutogene Verhalten als auch die salutogene Haltung der Top-Manager sind eine Grundvoraussetzung für eine erfolgreiche Veränderung zu einer gesunderhaltenden Unternehmenskultur. Für das Erreichen einer „Gesundkultur" sind eine strategische Festlegung auf und strategiegetriebene Initiativen zur Gesunderhaltung wesentlich.

Gesundheitsgerechte Mitarbeiterführung am Beispiel eines mittelständischen Unternehmens

Schmitt und Treixler (2009, S.27) zitierten in ihrem Vortrag zum Thema Führungsverhalten und Gesundheit aus der im Jahr 2000 erschienenen VW-Studie von Prof. Peter Nieder „Eine Führungskraft nimmt ihren Krankenstand mit, wenn sie versetzt oder befördert wird!" Genauso präsentierten sie ein Ergebnis einer AOK Studie von 2010, dass die Fehlzeiten-Ursache Nr. 1 die mangelnde Kommunikation zwischen Vorgesetzten und Mitarbeitern sei.

Diesen Aussagen folgend hat die AOK Bayern mit der jeweiligen Unternehmensführung mehrere mittelständische Unternehmen untersuchen dürfen, die auf den erhöhten Anstieg von vor allem psychisch bedingten Arbeitsunfähigkeitstagen reagiert haben. Sie haben die Antworten im Führungsverhalten gesucht und gefunden. Im Kern ging es immer um die Analyse der spezifischen Problemstellung, der Auswahl geeigneter Interventionen und im Nachgang einer Bewertung der Intervention. In ihren Ausführungen „Erfolgreiche Implementierung gesundheitsgerechter Mitarbeiterführung in mittelständischen Unternehmen" untersuchten und begleiteten Bayer, Förster, Heimerl und Grofmeyer (2011, S. 147-158) unter anderem ein mittelständisches Unternehmen in der Spielwarenindustrie unter dem Aspekt der führungsbedingten Belastungen. Sowohl das Führungsverhalten als auch die Auswirkungen des gezeigten Führungsverhaltens waren Gegenstand der untersuchten Projekte. Führungskräfte sind durch ihr besonderes Aufgaben- und Anforderungsspektrum spezifischen Gesundheitsbelastungen ausgesetzt. Gerade hier ergaben sich hohe Fehlzeiten und Krankenstände bei Führungskräften und auch bei Mitarbeitern, so dass akuter Handlungsbedarf entstand. Innerhalb des Projektes wurde deutlich, wie stark die Führungskraft sowohl die eigene Gesunderhaltung als auch die ihrer Mitarbeiter beeinflusst und gleichzeitig über geringe bis gar keine Kenntnis zum gesundheitsgerechten Führungsverhalten verfügt. Sie waren häufig selbst mit Termin- und Leistungsdruck, häufigen Störungen und Übernahmen neuer Aufgaben konfrontiert. Und sie sollten selbst noch ein Vorbild sein und durch beispielhaftes Verhalten anderen Orientierung geben (Bayer, Förster, Heimerl und Grofmeyer, 2011, S. 149). Dieses Führungsdilemma erklärt, warum der Spagat für Führungskräfte kaum zu bewältigen erscheint und zu einer psychischen Belastung wird. Das untersuchte Unternehmen entschied sich vor allem für Interventionen zu den Themenblöcken „Einfluss der Vorgesetzten auf Gesundheit und Fehlzeiten bei Mitarbeitern" und für „Grundlagen der Kommunikation". Diese moderierten Workshopreihen waren für alle Führungskräfte verpflichtend. Durch die Benennung der Themen und die Enttabuisierung gesundheitsrelevanter Themen konnten einerseits viele Irritationen auf Seiten der Führungskräfte und Mitarbeiter gelöst werden. Andererseits führte dies zu einer Verringerung der individuell empfundenen psychischen Belastung seitens der Führungskräfte und einer Bestätigung der Betriebsräte, dass das Arbeitsklima im Fertigungsbereich durch eine sensiblere Art der Führung entspannter war (Bayer, Förster, Heimerl und Grofmeyer, 2011, S. 150).

Diese Untersuchungen machen die Tragweite für gesundheitsgerechte Führung sehr deutlich und bieten gezielte Ansatzpunkte für Interventionen zur Veränderung des individuellen Führungsverhaltens.

Beschreibung eines selbst durchgeführten Beratungsprojektes: Gesundheit als strategischer Faktor und Kulturmerkmal

Voraussetzung für alle Aktivitäten zur Gestaltung eines nachhaltigen und zukunftsweisenden Betrieblichen Gesundheitsmanagements – einem kulturellen Veränderungsprozess – ist ein strategischer Auftrag durch die Unternehmensführung. Neben den verhaltensspezifischen Maßnahmen (Vermeidung von gesundheitsgefährdetem Verhalten und Förderung gesundheitsgerechter Verhaltensweisen) gilt es auch eine Veränderung der Arbeitsverhältnisse (Gesundheitsvorbeugung im Hinblick auf die Arbeitsplatzgestaltung, der Arbeitsstätte, die Arbeitsmittel und die sonstige Arbeitsumwelt) zu schaffen. Verhalten und Verhältnisse greifen ineinander und können nur parallel gestaltet und entwickelt werden.

In einem großen Unternehmen aus der Finanzbranche kam der Auftrag, „das Betriebliche Gesundheitsmanagement strategischer zu gestalten". Ursache dafür war, dass sich das Unternehmen dafür entschied, die Themen Gesundheit und Vereinbarkeit von Beruf und Familie in das Unternehmensleitbild und die Führungsgrundsätze zu integrieren. Dies war der Antrieb hin zu einem strategischen Gesundheitsmanagement.

In Workshops entwickelten die Mitarbeiter der Abteilung Betriebliches Gesundheitsmanagement und die Personalleitung ein Konzept mit der Leitidee, die Gesunderhaltung in dem Unternehmen proaktiv auf allen Ebenen zu leben: ein Prozess zur langfristigen Kulturentwicklung mit Schwerpunkt auf Gesundheit und Gesunderhaltung. In der Analyse der Ausgangssituation stellte sich heraus, dass das Unternehmen ein umfangreiches, angebotsorientiertes Programm zur Gesunderhaltung der Mitarbeiter bereits realisierte.

Der Fokus wurde verstärkt auf die Mitarbeiter ausgerichtet (siehe Abb.1), dem Paradigma folgend, dass Gesundheit Privatsache sei. Die Ebene des Unternehmens und die Ebene der Führungskräfte wurden wenig bedient. Den Mitarbeitern, die Interesse an der eigenen Gesunderhaltung hatten, wurde die Teilnahme an Programmen ermöglicht. Hier waren vor allem Bewegung, Ernährung, Stressbewältigung und Vorsorge und Arbeits- und Gesundheitsschutz die Hauptthemen.

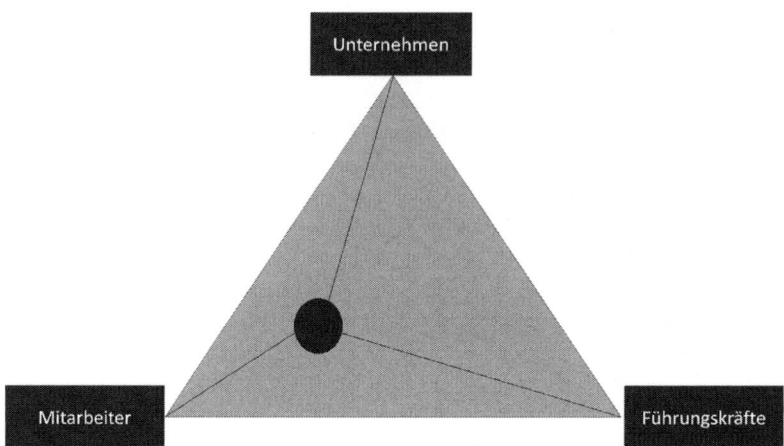

**Abbildung 1   Ausgangssituation: Angebotsorientiertes Gesundheitsdreieck
– fokussiert auf Mitarbeiter**

Ziel des strategischen Konzeptes ist es, Gesundheit als Bestandteil der Unternehmenskultur innerhalb von 5 Jahren zu forcieren und das Thema in alle strategisch wichtigen Themen zu integrieren. Das bedeutet, dass in neuen Projekten, wechselnden Aufgaben, Umstrukturierungen, Produktinnovationen etc. immer auch die Gesunderhaltung der Beteiligten mitgedacht und behandelt wird. Ebenso ist es wichtig, die reine Angebotsorientierung der Maßnahmen mit Interventionen zu ergänzen, die auf der Ebene des Unternehmens an den Arbeitsbedingungen und auf der Ebene der Führungskräfte an der Qualifikation ansetzten (siehe Abb. 2).

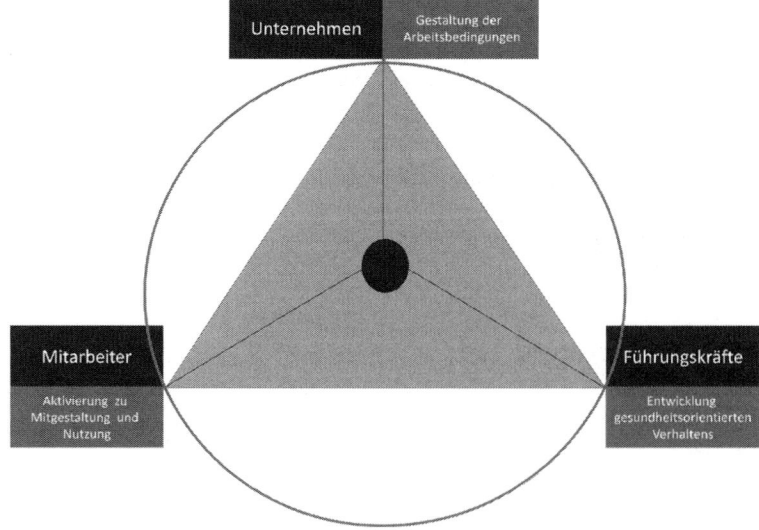

**Abbildung 2   Zielbild: Strategisches Gesundheitsdreieck
– fokussiert auf Unternehmen, Führung und Mitarbeiter**

190

Zur Entwicklung der Arbeitsbedingungen dient das Konzept der Salutogenese als Hintergrundfolie mit den Kriterien Verstehbarkeit, Bewältigbarkeit und Sinnhaftigkeit. Maßnahmen werden nun zu den Themen Personalplanung und Arbeitszeitmodelle sowie Möglichkeiten zum Verzicht auf Mehrarbeit und Umgang mit elektronischen Kommunikationsmedien konzipiert. Jeder Bereich soll zudem eine Erhebung zur eigenen Gesundheitssituation machen und im Anschluss in einem moderierten Workshop gezielte Veränderungen anstoßen. Geplant ist ein Pilotbereich zwecks Erforschung gesunder Verhältnisse und gesundheitsfördernden Verhaltens unter Live-Bedingungen.

Auf der Ebene der Führungskräfte gilt vor allem die Vorbildfunktion als Triebfeder. Hier setzen sich die Führungskräfte verpflichtend mit ihrer Rolle in diesem kulturellen Veränderungsprozess auseinander. Ein Workshop zu diesem Thema wird im Rahmen der bestehenden Programme der Führungskräfteentwicklung angeboten. Weitere Maßnahmen:

- Gesundheitsziele werden Teil der Zielvereinbarungen,

- an schon regelmäßig stattfindenden Netzwerktagen der Führungskräfte wird das Thema Gesundheit als Impuls stärker integriert,

- Führungskräfte arbeiten zwei bis drei Tage pro Jahr in den operativen Einheiten, um für die Anliegen der Mitarbeiter wieder sensibilisiert zu werden,

- für die eigene Gesunderhaltung gibt es einen Workshop, der zum Inhalt hat, sich auf „Herz und Nieren" checken zu lassen.

Neben den genannten Interventionen sind vor allem die zahlreichen Gesprächsrunden und Workshops zum Thema Gesundheit mit verschiedenen Ansprechpartnern aus unterschiedlichen Hierarchien und Bereichen von großer Bedeutung. Ziel dieser Gespräche ist, für das Thema der Gesunderhaltung zu sensibilisieren und vielfältige Meinungen ab- und wertzuschätzen. Zudem geben die Feedbacks aus den Gesprächen immer wieder Aufschluss über die Akzeptanz und die Anschlussfähigkeit des Konzeptes an die Eigenheiten des Unternehmens. Wichtig ist ebenfalls die Verzahnung mit Initiativen im Unternehmen, die die gleichen Ansätze und Ziele verfolgen wie z.B. einer Arbeitsgruppe Demografie, der Initiative Beruf und Familie oder auch der internen Marketingabteilung. Genauso wichtig ist die Verzahnung mit externen Partnern: es entstand zum einen eine Kooperation mit einer Krankenkasse, die spezifische Angebote konzipiert und unterstützt. Zum anderen wurde ein regelmäßiger Erfahrungsaustausch mit Verantwortlichen des Gesundheitsmanagements aus einem vergleichbaren Unternehmen initiiert. Gegenwärtig sind erste Interventionen auf den Weg gebracht und befinden sich in der Erprobung. Erste Evaluationen werden Ende des Jahres 2014 stattfinden.

Wenn Sie vor ähnlichen Herausforderungen stehen, das Thema Gesunderhaltung strategischer zu gestalten, dann könnten folgende Tipps hilfreich sein:

- Vergewissern Sie sich in Ihrem Veränderungsprojekt, dass die Schlüsselpersonen den Weg mitgehen und zumindest für die Dauer des Projektes auch im Unternehmen verbleiben. Neuer Kopf heißt häufig neues Konzept.

- Bringen Sie sich regelmäßig in kurzen Abständen auf den Stand der Dinge. Die schneller werdende Welt fordert schnelle Entscheidungen und Veränderungen.

- Verwenden Sie für eine Kulturmessung in Verbindung mit Fragen zum Status Quo von Gesundheit ein effektives Instrument, beispielsweise den High Performance Organisations Analyser (HPO) von Heidbrink (2011). Das Ergebnis des HPO beschreibt Kultur und lädt zu anspruchsvollen Gesprächen mit dem Top Management ein.

- Bilden Sie ein heterogenes Netzwerk mit Befürwortern und Kritikern und arbeiten Sie anhand des Feedbacks konkrete Handlungen aus.

- Bringen Sie interne Einheiten mit ähnlichen Zielen zusammen und suchen Sie gezielt nach externen Partnerschaften.

- Lernen Sie von den Antreibern und Motiven der Vertretern der neuen Generation (Generation Y): Sinnvolle Arbeit, gesellschaftliche Relevanz, Work-Life-Balance, hoher Anspruch an sich selbst (Deutsche Gesellschaft für Personalführung, 2011, S. 9). Und gewinnen Sie sie als Botschafter zum Thema Gesunderhaltung.

- Es braucht viel Überzeugungsarbeit und eine umfangreiche und präzise Datengrundlage, um rein zahlenorientierte oder eingefahrene Unternehmensführer der alten Schule für das Thema Gesundheit zu gewinnen.

- In großen Unternehmen braucht es Geduld und Ausdauer, um das Gesundheitsthema zu lancieren. In kleinen und mittelständischen Unternehmen ist die Veränderungsgeschwindigkeit und -wirksamkeit ungleich höher.

Auf dem Fahrplan durch den Artikel haben Sie nun Konzepte, Indizien, Zahlen, Forschungsergebnisse, Trends, Entwicklungen und Praxisbeispiele passiert, die zu folgenden zusammenfassenden Botschaften führen:

- Gesundheit entwickelt sich immer mehr zum kritischen Erfolgsfaktor für Wirtschaftsunternehmen.

- Gesundheit kann keine reine Privatsache sein.

- Für die Stabilität der Gesundheit in Unternehmen ist der Weg vom rein angebotsorientierten Gesundheitsmanagement hin zum strategischen Gesundheitsmanagement bedeutend.

- Veränderungsinitiativen müssen auf mehreren Ebenen zugleich oder iterativ in der Organisation ansetzen mit einem klaren Votum und Befürwortung der Unternehmensführer.

- Die Verzahnung von gesundheitsgerechten Verhältnissen und gesundheitsförderlichen Verhalten ist eine Erfolgsbedingung für die Umsetzung.

- Vor allem der Qualifikation der Führungskräfte kommt eine besondere Bedeutung zu, denn: sie haben eine große Wirkung auf die Gesunderhaltung ihrer Mitarbeiter. Sie müssen dabei unterstützt werden, den Spagat zwischen eigener grenzwertiger Belastungsempfindung und dem Erkennen von zu hoher Belastung bei ihren Mitarbeitern besser zu balancieren.

- Unternehmen müssen ihren Fokus auf Substanzerhaltung legen und das Trimmen auf Effizienz dosieren.

- Das Krankheitsbild ändert sich von rein körperlichen Beschwerden hin zu psychischen und psychosomatischen Erkrankungen.

- Menschen bleiben gesund, wenn sie Informationen, Aufgaben und Situationen verstehen, diese als bewältigbar wahrnehmen und diese ihnen sinnvoll-/stiftend erscheinen.

- Nur durch eine salutogene - menschliche und gesunderhaltende – Kultur werden Leistung und Produktivität langfristig möglich.

Mit einem Zitat pro Gesundheit von Sebastian Kneipp schließe ich den Artikel und hoffe auf anregende Diskussionen zum Thema der Gesunderhaltung:
„Wer nicht jeden Tag etwas Zeit für seine Gesundheit aufbringt, muss eines Tages sehr viel Zeit für die Krankheit opfern!"

Literaturverzeichnis

Antonovsky, A. und Franke, A. (1997). Salutogenese: Zur Entmystifizierung der Gesundheit. Tübingen: dgvt-Verlag.

Badura, B. (2000). Einleitung. In: Bertelsmann Stiftung, Hans-Böckler-Stiftung (Hrsg.), Erfolgreich durch Gesundheitsmanagement. Beispiele aus der Arbeitswelt (S.21-37). Gütersloh: Bertelsmann Stiftung.

Bayer, K., Förster, A., Heimerl, K. und Grofmeyer, E. (2011). Erfolgreiche Implementierung gesundheitsgerechter Mitarbeiterführung in mittelständischen Unternehmen. In: Badura, B., Ducki, A., Schröder, H., Klose, J., Macco, K.: (Hrsg.), Fehlzeitenreport 2011– Führung und Gesundheit. (S.147-158). Berlin Heidelberg: Springer.

Bengel, J., Strittmatter, R. und Willmann, H. (2001). Was hält Menschen gesund? In: Bundeszentrale für gesundheitliche Aufklärung (BZgA) (Hrsg.), Forschung und Praxis der Gesundheitsförderung Band 6. Köln: BZgA.

Booz & Company (07.06.2011). Deutsche Volkswirtschaft verliert mit 225 Mrd. Euro jährlich rund ein Zehntel des BIP durch kranke Arbeitnehmer. München. Verfügbar unter http://www.booz.com/de/home/Presse/Pressemitteilungen/pressemitteilung-detail/49542837 (Zugriff: August 2013).

Deserno, H. (2005). Liebe und Depression: Am Beispiel von Dieter Wellershoffs Roman „Der Liebeswunsch". In: Hau, S., Busch, H-J. & Deserno, H. (Hrsg.), Depression – zwischen Lebensgefühl und Krankheit. (S.165-194). Göttingen: Vandenhoeck & Ruprecht.

Deutsche Gesellschaft für Personalführung e.V. (DGFP). (2011). Zwischen Anspruch und Wirklichkeit: Generation Y finden, fördern und binden, (Praxis Papier 9/2011). Düsseldorf.

DPA (16.08.2011). Immer mehr Krankschreibung wegen der Psyche. Verfügbar unter www.muensterlandzeitung.de/nachrichten/art29812,1377670 (Zugriff: Mai 2013).

Gänseler, S. und Bröske, T. (2010). Die Gesundarbeiter. Hamburg: Murmann.

Glaw, C., Pillekamp, J., Radke-Singer, B. und Uhlig, A. (2012). Förderung der Gesundheitskultur und Umgang mit der Flexibilisierung von Arbeit bei Vattenfall Europe. In: Badura, B., Ducki, A., Schröder, H., Klose, J., Meyer, M. (Hrsg.), Fehlzeitenreport 2012 – Gesundheit in der flexiblen Arbeitswelt: Chancen nutzen – Risiken minimieren. (S. 221-231). Berlin Heidelberg: Springer.

Händeler, E. (2008). Gesundheit wird zum Wachstumsmotor: Die Ressourcen für Krankheitsreparatur werden immer knapper und der Innovationsdruck löst einen neuen Kondratieff-Strukturzyklus aus. In: Merz, F. (Hrsg.), Wachstumsmotor Gesundheit: Die Zukunft unseres Gesundheitssystems. (S. 29-61). München: Carl Hanser.

Heidbrink, M. und Jenewein, W. (2011). High-Performance-Organisationen. Stuttgart: Schäffer-Poeschel.

Keupp, H. (2012). Burnout als Haltesignal: Gesellschaftliche Ursachen der zunehmenden Erschöpfung. Wirtschaftspsychologie aktuell, 2, S. 19-22.

Meyer, M., Weirauch, H. und Weber, F. (2012). Krankheitsbedingte Fehlzeiten in der deutschen Wirtschaft im Jahr 2011. In: Badura, B., Ducki, A., Schröder, H., Klose, J. und Meyer, M. (Hrsg.) Fehlzeitenreport 2012 – Gesundheit in der flexiblen Arbeitswelt: Chancen nutzen – Risiken minimieren (S. 291-468). Berlin Heidelberg: Springer.

Netta, F. (2011). Synchronisierung der Führungskultur auf Gesundheit und Betriebsergebnis. In: Badura, B., Ducki, A., Schröder, H., Klose, J. und Macco, K. (Hrsg.), Fehlzeitenreport 2011 – Führung und Gesundheit (S. 179-191). Berlin Heidelberg: Springer.

Rau, R. (2012). Erholung als Indikator für gesundheitsförderlich gestaltete Arbeit. In: Badura, B., Ducki, A., Schröder, H., Klose, J. und Meyer, M. (Hrsg.) Fehlzeitenreport 2012 – Gesundheit in der flexiblen Arbeitswelt: Chancen nutzen – Risiken minimieren (S. 181-190). Berlin Heidelberg: Springer.

Statistische Ämter des Bundes und der Länder (2011). Demografischer Wandel in Deutschland, (Heft 1, 2011). Wiesbaden.

Treixler, M., Schmitt, M. (2009). Führungsverhalten und Gesundheit. Verfügbar unter http://www.skolamed.de/hot/hot2009/ws_treixler_schmitt.pdf , S.27. (Zugriff: Juli 2013).

Weltgesundheitsorganisation (1948). Verfassung der Weltgesundheitsorganisation, New York 1946. Verfügbar unter http://www.admin.ch/opc/de/classified-compilation/19460131/index.html. (Zugriff: August 2013).

13 Work-Life-Balance macht uns glücklich? – Psychologische Aspekte von Work-Life-Balance, Gesundheit und Lebenszufriedenheit

Petia Genkova & Melanie Breuer

Obwohl Arbeit stets ein Bestandteil unseres Lebens ist, der einen wesentlichen Teil unserer Zeit beansprucht, war die Problematik der Vereinbarkeit von Beruf und Familie nie zuvor derart präsent wie heute. Selbst die Politik beschäftigt sich ausgiebig mit diesem Problem und sucht vor dem Hintergrund des demografischen Wandels nach Lösungswegen, um Führungskräften und Beschäftigten das Austarieren beider Lebensbereiche zu erleichtern (Ulich & Wiese, 2011). Die Politik sowie Unternehmen suchen nach innovativen Wegen, um die Vereinbarkeit von Arbeits- und Privatleben zu verbessern. So bieten Eisenbahngewerkschaften ihren Beschäftigten z.B. eine Wahl an, ob sie mehr Geld oder mehr Urlaubstage haben möchten (FAZ, 2017). Der Bericht des Bundesministeriums für Frauen und Senioren zeigt, dass sich betriebliche Investitionen in die Verbesserung von Work-Life-Balance schnell amortisieren (BMFSFJ, 2016; S. 4).

Work-Life-Balance steht nicht nur für das Gleichgewicht zwischen der Arbeit und dem Rest des Lebens, sondern ist darüber hinaus ein Synonym für subjektives Wohlbefinden, Zufriedenheit und Glück. Dabei stellt sich die Frage: Von welchen Faktoren ist das Gelingen einer Work-Life-Balance abhängig und woher kommt das Gefühl, dass ein „Leben im Gleichgewicht" zunehmend schwieriger zu werden scheint?

Begriff Work-Life Balance

Der Begriff Work-Life-Balance (WLB) wird gerne in einem Atemzug mit Forderungen nach Chancengleichheit (Genderproblematik), Familienfreundlichkeit (Vereinbarkeit mit Erziehungstätigkeit und Pflege) und Diversity Management (Minderheitenintegration, Förderung der Heterogenität der Belegschaft) erwähnt (Ulich & Wiese, 2011).

Doch was will Work-Life-Balance nun aussagen? *Work* wird in diesem Zusammenhang als mühselige Last und ‚Müssen' interpretiert. Aufgaben wie Haus*arbeit* oder Erziehungs*arbeit* werden in diesem Kontext ausgeblendet. Somit entspricht der Bereich ‚Work' der Erwerbsarbeit und beschränkt sich zunächst auf die ökonomische Funktion des Arbeitens (Michalk & Nieder, 2007; S. 19, vgl. Breuer, 2008). Kastner (2004; S. 5ff; 2009) spricht in diesem Zusammenhang auch von investiven Tätigkeiten. Damit wird ausgedrückt, dass wir Zeit, Anstrengungen etc. investieren (müssen) und dafür (monetär) entschädigt werden. Dem Beruf wird allgemein eine große Bedeutung zugemessen. Als Gegenbegriff zu ‚Work' soll *Life* nun das ‚Dürfen' beschreiben. Dies betrifft den Bereich des Lebens, der primär der Freizeitgesellschaft zugeordnet wird; es handelt sich also um den ‚Rest', der nicht zur Erwerbsarbeit gehört. Daher spricht Kastner (2004; S. 6ff) von konsumtiven Tätigkeiten. Zwischen diesen in antithetische Beziehung gesetzten Bereichen soll ein Gleichgewicht hergestellt werden. Die *Balance* umschreibt die tatsächliche Zeit- und Prioritätenverteilung (vgl. Abele, 2005; S. 176) zwischen den Polaritäten ‚Work' und ‚Life' in einer kurz- (in der alltäglichen Lebensgestaltung) und langfristigen Perspektive (über den Lebenslauf hinweg). Damit ist der Begriff im Sinne einer gelungenen Work-Life-Balance als Idealpostulat – eine ausgeglichene und möglichst konfliktfreie Vereinbarung von Arbeits- und Lebenswelt – zu verstehen. Dabei ist es wichtig, die einzelnen Faktoren aus dem Work- bzw. Life-Bereich nicht isoliert zu betrachten, sondern in ihrer Interdependenz (vgl. Cassens, 2003; S. 352, vgl. Breuer, 2008; Collatz & Gudat, 2011; Papmeyer, 2018; S. 48; Kastner, 2009).

Wie oben beschrieben wurde, ergibt sich aus dem fächerübergreifenden Forschungskontext, dass der Begriff Work-Life-Balance nicht präzise und abschließend definiert wurde. In der Literatur gibt es jedoch diverse Ansätze:

Kastner versteht unter Work-Life-Balance das „Austarieren von belastenden und erholenden Aktivitäten in beiden Handlungsbereichen" (Kastner, 2004; S. 3). Es geht folglich um das „Zusammenspiel von Berufs- und Familienleben" (Wiese, 2007; S. 246), das, wenn gelungen, einer Maximierung der Lebensqualität gleichzusetzen, jedoch nicht einfach mit Konfliktfreiheit zu übersetzen ist (vgl. Wiese, 2007; S. 261). Die Wechselwirkungen und Beeinflussungen zwischen den Lebensdomänen haben zur Folge, dass Work-Life-Balance kein *Zustand* ist, den man erreichen kann, sondern dass es sich dabei um einen ständigen *Prozess* handelt, der sich „bestenfalls in einer über alle Lebensbereiche hinweg gefühlte(n) Zufriedenheit äußer[n](t)" (Schobert, 2007; S. 28). Konkreter benennt es das Bundesministerium für Familie, Senioren, Frauen und Jugend, wenn schlicht vom „Ausgleich zwischen beruflichen Anforderungen und dem privaten Leben" (BMFSFJ, 2004; S. 6) oder einer „neue(n), intelligente(n) Verzahnung von Arbeits- und Privatleben vor dem Hintergrund einer veränderten und sich dynamisch verändernden Arbeits- und Lebenswelt" (BMFSFJ, 2005; S. 4) gesprochen wird. Gemeint ist damit ein fairer Ausgleich der Interessen.

Eine weit gefasste, ausführlicher formulierte Begriffserläuterung, die den facettenreichen Work-Life-Balance-Konzept gerecht zu werden versucht und individuumszentriert ist, haben Michalk und Nieder (2007) entworfen. Bei dieser Definition kommen zwei weitere Kriterien zum Ausdruck: Einerseits die variierende *zeitliche* Gestaltung der Work-Life-Balance im *Lebenslauf* (denn abhängig vom Alter haben wir unterschiedliche Bedürfnisse) und andererseits der subjektiv verspürte Verpflichtungsgrad des Engagements in den jeweiligen Bereichen (Nick, 2015).

Work-Life-Balance-Modelle und Maßnahmen für Organisationen

Für das Konzept Work-Life-Balance gibt es eigene Modelle, die meist auf dem Bild einer Waage (Eindimensionalität) oder eines Kreisels (Mehrdimensionalität) basieren, um damit den Akt des Ausbalancierens von Anforderungen aus dem Work- und Life-Bereich zu verdeutlichen (Waage: vgl. Kastner, 2004; S. 38, und Kreisel: vgl. Thiehoff, 2004; S. 411). Obwohl die verschiedenen Möglichkeiten des Abfederns und Ausgleichens sinnvoll und einleuchtend dargestellt sind, greifen solche Modelle zu kurz. Denn hinter dem Konzept Work-Life-Balance stehen weitaus komplexere Konzepte, wie im Folgenden gezeigt werden soll. Es gilt weitere Einflussfaktoren wie *Stress* und *Arbeits- und Lebenszufriedenheit* zu berücksichtigen. Andere Modelle verzichten daher auf das anschauliche Bild der Waage und bilden vor allem Wirkungs- und Einflussrichtungen innerhalb der von Work-Life-Balance betroffenen Sphären ab (vgl. z.B. Moser et al. 2007; S. 4; O'Brien & Wall, 2017; S. 3).

Nicht kausale Modelle

Die Modelle der Nicht-Kausalität bestätigen zwar eine Verbindung zwischen den Lebenssphären Work und Life, doch wird *kein direkter, kausaler Zusammenhang* vermutet. Im Folgenden sollen verschiedene Work-Life-Balance-Modelle der Nicht-Kausalität beschrieben werden.

Segmentationsmodell (auch Neutralitäts- oder Autonomiemodell): Weder Work noch Life haben Einfluss auf den jeweils anderen Bereich; sie existieren als zwei völlig verschiedene Welten nebeneinander und berühren sich nicht. Segmentation ist ein hypothetisches Konstrukt und dürfte in der Realität nicht anzutreffen sein.

Kongruenzmodell: Dieses Modell geht von einer Ähnlichkeit in beiden Bereichen aus, die dadurch entsteht, dass eine dritte, meist personengebundene Variable existiert, die Einfluss auf das Wohlbefinden nehmen kann (z.B. wirkt sich Stress übergreifend auf das Arbeits- *und* Privatleben aus).

Kausale Modelle

Die Modelle der Kausalität zielen auf einen *direkten Zusammenhang* zwischen *Work* und *Life* ab. Dabei können sich Wechselwirkungen vom Privat- auf das Arbeitsleben oder entgegengesetzt entwickeln. Zudem existieren positive und negative Wechselwirkungen (Förderungen bzw. Konflikte).

Kompensationsmodell: Kompensationstheorien gehen von zwei verschiedenen Wirkungsmöglichkeiten aus. Als *ergänzende* Kompensation werden Prozesse verstanden, die bei negativen Erfahrungen in einem Bereich den Rückzug in den anderen fördern, um dort die unterdrückten Verhaltensweisen auszuleben oder die gewünschten Reaktionen zu erleben. Die *reaktive* Kompensation beruht auf der Annahme, dass negative Erfahrungen einer Lebenssphäre durch Erholung in der anderen Sphäre ausgeglichen werden. Der Effort-Recovery-Theorie nach Meijman und Mulder (1998) zufolge ist in diesem Fall sowohl die Quantität als auch die Qualität der Erholung bedeutend. Erholung kann dabei durch Schlaf oder Urlaub erfolgen (Sonnentag & Fritz, 2007).

Ressourcenerschöpfungsmodell (auch Ressource-Abfluss-Modell): Knappe Güter (dazu zählen u.a. Zeit, Aufmerksamkeit, Energie) liegen nur begrenzt vor. Daher wird ein Gut, das in einen Bereich investiert wird, immer auf Kosten des anderen Bereichs verbraucht: Dort steht es in der Folge nicht mehr zur Verfügung. Ein Beispiel wäre: Die Zeit, die man für die Arbeit verbraucht, ist Zeit, die man nicht der Familie widmen kann. Wenn z.B. der Partner im Schichtdienst arbeitet, kann man nur begrenzt gemeinsame Freizeitaktivitäten planen.

Crossovermodell: Crossover-Phänomene treten *interpersonal* auf, d.h. Erfahrungen und Erlebnisse eines Partners wirken sich auf den anderen Partner aus und beeinflussen auch dessen Wohlbefinden; die Phänomene sind dabei stark abhängig von der Qualität der Paarbeziehung. Beispiel: Wenn der Partner viel Stress bei der Arbeit hatte, nimmt er diese häufig mit nach Hause. Der Stress, der von der Arbeit mit ins Privatleben genommen wird, kann sich negativ auf die Beziehung auswirken.

Spillovermodell (auch Transfermodell oder Generalisation): Dabei handelt es sich um positive oder negative Entwicklungen (etwa in Bezug auf eigene Zufriedenheit, Fortbildung, Stärken oder Fähigkeiten, oder umgekehrt Überforderung, Stress, Unstimmigkeiten, mangelnde Konzentrationsfähigkeit, Verspätungen oder Absenzverhalten), die *intrapersonal* von einem Bereich in den anderen ‚überlaufen'. Beispiel: Ein Manager, der gut den Haushalt und verschiedene Aktivitäten im Privatleben planen kann, kann diese Fähigkeiten ebenfalls für das Berufsleben gut nutzen und diese z.B. bei der Terminplanung und Organisation von Projekten einsetzen.

Rollentheoretische Modelle: Diese Modelle stellen die Abhängigkeit des Individuums von den sozialen Rollen in beiden Bereichen. Die Rollentheoretischen Modelle, die auf den multiplen Rollenanforderungen eines Individuums und den daraus resultierenden Konflikten (bei Inkompatibilität) oder positiven Effekten basieren, werden zur Rollentheorie gezählt. Eine Rolle wird in Anlehnung an Hillmann (2007) als „Summe der Erwartungen und Ansprüche von Handlungspartnern, einer Gruppe, umfassenderer sozialer Beziehungsbereiche oder der gesamten Gesellschaft an das Verhalten und das äußere Erscheinungsbild (…) des Inhabers einer sozialen Position bezeichnet, die andere Personen an den Inhaber einer Position herantragen" (Hillmann, 2007; S. 756) definiert. Zu den rollentheoretischen Konzepten gehören auch die kausalen Modelle der Ressourcenerschöpfung und Kompensation (Rollenausgleichsbestrebungen) sowie die o.g. nicht-kausalen Modelle der Segmentation (strikte Rollentrennung) und Kongruenz (eine Variable beeinflusst beide Rollen).

Weitere Modelle

Zusätzlich müssen weitere Modelle, die differenzierter die Wechselwirkungen zwischen beiden Bereichen betrachten, genannt werden.

Anpassungsmodell (auch Accommodation): Eine Rolle wird den Anforderungen der anderen Rolle psychisch oder im Verhalten angepasst (z.B. durch Rollenreduzierung in einem Bereich und gleichzeitiger erhöhter Präsenz der anderen Rolle). Beispiel: Eine berufstätige Mutter reduziert ihre Arbeitszeit und nutzt diese Zeit z.B. nicht für Freizeitaktivitäten im Privatleben, sondern arbeitet im Elternrat in der Schule ihres Kindes mit.

Integrationsmodell: Beide Rollen sind untrennbar miteinander verbunden und ausbalanciert (Extremform: Rollenidentität z.B. im Familienbetrieb). Beispiel: Der stellvertretende Geschäftsführer ist gleichzeitig der Sohn des Geschäftsführers. Im Betrieb ist er zwar der stellvertretende Geschäftsführer, jedoch übernimmt er im Privatleben die Rolle des Sohns.

Enrichmentmodell (auch instrumentales Modell): Die Aktivität einer Rolle erleichtert die Erfüllung von Anforderungen in der anderen Rolle. Beispiel: Die Tätigkeit als Kindergartenerzieherin erleichtert die ehrenamtliche Tätigkeit bei der Jugendförderung.

Interrollenkonflikt (auch Rollenstressmodell): Die Rollenanforderungen eines Bereichs beeinträchtigen die Partizipation der anderen Rolle im zweiten Bereich (z.B. Rollenüberlastung, Rollenwidersprüchlichkeit, Rollenunklarheit). Beispiel: Berufstätige Paare, die nicht an den Freizeitaktivitäten ihrer Kinder teilnehmen können, können Stress mit der eigenen Kollegenschaft als auch mit den eigenen Kindern und anderen Eltern bekommen, da sie sich nach ihrer Meinung nicht ausreichend um die Kinder kümmern.

Unter Berücksichtigung dieser Modellvorstellungen der Work-Life-Balance und in Abstimmung mit den ökonomischen Anforderungen von Organisationen eröffnet sich ein weites Feld an Work-Life-Balance-Maßnahmen. Dabei garantieren Einzelmaßnahmen jedoch keineswegs eine verbesserte Work-Life-Balance, vielmehr gilt es auf individueller Ebene Kompromisse zu erreichen. Die Umsetzung und Umsetzbarkeit von Maßnahmen zur Förderung der Work-Life-Balance bedingt eine hohe Akzeptanz im Unternehmen für die Notwendigkeit von Strukturveränderungen (vgl. BMFSFJ, 2005; S. 15). Nach dem BMFSFJ lohnt sich Work-Life-Balance. Durch eine familienfreundliche Kultur sind Renditen bis zu 40 % möglich. Feste Teilzeitmodelle als auch Home-Office oder Kinderbetreuungsangebote helfen dabei, positive Renditen zu erzielen (BMFSFJ, 2016; S. 1). In der Folge konnten bereits unterschiedliche Maßnahmenkataloge erarbeitet werden. Das Bundesministerium für Familie, Senioren, Frauen und Jugend (BMFSFJ) beispielsweise stützt seine Maßnahmen auf drei wesentliche Schwerpunkte (vgl. BMFSFJ, 2005; S. 15ff):

- Maßnahmen zur effizienten Verteilung der Arbeitszeit im Lebensverlauf und zu einer ergebnisorientierten Leistungserbringung,

- Maßnahmen zur Flexibilisierung von Zeit und Ort der Leistungserbringung,

- Maßnahmen, die auf Mitarbeiterbindung zielen.

Stress und Work-Life-Balance

Eine gelungene Work-Life-Balance zeichnet sich demnach dadurch aus, dass wir sowohl mit unserem Arbeits-Bereich als auch mit dem Freizeit- und Privat-Bereich zufrieden sind und sich beide Sphären in der Lebensführung im Einklang mit unserem Lebensentwurf befinden. Von der Erwerbsarbeit erwarten wir immer mehr und wichtigere Impulse zur Gestaltung unserer Arbeits- und Lebenszeit (vgl. Waldbuesser, 2007; S. 310; Ulich & Wiese, 2011; S. 43; Papmeyer, 2018; S. 1). Sowohl das Konzept der Lebens- als auch der Arbeitszufriedenheit sind Indikatoren für unser Wohlbefinden. All diese Konstrukte stehen in einem Verhältnis zueinander.

Dabei wird Arbeitszufriedenheit als eine von mehreren Bereichszufriedenheiten der Lebenszufriedenheit betrachtet und berührt somit bspw. die *„Lebens-, Familien- und Freizeitzufriedenheit"* (Büssing, 2004; S. 471; Collatz & Gudat, 2011). Sie knüpft an Modellvorstellungen des Work-Life-Balance-Konzeptes an. Als schwierig erweist sich jedoch die Untersuchung von „Auswirkungen der Arbeitszufriedenheit auf andere Einstellungen" (Weinert, 2004; S. 276; Collatz & Gudat, 2011), wie z.B. auf die Lebenszufriedenheit. Zu viele moderierende Variablen und Einflüsse verhindern genauere Messungen. Es steht jedoch fest, dass die Arbeit „einen großen Einfluss auf das Leben eines Menschen hat. Diese Kausalbeziehung gilt auch umgekehrt" (ibid; S. 276). Psychische Fehlbeanspruchungen werden meist als Stress mit seinen Konsequenzen auf unser Wohlbefinden untersucht. Stress ist abhängig von verschiedenen Arbeits- und Personenvariablen. Im Berufsleben gelten einige Determinanten, wie z.B. eine geistig fordernde Tätigkeit, Erfolgsaussichten im Beruf etc. (vgl. Weinert, 2004; S. 271; Collatz & Gudat, 2011) als Indikatoren für eine hohe Arbeitszufriedenheit, denn man geht davon aus, dass Anforderungen die Entwicklung fördern. Sie erweisen sich damit als positive Faktoren für unser Wohlbefinden. Von Rosenstiel (1992) identifiziert in diesem Sinne folgende Einflussvariablen auf eine hohe Arbeitszufriedenheit: zwischenmenschliche Beziehungen, Kooperation, Arbeitsbedingungen, Arbeitsstrukturen, Sicherheit und Verbundenheit (vgl. Rosenstiel, 1992; S. 22). Genauso gibt es Stressoren, die in der Forschung als Determinanten oder allgemeine Reize bezeichnet werden und sich negativ auf die Arbeitszufriedenheit und das Wohlbefinden auswirken und demnach als negative Belastung zu bewerten sind. In der Literatur gibt es zahlreiche Forschungen zu dem interdisziplinären Gegenstand *Stress* (vgl. Ulich, 2006; S. 474; Ulich & Wiese, 2011; S. 97). Er wird als Disstress im Zusammenhang mit psychischen *Belastungen* und *Beanspruchungen* in der beruflichen Umwelt thematisiert.

So konnten beispielsweise Luong und Rogelberg (2005) in einer Studie unter Verwaltungsangestellten einer Universität eine positive Korrelation zwischen subjektiver Arbeitsbelastung und der Erschöpfung der Probanden nachweisen (vgl. Gerrig & Zimbardo, 2008, S. 478). Vorab sollen daher die Begriffe *Belastung* und *Beanspruchung* definiert werden, um sie voneinander abgrenzen zu können: „Belastungen sind objektive, von außen auf den Menschen einwirkende Faktoren. Die Auswirkungen von Belastungen auf den Menschen, die auf Grund differierender Fähigkeiten und Eigenschaften unterschiedlich sind, werden als Beanspruchung bezeichnet" (Rohmert & Rutenfranz, 1975 nach Bamberg, 2007; S. 141; Ulich & Wiese, 2011; S. 33).

Belastungen sind daher zunächst neutrale Einflüsse (vgl. Weinreich & Weigl, 2002; S. 12), die in unserem Arbeitsleben auftreten und als unspezifisch oder aufgabenbezogen charakterisiert werden können. Als Beanspruchung wird der Umgang mit, die Verarbeitung von oder die Reaktion auf Belastungen genannt. Negative Beanspruchungen im Arbeitsleben werden u.a. als Stress (eine andere Form der negativen Beanspruchung ist z.B. die Ermüdung) eingestuft.

Zum Verhältnis der Konzepte lässt sich sagen, dass sich „Stressoren und Streßreaktionen analog wie Belastungen und Beanspruchungen [bedingen]" (Greif, 1991; S.6).

Die stresstheoretische Perspektive erweitert das Belastungs-Beanspruchungs-Konzept, das sich auf Faktoren des Arbeitslebens konzentriert (vgl. Bamberg, 2007; S. 143f; Nick, 2015; S. 36), um den Aspekt der individuellen Bewältigungsstrategie vom Stress und den individuellen Umgang mit Stressoren. Ausgelöst wird Stress durch Konfrontation mit objektiven bzw. physikalischen, chemischen Umwelteinflüssen oder subjektiven bzw. psychosozialen Stressoren (sog. Stimuli, die Stress induzieren). Zudem sind Stressoren additiv, d.h. verschiedene Stimuli (auch aus verschiedenen Lebensbereichen) können den Stresspegel anheben. Präziser ausgedrückt haben sowohl Familienkonflikte und die allgemeine Lebensqualität als auch misslingende Erholung aufgrund von Freizeitstress einen ursächlichen Anteil an der empfundenen arbeitsbezogenen Stressreaktion. Exemplarisch lässt sich hier das Stressmodell nach Gerrig und Zimbardo (2008) anführen, welches aufzeigt, wie die kognitive Bewertung von Stresssituationen mit dem jeweiligen Stressor und den physischen, sozialen und persönlichen Ressourcen interagieren (vgl. Gerrig & Zimbardo, 2008; S. 468). Gerade die individuelle Bewältigungsstrategie ist dafür ausschlaggebend, welche Auswirkungen eine Stresssituation auf das Wohlbefinden und auf die Wechselwirkungen zwischen beiden Bereichen von Work-Life-Balance hat.

Einen erheblichen Effekt unter den Arbeitsdeterminanten hat der Stressor *Arbeitsplatzunsicherheit*. Da prekäre Verhältnisse jedoch zur Normalität werden, ist zu erwarten, dass das allgemeine Stressniveau weiter steigen wird (vgl. Schulte, 2005; S. 127; Ulich & Wiese; 2011; S. 44). Insgesamt gehört der Arbeitsplatz bereits heute zu den am häufigsten genannten Ursachen für Stress.

Persönlichkeitsdispositionen spielen beim Stressmodell im Gegensatz zum Arbeitszufriedenheitskonzept eine große Rolle, da die Bewältigung einer

Stresserfahrung mittels individueller Ressourcen erfolgt, die je nach aktueller oder persönlicher Lebenslage (z.B. Prüfungssituation, verliebt sein) variieren können (vgl. Kastner, 1999; S. 53, 56f; Kastner, 2004).

Die Grundlage des AVEM („Arbeitsbezogenes Verhaltens- und Erlebensmuster", Schaarschmidt & Fischer, 2008) ist das Modell der Salutogenese von Antonovsky (1987, zitiert nach Bengel, Strittmatter & Willmann, 2010), welches die Gesundheitsentstehung, d. h. die Erhaltung und Förderung der Gesundheit, beschreibt. Mit dem Verfahren AVEM können „Aussagen über gesundheitsförderliche bzw. -gefährdende Verhaltens- und Erlebensweisen bei der Bewältigung von Arbeits- und Berufsanforderungen" (Schaarschmidt & Fischer, 2008, S. 5) getroffen werden, die die Erreichung der individuellen WLB beeinflussen. Im Vergleich zur Fünffaktoren-Theorie kann beim AVEM eindeutig der Zusammenhang zwischen Arbeits- und Persönlichkeitsmustern hergestellt werden. Nach Schaarschmidt und Fischer (2008) gibt es insgesamt 11 Dimensionen, die in drei Bereiche zusammengefasst werden können. Die ersten fünf Dimensionen wie die Subjektive Bedeutsamkeit der Arbeit, Beruflicher Ehrgeiz, Verausgabungsbereitschaft, Perfektionsstreben und Distanzierungsfähigkeit beschreiben das *Arbeitsengagement*. Die Dimensionen Resignationstendenz bei Misserfolg, Offensive Problembewältigung und Innere Ruhe und Ausgeglichenheit stellen die *persönliche Widerstandsfähigkeit und Bewältigung von Belastungen* dar. Die Dimensionen Erfolgserleben im Beruf, Lebenszufriedenheit und Erleben sozialer Unterstützung beschreiben dabei das *Lebensgefühl* und den *Gesundheitsaspekt*. Schaarschmidt und Fischer (2008) beschreiben das AVEM als validiertes Verfahren. Die Dimension subjektive Bedeutsamkeit der Arbeit beschreibt den Stellenwert der Arbeit für das eigene Leben. In der Dimension Beruflicher Ehrgeiz wir das Streben nach beruflichen Zielen analysiert. Die Bereitschaft, die eigene Arbeitskraft zur Erfüllung einer Aufgabe einzusetzen, wird in der Dimension Verausgabungsbereitschaft gemessen. Die Dimension Perfektionsstreben misst den Anspruch des Individuums an Qualität und Zuverlässigkeit der eigenen Arbeit. Die Fähigkeit zur psychischen Erholung von der Arbeit wird in der Dimension Distanzierungsfähigkeit abgefragt. Die Dimension Resignationstendenz bei Misserfolg beschreibt die Neigung, bei Misserfolgen leicht aufzugeben. In der Dimension Offensive Problembewältigung wird die optimistische und aktive Haltung gegenüber Herausforderungen und Problemen gemessen. Das Erleben psychischer Stabilität und eines inneren Gleichgewichts wird in der Dimension Innere Ruhe und Ausgeglichenheit genauer betrachtet. Die Dimension Lebenszufriedenheit misst die Zufriedenheit mit der gesamten Lebenssituation und die Dimension Erfolgserleben im Beruf die Zufriedenheit mit der Leistung im Beruf. Die letzte Dimension Erleben sozialer Unterstützung misst das Vertrauen des Individuums in die Unterstützung nahestehender Menschen.

Die Dimensionen können in vier arbeitsbezogenen Erlebens- und Verhaltensmustern ausgedrückt werden: G (Gesundheit), S (Schonung), A (Risiko im Sinne der Selbstüberforderung) und B (Risiko von chronischem Erschöpfungserleben).

Die Arbeitszufriedenheit ist eher als eine subjektive Bewertung der jeweiligen allgemeinen und spezifischen Arbeitssituationen und der Erfahrung mit diesen aufgefasst (Gablers Wirtschaftslexion, 2002)

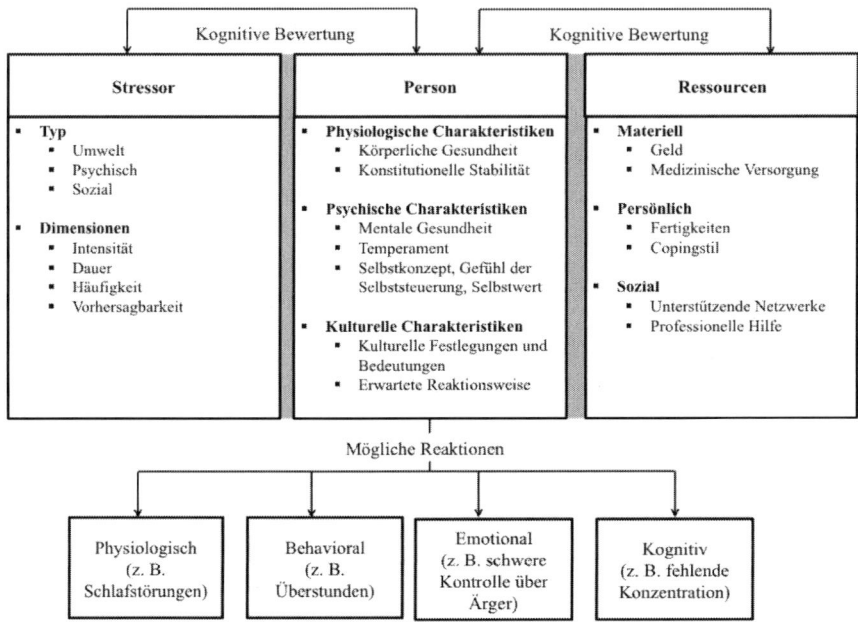

Abbildung 1   Stressmodell nach Gerrig & Zimbardo, 2008; S. 468)

Im Rahmen der Arbeitszufriedenheit ist Stress ein das Wohlbefinden senkender Faktor und im Kontext der Work-Life-Balance deutet Stress auf ein inneres und/oder äußeres (z.B. Familie-Arbeit-Konflikt) Ungleichgewicht hin. Zudem kommt dem Konzept Stress Bedeutung zu, da es im Sinne eines Spillovers, d.h. einer Übertragung, vom Arbeitsplatz in den Privatbereich und umgekehrt übergreifen kann (vgl. Weinert, 2004; S. 279 und Knesebeck et al., 2004; Ulich & Wiese, 2011; S. 34).

Stress kann positive (Eustress) und negative Effekte haben und sich – unabhängig von dessen Entstehungsort in der Arbeit, Familie oder anderen orts –, wie soeben festgestellt, auf weitere Bereiche unseres Lebens auswirken. In jedem Fall wird unser Wohlbefinden beeinflusst. Je nach Intensität und subjektiver Wahrnehmung kann es sich um kurz- oder langfristige Folgen für unsere seelische oder körperliche Gesundheit handeln. Langfristige negative Auswirkungen von Stress sind psychosomatische Beschwerden und Krankheiten (z.B. Depression, Angstzustände oder Burn-out) und kritisches Gesundheitsverhalten (z.B. der Griff zu Drogen wie Alkohol/Medikamenten/ Zigaretten, falsches Essverhalten etc.) (vgl. Greif, 1991; S. 25; Ulich, 2006; S.

460). Diese Auswirkungen verursachen den Unternehmen Kosten, da sie sich in geringerer Arbeitsqualität und Leistungsfähigkeit, häufigeren Fehlzeiten etc. manifestieren. Stress und dessen mittelbare und unmittelbare, akute und chronische Folgen werden dann auch aus Unternehmenssicht zum Problem, wenn die „Gesamtperformance sinkt" (Thiehoff, 2004; S. 418; Walther, 2013; S. 90). Mithilfe individueller Bewältigungsstrategien (sog. *Coping*), die abhängig von unserer inneren und äußeren Ressourcenausstattung sind, versuchen wir, die durch Stress provozierte innere Imbalance zu beseitigen. Die Unternehmen können dabei unterstützend tätig werden, indem sie Präventionsarbeit zur Gesundheitsförderung leisten. Hierbei ist die Führungskraft bzw. ihr Führungsverhalten von entscheidender Bedeutung (vgl. Schwennen & Muhsahl, 2003; S. 331ff). Als Beispiel gelten Maßnahmen zur Ressourcenerhöhung, die ungefähr denen zur Erreichung der individuellen Work-Life-Balance gleichen (z.B. Entspannungstraining, Selbst- und Zeitmanagement, Fitness- und Ernährungsprogramme etc.). Ergänzend müssen identifizierte Belastungsfaktoren in den Betrieben reduziert werden, um eine nachhaltige Stressbewältigung zu gewährleisten (vgl. Bamberg, 2007; S. 147; Frey, Kerschreiter & Raabe, 2013; S. 4).

Die Wechselbeziehung zwischen Arbeitszufriedenheit und Stress ist noch nicht ausreichend erforscht; kausale Zusammenhänge oder Korrelationen sind daher ungeklärt. Dabei kann Work-Life-Balance im Kontext der Stresserfahrung als Ressource zur Bewältigung bezeichnet werden.

Arbeits- und Lebenszufriedenheit

Die Arbeitszufriedenheit ist eines der am häufigsten empirisch untersuchten Konzepte der betrieblichen Verhaltensforschung, nicht zuletzt auch deshalb, weil mit hoher Arbeitszufriedenheit eine hohe Produktivität und Arbeitsmotivation und geringere Fehlzeiten und Fluktuation erwartet werden bzw. weil sie als „Ausdruck für persönliche Entwicklung" (Büssing, 2004; S. 462; Adele, 2005) gilt. Dennoch ist die theoretische Forschung zur Arbeitszufriedenheit ähnlich wie bei der Thematik Work-Life-Balance sehr diffus und uneinheitlich (vgl. Martin, 1992; S. 481; Bruggemann et al., 1975; S. 13 ff; Ulich & Wiese, 2011, S. 99). Zudem gibt es oft keine ausreichend fundierte Verbindung zwischen Empirie und Theorie.

Unter Arbeitszufriedenheit wird „die Erfüllung oder Befriedigung von Bedürfnissen, Ansprüchen oder Wünschen des Arbeitenden an seine Arbeitssituation" (Wirtz & Schwarz, 2004; S. 77) verstanden. Arbeitszufriedenheit kommt somit dadurch zustande, dass zwischen den „tatsächlich vorfindbaren Bedürfnisbefriedigungsmöglichkeiten (Ist)" (Steinmann & Schreyögg, 2005; S. 565) und dem wünschenswerten Ideal (Soll) verglichen wird. Dabei sind drei verschiedene Ergebnisse denkbar:

1. Das Soll wird nicht erreicht: Der Ist-Zustand bleibt hinter den Erwartungen zurück (Soll > Ist). Das Resultat ist Unzufriedenheit.

2. Der wünschenswerte Zustand wird erreicht (Soll = Ist). Zufriedenheit ist die Folge.

3. Die Erwartungen werden übertroffen (Soll < Ist): Situations- und persönlichkeitsabhängig kann sich Zufriedenheit oder Unzufriedenheit einstellen (vgl. Wiendieck, 1994; S. 110f).

Die Vergleiche werden ständig vorgenommen, auch die Ansprüche verändern sich laufend, daher ist Arbeitszufriedenheit – ebenso wie Work-Life-Balance – kein statischer Zustand. Arbeitszufriedenheit ist ein dynamischer Bewertungsprozess.

Arbeit gehört jedoch in unserer Gesellschaft zu den kaum reflektierten Selbstverständlichkeiten (Rosenstiel, 2001, nach Okonek & Genkova, 2009; Papmeyer, 2018; S. 33). Hinterfragt man diese Selbstverständlichkeit, stößt man zwangsläufig auf folgende Fragen, welche seit jeher schon kontrovers diskutiert werden: Ist die Arbeit ein Fluch oder Segen für den Menschen? Wird der Mensch dadurch unglücklich oder glücklich? Führt sie zu Krankheit oder stabilisiert sie die Gesundheit? Man könnte noch eine Fülle dieser Fragen stellen und kommt immer zum selben Schluss und fragt sich abschließend: Welche Bedeutung hat die Arbeit für den Menschen? Außerdem ist der Lebensbereich Arbeit einfach zu komplex und uferlos, um einfach erklärt zu werden. Darum bedarf es eines Konstrukts, welches zumindest einige wichtige Bedeutungsdimensionen der Arbeit definiert und untersucht.

Das Modell des MOW International Research Team (1987) versucht die „Black Box Arbeit" fassbarer zu machen, indem wichtige Aspekte der Arbeit theoretisch möglichst genau definiert werden und dann schließlich Probanden auf die Operationalisierungen der „Bedeutung des Arbeitens" reagieren zu lassen. Das MOW International Research Team (1987) hat dabei auf ein heuristisches Modell zurückgegriffen. Als Heuristik bezeichnet man eine Methode, komplexe Probleme, die sich nicht vollständig lösen lassen, mit Hilfe einfacher Regeln und unter Zuhilfenahme nur weniger Informationen zu entwirren. Das heuristische Forschungsmodell des MOW Teams umfasst die folgenden Dimensionen, die als sogenannte zentrale Variablen angesehen werden: work centrality (Zentralität der Arbeit), social norms about working (soziale Normen über Arbeit) und Arbeitsmotive bzw. Arbeitswerte (work goals). Mithilfe von zwei unabhängigen Variablengruppen erfolgt dann die Analyse der zentralen Variablen (nach Okonek & Genkova, 2009; Duvander, Hass & Thalberg, 2017; S. 133).

Das MOW International Research Team (1987) beruft sich bei der Erstellung des Modells vor allem auf Arbeiten Dubins (1956) zur Zentralität der Arbeit, auf eine Sichtung der wichtigsten Arbeiten aus dem Bereich der Arbeitsmotivation und der Arbeitszufriedenheit, auf die Ergebnisse der Wertewandelsforschung sowie auf Arbeiten, die sich mit der Definition des Begriffs Arbeit beschäftigen. Die theoretische Auseinandersetzung mit den genannten Konzepten führte nach Ruiz-Quintanilla (1984, S. 215) „...zu einem mehrdimensionalen Modell hypothetischer Variablenbeziehungen und einem Instrumentarium zu seiner Erhebung". Zielsetzung des breiten Ansatzes der „Bedeutung des Arbeitens" ist es, arbeitsbezogene Denkmuster und Kognitionen zu erfassen (vgl. Okonek & Genkova, 2009).

Die erste Studie bei der MOW umfasste eine Stichprobe von 8763 Probanden aus acht verschiedenen Ländern. Aufgrund des internationalen Sampels wurden vor allem nationale Unterschiede in Bezug auf MOW-Dimensionen beschrieben. In einer zweiten Replication-Studie wurden 5861 Probanden aus vier der acht Ländern befragt, um die Dynamik von arbeitsbezogenen Denkmustern zu erforschen. Im weiteren Verlauf folgten Studien in einzelnen Ländern zu ausgewählten Dimensionen des MOW-Modells.

Zu den Grundannahmen des Modells der „Bedeutung des Arbeitens" gehört, dass Personenmerkmalen sowie den mit ihnen in Wechselwirkung stehenden Einflüssen der beruflichen und nicht-beruflichen Situation und Sozialisation Prädikatorfunktion für den Erwerb arbeitsbezogener Werthaltungen zukommt (Ruiz-Quintanilla, 1984, S.81).

Nach Praveen Parboteeah und Cullen (2003) hat sich das Instrument der Zentralität der Arbeit durch die häufige Verwendung in Forschungsarbeiten als valide Methode etabliert (Vergleiche hierzu beispielsweise Arbeiten von Ross, Schwartz und Surkiss, 1999 und Schwartz, 1999). Die Ergebnisse der verschiedenen Central Life Interest-Studien, bezogen auf den Arbeitskontext, fasst Ruiz-Quintanilla (1984, S. 15-17) zusammen. Inwiefern Personen das Arbeiten als zentrales Lebensinteresse sehen, variiert stark in Abhängigkeit von Berufsgruppen, Arbeitszufriedenheit, Alter und Geschlecht.

Weitere wichtige zentrale Lebensbereiche sind Familie, Freizeit und gesellschaftliche Aktivitäten. Eine eher geringe Zentralität zeigt sich vor allem bei Mitarbeitern, die schwere physische Aufgaben zu verrichten haben. Darüber hinaus scheinen arbeitsorientierte Menschen eine stärkere Bindung zu ihrem Unternehmen zu haben und neigen dazu Organisationsmerkmale durch eine „positiv gefärbte Brille" wahrzunehmen. Dies bedeutet meist eine generell positivere Einschätzung von organisationalen Merkmalen des Unternehmens. Bei der originären MOW-Studie verfügen 90 Prozent der Befragten über eine moderate bis hohe Arbeitszentralität. Die Zentralität der Arbeit weicht aber signifikant in Abhängigkeit bzw. als Funktion von Land, Bildungsstand, Alter und Geschlecht ab. Bei Männern wurde unabhängig von der Nationalität und dem kulturellen Hintergrund eine signifikant höhere Zentralität der Arbeit nachgewiesen (Harpaz & Fu, 1997; MOW International Research Team, 1987). Ferner konnten Mannheim (1993) und das MOW International

Research Team (1987) eine positive Korrelation zwischen höherem Bildungsstand und der Zentralität der Arbeit nachweisen. Bevor nun die nächste zentrale Variable vorgestellt wird, soll kurz auf die eng verwandte Lotteriefrage eingegangen werden (nach Okonek & Genkova, 2009).

Morse und Weiss (1955) stellten zum ersten Mal die Lotteriefrage in ihrer Studie zur Funktion und Bedeutung der Arbeit. Es sollte geklärt werden, ob die allgemein unterstellte Wichtigkeit der Arbeit in unserer Gesellschaft tatsächlich vorliegt. Unter der Lotteriefrage versteht man den folgenden Wortlaut: *Stellen Sie sich vor, Sie haben in einer Lotterie gewonnen oder Sie haben eine große Geldsumme geerbt und Sie können bequem den Rest ihres Lebens verbringen, ohne zu arbeiten.* Die möglichen Antworten lauten: Dieselbe Arbeit weitermachen, aufhören zu arbeiten oder weiterarbeiten unter anderen Bedingungen. Die Vermutung liegt nahe, dass Menschen, die trotz des fehlenden monetären Zwangsweiterarbeitens ihrer Arbeit eine wichtige Bedeutung in ihrem Leben zuschreiben. Den Wunsch weiterzuarbeiten äußerten bei der originären Studie des MOW International Research Team (1987) 70% der befragten Deutschen. Bei der Wiederholungsstudie von Ruiz-Quintanilla und Wilpert (1985) fiel der Wert auf 64,4%. Darüber hinaus nimmt Harpaz (2002) an, dass männliche und ältere Personen mit höherer Bildung und einer hohen Verpflichtungsnorm dazu tendieren weiterzuarbeiten. Bei der Analyse der Ergebnisse der doch sehr hypothetischen Lotteriefrage stellt sich aber die Frage, inwiefern betroffene Personen in der Realität tatsächlich in angegebener Weise reagieren würden.

Die systematische wissenschaftliche Forschung über Lotteriegewinner ist derzeit noch unbefriedigend (Harpaz, 2002, S.178). Immerhin berichtet Kaplan (1985) in einer Studie über 576 Lottogewinner in den USA, dass nur 11% der Gewinner ihre Arbeit aufgaben. Dies stützt die Ergebnisse der bisherigen Forschung zur Lotteriefrage.

In enger Verbindung mit den zentralen Variablen des Modells der „Bedeutung des Arbeitens" ist die Arbeitszufriedenheit (AZ) zu sehen. Im MOW-Modell ist die Arbeitszufriedenheit als Variable dennoch nicht bewusst vorgesehen. Ruiz-Quintanilla (1984, S.43) geht davon aus, dass arbeitsrelevante Werthaltungen und Kognitionen über ein ganzes Arbeitsleben relativ stabil sind und darum die Arbeitszufriedenheit der aktuellen Beschäftigung keinen Einfluss auf die Ergebnisse bezüglich der Bedeutung der Arbeit hat.

Hintergrund für die Einbeziehung der Arbeitszufriedenheit ist das Anliegen, den Faktor Alter unter diesem Aspekt genauer zu untersuchen. Speziell gilt es zu untersuchen, ob ältere Beschäftigte im Vergleich zu jüngeren andere Formen der Arbeitszufriedenheit aufweisen. Zur These der höheren Arbeitszufriedenheit von Älteren vergleiche Schulte (2005) und Herzberg et al. (1957). Letztgenannter Autor hat bereits sehr früh einen u-förmigen Zusammenhang zwischen Arbeitszufriedenheit und Lebensalter postuliert. Im Bereich der Arbeitszufriedenheit gibt es eine Fülle von Studien, Modellen und Literatur. Bei manchen Wissenschaftlern stellt sich sogar aufgrund des großen, kaum auf einen Nenner zu bringenden Standes der Arbeitszufriedenheitsforschung Resignation ein (Schulte, 2005; S.64). Für diese Arbeit wird die Arbeitszufriedenheit mit den Arbeitszufriedenheitsformen und Arbeitsunzufriedenheitsformen nach Bruggemann dargestellt. Die Arbeit hat im deutschen Sprachraum große Bedeutung und Diskussion angeregt. Arbeitsmotive gelten als eine Determinantengruppe bei der Entstehung von Arbeitszufriedenheitsformen. Baumgartner und Udris (2006) bemängeln die spärliche Literatur zur inhaltlichen Beschreibung der Arbeitszufriedenheitsformen des Bruggemann'schen Modells. Darum soll ebenso versucht werden die Arbeitszufriedenheitsformen mit den einzelnen Dimensionen des MOW-Modells korrelieren zu lassen, um die Bruggemann'schen Formen inhaltlich besser beschreiben zu können (Ferreira, 2010).

Bei der Interpretation von Arbeitszufriedenheit berücksichtigen Bruggemann, Groskurth und Ulich (1975) die Veränderung des Anspruchsniveaus als wichtigen Aspekt beim Prozess der Bildung von AZ. Vor diesem Hintergrund differenziert Bruggemann sechs qualitativ unterschiedliche Formen der Arbeits(un)zufriedenheit. Diese sechs Formen resultieren aus drei zentralen Prozessen (Bruggemann et al., 1975; S.132; Ferreira, 2010):

1. Befriedigung bzw. Nichtbefriedigung der Bedürfnisse und Erwartungen zu einem gegebenen Zeitpunkt.

2. Erhöhung, Aufrechterhaltung oder Senkung des Anspruchsniveaus als Folge von Befriedigung oder Nichtbefriedigung.

3. Problemlösung, Problemfixierung, Problemverdrängung im Falle der Nichtbefriedigung.

Der Erlebnisverarbeitungsprozess spielt sich wie folgt ab. Ausgangspunkt der AZ-Bestimmung ist ein Soll-Ist-Vergleich, bei dem die Person ihre konkreten Bedürfnisse und Erwartungen mit den Merkmalen der Arbeitssituation vergleicht. Fällt der Vergleich positiv aus, ergibt sich eine stabilisierte Zufriedenheit, fällt er negativ aus, ergibt sich eine diffuse Unzufriedenheit. Welche konkrete Form sich nun tatsächlich ergibt, hängt von der Veränderung des Anspruchsniveaus ab. Bei unveränderten Anspruchsniveaus nach dem Soll-Ist-Vergleich ergibt sich die „stabilisierte Arbeitszufriedenheit". Die Person ist zufrieden und möchte an der derzeitigen Situation nichts verändern. Erhöht sich das Anspruchsniveau, spricht man von „progressiver Arbeitszufriedenheit", d.h. die Person erwartet in der Zukunft noch weitere Ziele zu erreichen. Bei einem negativen Soll-Ist-Abgleich und einer Senkung des Anspruchsniveaus entsteht die „resignative Arbeitszufriedenheit". Erwartungen und Wünsche bezüglich der Arbeitssituation werden zurückgenommen, was häufig mit Frustrationserlebnissen verbunden ist. Die drei verbleibenden Arbeitszufriedenheitsformen ergeben sich aus dem diffusen Zustand bei Beibehaltung des Anspruchsniveaus. Liegt nun eine verfälschte Situationswahrnehmung im Sinne einer Optimierung vor, spricht man von der „Pseudo-Arbeitszufriedenheit". Schließlich entsteht die „fixierte Arbeitszufriedenheit/Arbeits(un) zufriedenheit" bei Unterlassung von Problemlösungsversuchen bzw. bei Bemühungen, die Situation zu verbessern, die auch „konstruktive Arbeitsunzufriedenheit" (Bruggemann et al., 1975; S.132-136) genannt wird. Nach der Erklärung des Zustandekommens der sechs Formen der Arbeitszufriedenheit bzw. Arbeitsunzufriedenheit soll deren a priori definierte Bedeutung in Kurzform dargestellt werden (Bruggemann, 1976; S.71):

- Progressive Arbeitszufriedenheit: Ein Zufriedenheits-Urteil, das auf der Befriedigung von Bedürfnissen und Erwartungen beruht und zusätzlich mit dem Wunsch und/oder der Erwartung verbunden ist, weitergehende, neue Ziele zu erreichen.

- Stabilisierte Arbeitszufriedenheit: Ein Zufriedenheits-Urteil, das ebenfalls auf Befriedigung beruht und sich mit dem Wunsch nach Wahrung des Erreichten verbindet.

- Resignative Arbeitszufriedenheit: Im Gegensatz zu den beiden erstgenannten Zufriedenheits-Formen ist diese nicht befriedigungsbedingt, sondern beruht auf einer Minderung des Anspruchsniveaus und auf Resignation.

- Pseudo-Arbeitszufriedenheit: Eine nur theoretisch abzuleitende Form, bei der die Zufriedenheits-Formulierung auf einer Wahrnehmungsverfälschung hinsichtlich der unbefriedigten Situation beruht - also auf einem Abwehrmechanismus.

- Fixierte Arbeits(un)zufriedenheit: Bei dieser Form handelt es sich um eine Unzufriedenheitsfeststellung, die fixiert und ausweglos erscheint, weil Möglichkeiten zur Veränderung der unbefriedigenden Aspekte des Arbeitsverhältnisses nicht sichtbar werden.

- Konstruktive Arbeits(un)zufriedenheit: Eine Unzufriedenheits-Formulierung, die mit Vorstellungen und Initiativen zur Überwindung der unbefriedigenden Situation verknüpft ist.

Ein oft von Forschern kritisch hinterfragtes Problem ist die tendenziell sehr hohe Arbeitszufriedenheit. Im Folgenden soll skizzenhaft auf die wichtigsten Probleme in diesem Zusammenhang eingegangen werden. Generell fallen globale Zufriedenheitsurteile meist sehr positiv aus. Außerdem würden bei Mitarbeiterbefragungen aufgrund des sozialen Drucks, von Selektionseffekten und der jeweiligen Befragungssituation verfälschte Ergebnisse produzieren (Rogelberg, Luong, Sederburg & Cristol, 2000). Des Weiteren geht eine situationsunabhängige Fehlerquelle von der Person selber aus. Fischer (1989) spricht von einem stereotypen Antwortmuster. Auf die Frage „Wie geht's" würde normalerweise die Mehrzahl mit „Gut" antworten, selbst wenn dies nicht der Fall ist. Für die vorliegende Erhebung sind betrieblich induzierte Artefaktquellen eher unwahrscheinlich, da es sich nicht um eine klassische Mitarbeiterbefragung handelt. Hingegen sind stereotype und zu positive Arbeitszufriedenheit-Urteile nicht auszuschließen. Die differenzierte Frageform der Bruggemann'schen Items könnte sich aber positiv im Sinne einer Vermeidung von stereotypen Antworttendenzen auswirken. Ausgangspunkt des Bruggemann'schen Modells ist ein Soll-Ist-Abgleich, der als Prozess beschrieben wird. Im Folgenden soll kurz auf die Verursacher der AZ eingegangen werden, welchen diesen postulierten Prozess steuern.

Die Arbeitszufriedenheit ist kein für längere Zeit konstantes Merkmal einer Person, stattdessen ist es an die Motivbefriedigung gekoppelt und verläuft somit zyklisch (vgl. Rosenstiel, 1980). In Bezug auf das Wohlbefinden sieht es anders aus. Einige Studien weisen darauf hin (Bongartz, 2000), dass wiederholte Messungen des Wohlbefindens über eine längere Zeit hinweg auf eine beträchtliche Stabilität hinweisen. Zudem scheint das Wohlbefinden relativ unabhängig von objektiven Kriterien wie Sozialstatus und Einkommen zu sein. Menschen pendeln sich nach starken positiven oder negativen Befindenszuständen relativ schnell in ein subjektiv empfundenes Durchschnittsniveau des Wohlbefindens ein (vgl. Brickman et al., 1978). Daher wird das Wohlbefinden als eine relativ stabile biografisch verankerte Persönlichkeitsvariable betrachtet (vgl. Perrig-Chiello, 1997; Genkova, 2009a). Durch intentionale Aktivitäten kann man zum subjektiven Wohlbefinden beitragen. Glück ist demnach ein subjektives Wohlbefinden. Jeder Mensch hat einen persönlichen Fixpunkt des subjektiven Wohlbefindens (Fuijta & Diener, 2005).

Wohlbefinden ist eng mit der kognitiven Konsistenz zwischen Motiven, Einstellungen und Verhaltensstrategien verknüpft, da das Individuum seine Motivverwirklichungen und Zielerreichung respektive sein Wohlbefinden maximieren möchte (Mosler, 1992). Beides zusammen ist aber des Öfteren aufgrund der Umweltbedingungen nicht erfüllbar. Eine Maximierung der Motivverwirklichung und das Erreichen der eigenen Ziele, ebenfalls u.a. *Work-Life-Balance* zu erlangen, ist aber nur dann gegeben, wenn das Individuum die wahrgenommenen Verwirklichungsmöglichkeiten ausschöpft. Die Studie von Nes (2010) fand heraus, dass eineiige Zwillinge, die getrennt aufwachsen, sich im subjektiven Wohlbefinden ähnlicher sind als gemeinsam aufwachsende zweieiige Zwillinge. Subjektives Wohlbefinden ist keinesfalls nur das Ergebnis der rationalen Bewertung der eigenen Lebensumstände zu einem bestimmten Zeitpunkt bzw. für eine bestimmte Zeitspanne, sondern es ist auch das Ergebnis mehr oder weniger automatisierter Beurteilungsprozesse (Abele, Hagmaier & Spurk, 2015).

Dies erfolgt nach dem Motto „Ich fühle mich dann wohl, wenn ich denke, dass ich das habe, was ich bekommen kann." (Mosler, 1992). Die Ergebnisse mehrerer Studien (Genkova, 2009b) dienen als Verweis darauf, dass *Work-Life-Balance* ebenfalls eher mit der Tradition der Wohlbefindensforschung als mit der Arbeitszufriedenheit zusammenhängt. Die subjektiven Indikatoren für *Work-Life-Balance* zu ermitteln und die kausalen Zusammenhänge festzustellen, bedarf jedoch weiterer Forschung.

Somit werden folgende Variablen einbezogen: eine Person kann nun entsprechend folgender Beziehungen zwischen Verwirklichung und Verwirklichungsmöglichkeit seine Motive und seine Ziele bewerten (modifiziert nach Hendrichs, 1981; von Mosler, 1992; Genkova, 2008, 2009a, 2015):

1. Realisierungschance: Eine Motivverwirklichung wird deswegen vorrangig, weil für sie am ehesten eine Chance gesehen wird, sie zu verwirklichen.

2. Knappheit: Eine Motivverwirklichung wird deswegen vorrangig, weil sie als selten oder schwierig zu erreichen angesehen wird.

3. (Nicht-)Selbstverantwortlichkeit: Eine Motivverwirklichung wird deswegen vorrangig, weil die Person die Verwirklichung nicht selbst herbeiführen kann. Die Verantwortung für die Verwirklichung des Motivs wird extern attribuiert.

4. Instrumentalität: Eine Motivverwirklichung wird deswegen vorrangig, weil nur über sie die Möglichkeit gesehen wird, andere Motive zu verwirklichen. Die dritte und vierte These wurden aber empirisch nicht bestätigt und liefern keine umfassende Erklärung der Zusammenhänge zwischen Wohlbefinden und Motiven.

Die Lebenszufriedenheit schließt entgegen der Life-Dimension aus dem Konzept der Work-Life-Balance nicht nur das Privatleben – als Gegenpol zum Arbeitsleben – ein, sondern ist eine lebensbereich-übergreifende Größe. Dies bedeutet, dass sich die Lebenszufriedenheit aus verschiedenen Bereichszufriedenheiten zusammensetzt. Doch darf man daraus nicht schließen, dass bei Mittelung der Bereichszufriedenheiten die Lebenszufriedenheit resultiert (vgl. Meulemann, 2007; S. 261; Hampel, 1985; S. 30). Dazu müssen weitere Aspekte, wie z.B. die Gewichtung der einzelnen Bereiche, in Betracht gezogen werden. Analog zur Work-Life Balance und zur Arbeitszufriedenheit sucht man auch bei der Lebenszufriedenheit vergeblich nach einer allgemeingültigen Definition.

Daher folgen zunächst Begriffsklärungen des Wohlbefindens, der Lebensqualität und der Lebenszufriedenheit. Spricht man in der Literatur von Wohlbefinden, so ist damit meist das subjektive Wohlbefinden[1] gemeint. Damit wird impliziert, dass dieses Konzept auf einer persönlichen Einschätzung beruht. Ebenso wie Work-Life-Balance ist es also ein individuell zusammengestelltes Konstrukt aus dem eigenen Wertesystem, Interessen und Lebenszielen, das

---

1   Objektives Wohlbefinden wird nach Kriterien wie Wohlstand (Einkommen, Brutto-Inlands-Produkt), Lebensstandard, Chancen auf Bildung, Gleichberechtigung, Rechtssicherheit oder politische Teilhabe u.Ä. bemessen. Es wird auch als Wohlergehen bezeichnet und meist auf Basis einer Nation als monetäre Vergleichsgröße errechnet (vgl. OECD, 2007). Der Zusammenhang zum subjektiven Wohlbefinden ist aber nicht sehr stark: In der Forschung spricht man vom sog. Wohlstandsparadox (vgl. Schreyögg, 2005; S. 6), d.h. die Zufriedenheit steigt ab einem bestimmten Einkommensstand nicht weiter an.
Subjektives Wohlbefinden wird nach individuell verschiedenen und unterschiedlich gewichteten Kriterien im körperlichen, sozialen und geistigen Bereich bewertet; als derzeit wichtigste Größe wird die Gesundheit in zahlreichen Studien benannt, resultierend aus dem Trend zur Wohlfühlkultur (vgl. Schreyögg, 2005; S. 5; Opaschowski, 2004; S. 446).
Weitere Kategorisierungen werden z.B. bei Abele & Becker (1991) genannt: Danach gibt es eine Aufteilung nach psychischem (Gefühle, Stimmungen) und physischem Wohlbefinden (Beschwerdefreiheit) (vgl. ibid; S. 13 ff).

sich aus kognitiv gefällten Vergleichsurteilen (Soll-Ist-Vergleiche) und Emotionen ergibt. Dieses Wohlbefinden wird weiterhin unterteilt in das aktuelle und habituelle Wohlbefinden, wobei ersterem das Glücksgefühl und die Lebensqualität als emotional-affektive Aspekte zugeordnet werden und letzteres die Lebenszufriedenheit (als kognitiver Aspekt) einschließt (vgl. Gendolla Morillo, 2005; S. 11). Lebensqualität wird verstanden als die Qualität der Lebenssituation unter körperlichen, psychischen, sozialen Gesichtspunkten sowie rollenspezifischen Kategorien (vgl. Augustin, 2001; S. 697; Papmeyer, 2018; S. 19).

Somit ist Lebensqualität als Bewertungskriterium für die Lebenszufriedenheit relevant. Die Lebenszufriedenheit kann als kognitive Komponente des Wohlbefindens verstanden werden, d.h. sie erschließt sich strukturell ähnlich wie die Arbeitszufriedenheit, indem (v.a. soziale) Vergleiche angestellt werden und anschließend eine Situationsbewertung der Lebensqualität vorgenommen wird, die mit einem erstrebten Idealzustand verglichen wird. Auch die Bewertung des eigenen Lebens verläuft dynamisch, jedoch pendelt sich die Lebenszufriedenheit immer wieder auf ein ähnliches Niveau ein: Ein laufender Urteilsprozess in der Retrospektive, kein Zustand, und damit über den Lebenslauf veränderbar. Die Lebenszufriedenheit bleibt jedoch für einen längeren Zeitraum stabil und pendelt sich immer wieder zu einem stabilen hohen oder niedrigen Zustand (set-Point Theorie, vgl. Genkova, 2009b). Zusammenfassend handelt es sich beim Konzept der Lebenszufriedenheit um eine Selbsteinschätzung der eigenen Zufriedenheit in einzelnen Lebensbereichen.

Um dies eingehender zu erklären, werden mehrere theoretische Ansätze herangezogen. Wohlbefinden entsteht durch den Vergleich der tatsächlich erreichten Bedürfnisbefriedigung mit einer Bezugsnorm (relative Befriedigung), welche den Ist-Zustand in positivem Licht darstellt (kognitivistischer Zugang, was auch in Vergleichsniveautheorien festgehalten wurde; vgl. Becker, 1994; Perrig-Chiello, 1997; Veenhoven, 1991b; Theorie der sozialen Vergleichsprozesse von Frey et al., 1993; Poelmans, Odle-Dusseau & Beham, 2008; S. 188; Abele, 2005).

Des Weiteren entsteht Wohlbefinden durch ein individuelles Anspruchsniveau, welches mit hoher Wahrscheinlichkeit erreichbar ist. Dieser Vergleich bezieht sich nicht auf die Befriedigung, sondern auf die Befriedigungswahrscheinlichkeit. Dies ist ein kognitivistischer Zugang zur Analyse des Wohlbefindens mittels Anspruchsniveautheorien (vgl. Hofstätter, 1986; Michalos, 1980; Becker, 1994; Perrig-Chiello, 1997).

Das Anspruchsniveau stellt einen persönlichen Standard dar, der als Kriterium in den Bewertungsprozess eingeht. Die Höhe solcher Standards wird von eigenen Erfahrungen und sozialen Vergleichen beeinflusst. Ein hohes Anspruchsniveau ist für die Person zwar motivierend und herausfordernd, kann sich aber auch als belastend und wohlbefindens beeinträchtigend (Bongartz, 2000) herausstellen. Die Bedeutung des Anspruchsniveaus für die Zufriedenheit kann durch das Modell von Bruggemann et al. (1975) veranschaulicht werden, der in seiner Untersuchung querschnittsgelähmte Personen mit Lottogewinnern verglichen hat. Die Ergebnisse zeigen, dass nach kürzester Zeit die Zufriedenheit der Lottogewinner sinkt und sogar unter dem Niveau der querschnittsgelähmten Personen fällt.

In diesem Modell kann sich eine diffuse Unzufriedenheit nach der Senkung des Anspruchsniveaus zu einer resignativen (Arbeits-)Zufriedenheit ausformen, während eine Beibehaltung des Anspruchsniveaus je nach Situationswahrnehmung und Problemlösungsversuchen zu einer Pseudo-(Arbeits-)Zufriedenheit bzw. zu einer fixierten oder konstruktiven (Arbeits-)Zufriedenheit führen kann (vgl. Bruggemann et al., 1975; Semmer & Udris, 1995). Das Anspruchsniveau stellt sich als ein wichtiger Ansatzpunkt für Veränderungen in der Zufriedenheit heraus. Das Zufriedenheitserleben wird durch unsere Neigung beeinflusst, unsere Wahrnehmungen, Einstellungen, Erwartungen und unser Verhalten in Einklang zu halten, d.h. Dissonanzen zwischen den kognitiven Elementen zu vermeiden (interne Konsistenz). Wir nehmen Konsistenz kognitiv und emotional als angenehm wahr, während Dissonanz als eher unangenehm erlebt wird (vgl. Frey & Gaska, 1993; Weber, 1994; Raab, Unger & Unger, 2010). Das Streben nach interner Konsistenz steht vermutlich in einem engen Zusammenhang mit dem Erleben von Zufriedenheit und Unzufriedenheit.

Die Lebenszufriedenheit ist das Erleben, welches durch einen kognitiven Prozess begründet wird, in dem die Bewertung des eigenen Lebens im Mittelpunkt steht. Die Bewertung erfolgt z.B. im Vergleich eines subjektiv erlebten Ist-Zustands mit einem subjektiv festgesetzten Soll-Zustand auf der Grundlage ausgewählter, potenziell relevanter Informationen bezüglich des eigenen Lebens. Der subjektiv festgesetzte Soll-Zustand wird durch Erwartungen, Bedürfnisse, Ziele, Idealisierungen sowie durch soziokulturelle Normen und Werte einer Person beeinflusst. Der subjektiv erlebte Ist-Zustand ist die Wahrnehmung vergangener, gegenwärtiger und/oder zukünftig erwarteter Ereignisse. Bei der subjektiven Einschätzung (Mayring, 1991) handelt es sich um das Abwägen hervorgehender Gefühle der Dissonanz oder Kongruenz bzw. um das harmonische Verhältnis zwischen Person und Umwelt (Argyle & Martin, 1991; Ferring et al., 1996, 1997; Veenhoven, 1991a, b; Grob et al., 1991; Resch & Bamberg, 2005). Die Relativitätsposition betont die Bedeutung der subjektiven Wahl des Standards der Sollgröße für das Ausmaß der selbstberichteten Lebenszufriedenheit (Standard-Theorie-Multipler Diskrepanz; Michalos, 1980, 1985). Je höher dieser Standard liegt, desto eher wird eine wahrgenommene Diskrepanz zwischen der Soll- und der Ist-Größe erlebt, welche die Lebenszufriedenheit beeinträchtigt – wobei hier, wie schon oben erwähnt, die Beliebigkeit des kognitiven Erlebens eine persönliche und subjektive Dimension der Lebenszufriedenheit darstellt.

Nach Michalos (1985) ist die Zufriedenheit höher, wenn die Leistungen näher an den Ansprüchen liegen. Erwartungen und Anforderungen basieren auf Vergleichen mit anderen Menschen. Die persönliche Lebenszufriedenheit verändert sich in eine positive Richtung infolge des Grades der persönlichen Erfahrung oder Erwartung angenehmer sozialer Interaktionen und Veränderungen oder in eine negative Richtung infolge physischer und psychischer Symptome. Dabei spielen die *state-* eine größere Rolle als die *trait-*Variablen (Lewinsohn et al., 1991), somit ist die persönliche Bewertung eines Ereignisses ausschlaggebend für die Lebenszufriedenheit. Bei kritischen Lebensereignissen hängt das Wohlbefinden z.B. vom erfolgreichen *Coping* ab, welches selbst ein dynamisches Verhältnis zwischen Kontext und sozialer Unterstützung, Alter und persönlicher Disposition darstellt (Filipp & Klauer, 1991).

Außer den bereits erwähnten Ansprüchen spielt auch die Anpassung eine wichtige Rolle. Das Wohlbefinden entsteht durch Gewöhnung bzw. Anpassung an ein schwieriges Lebensereignis, was auch mit dem Immer-Wieder-Zurückkehren *(set point)* zu einem vorigen Zustand nach schwierigen Lebensereignissen und Lebensbedingungen (kognitivistischer Zugang mittels Adaptationsniveautheorien, vgl. Brickman et al, 1978; Becker, 1994; Perrig-Chiello, 1997) verbunden ist. Darüber hinaus spielen sie auch eine wichtige Rolle bei der Adaption und den passungstheoretischen Ansätzen (die optimale Passung zwischen Person und Umwelt, vgl. Becker, 1994; Abele, 2005).

Das ist durch die Mobilmachungs- und Bagatellisierungshypothese zu erklären (Taylor, 1991). Sie besagt z.B., dass der Organismus bei negativen Ereignissen im stärkeren Maße reagiert als bei positiven Ereignissen und zwar zunächst kurzfristig mit Mobilmachung und langfristig mit Bagatellisierung (vgl. Taylor, 1991; Taylor & Brown, 1988). Wohlbefinden ist das Resultat von befriedigten Bedürfnissen und Motiven, eine Art Bilanz zwischen positiven und negativen Erlebnissen.

Wohlbefinden im Sinne einer Grundbefindlichkeit ist als mittelfristiges Gleichgewichtsniveau gedacht, um das sich variable Wohlbefindenszustände bewegen. Als Indikator für dieses mittelfristige Gleichgewicht verwendet man das Niveau des selbstberichteten Wohlbefindens über einen Zeitraum von vier Wochen, welches durch das Verhältnis zwischen dem Ausmaß des positiven und negativen Befindens in diesem Zeitraum operationalisiert wird (Bongartz, 2000).

Die Lebenszufriedenheit wird daher als globale Größe, die über einen längeren Zeitraum stabil bleibt, aufgefasst; Bereichszufriedenheiten wie die Arbeitszufriedenheit sind als spezifische Lebenszufriedenheitsbereiche zu verstehen. Alle Zufriedenheitsbereiche stehen über die Lebenszufriedenheit in Wechselbeziehung zueinander: Die Zufriedenheitswerte beeinflussen sich auf diese Weise gegenseitig (analog dem Stresskonzept: Stress wird in andere Bereiche hineingetragen). Die Lebenszufriedenheit wird gespeist aus kognitiven Vergleichsprozessen über physisches und psychisches Wohlbefinden. Ein eigener Modellversuch (der allerdings die Zeitkomponente vernachlässigt) soll diesen Ansatz verdeutlichen. Hier kann auch die Beziehung zum Work-Life-Balance-Konzept aufgezeigt werden. Da Wechselbeziehungen die Zufriedenheitsverbindungen kennzeichnen, ist mit Beeinträchtigung einer Bereichszufriedenheit aus dem Pool ‚Work' (Arbeitszufriedenheit, Berufs-, Erfolgszufriedenheit etc.) oder ‚Life' (Partner-, Freizeit-, Familienzufriedenheit etc.) auch immer die Lebenszufriedenheit betroffen (vgl. OECD, 2007; S. 120). Mitarbeiter in

Deutschland verbringen durchschnittlich 15,6 Stunden mit Essen, Schlaf oder Freizeitaktivitäten und liegen damit über den OECD-Durschnitt von 14,9 Stunden (OECD, 2018). Zieht man das Work-Life-Balance-Konzept hinzu, geht man von der Annahme aus, dass eine subjektiv gelungene Work-Life-Balance sich durch individuell getroffene, hohe Zufriedenheitsurteile auszeichnet (vgl. Guest, 2001; S. 256; Guest, 2002).

Interessant ist das Ergebnis, dass der Zeroismus als ein negatives Wohlbefinden und Unglück empfunden wird. Der Zeroismus beschreibt einen Nullzustand ohne schlechte und gute Ereignisse und Erlebnisse, der den Glückszustand nicht unterstützt. Eine weitere, übergreifende Theorie besagt, dass Glück zyklisch ist; glücklichere Perioden wechseln sich mit unglücklicheren ab und umgekehrt. Empirische Untersuchungen über längere Zeiträume, die sich mit Stimmungen und Lebenszufriedenheit beschäftigen, weisen kein zyklisches Muster auf (vgl. Fordyce, 1972). Zeroismus ist demnach der Zustand, wo uns keine positiven oder negativen Ereignisse widerfahren. Dieser kann ebenfalls eine vollkommene Balance darstellen.

Zur Messung der Work-Life-Balance werden meist Zufriedenheitsurteile über bestimmte Lebensbereiche herangezogen. Zudem wird oft auch der dritte Aspekt der Gesundheit bzw. des Wohlbefindens abgefragt. Da die Forschung zur Work-Life-Balance relativ neu ist, hat sich noch keine Messmethode durchgesetzt. Leider beschränken sich wissenschaftliche Erhebungen im Allgemeinen mit der Erfassung der Work-Life-Balance von High Potentials (vgl. Stock-Homburg & Bauer, 2007; Ulich & Wiese, 2011).

Einschränkend für alle Konzepte muss angeführt werden, dass Zufriedenheitsurteile für ein Individuum leichter zu treffen sind, wenn sie einen bestimmten Zeitpunkt und nicht einen längeren Zeitraum betreffen (vgl. Fischer, 2006; S. 5). Auch die Befragungssituation muss immer kritisch betrachtet werden. Zahlreiche Faktoren (Stimmung; Zeitdruck; Örtlichkeit; der sog. Hawthorne-Effekt; Erhebungsmethode (Fragebogen, Interview); die Neigung, Negatives schönzureden; sozial erwünschte Antworten zu liefern etc.) beeinflussen die Angaben der Befragten im Hinblick auf ihre Urteile, wobei nicht bekannt ist, welche Variable welches Gewicht bei der Urteilsfindung einnimmt (vgl. Braun et al., 2003; S. 152). Eine Schwierigkeit ist auch die Subjektivität der Vorstellung von den Konzepten und der gemachten Angaben. Da es keine objektive Erhebungsinstrumente zur Messung von Zufriedenheiten gibt, muss man sich auf Selbsteinschätzungen verlassen. Generell sind Zufriedenheitsurteile also mit Vorsicht zu interpretieren (vgl. Schulte, 2005; S. 74; Bauer, 2014).

Zusammenfassung

Das Forschungskonstrukt Work-Life-Balance in der Psychologie ist äußerst komplex und bezieht mehrere Bereiche ein. Inwieweit diese Komplexität reduziert werden muss, um empirisch eindeutige Ergebnisse, mehr Genauigkeit und Präzision zu erzielen und inwieweit dies den einzig richtigen Weg darstellt, bildet ein weiteres theoretisches und empirisches Problem. „Rezepte", wie man glücklich und erfolgreich wird, sind die üblichen Anforderungen, die man an die Psychologie als Disziplin stellt. Dennoch reagiert man mit Abwertung, wenn diese wegen zu globaler Aussagen nicht „funktionieren", oder oberflächlich wirken (Genkova, 2009b; Ulich & Wiese, 2011).

Unsere Gesellschaft hat sich größtenteils davon befreit, sich von Psychologen, Ärzten oder Politikern einreden zu lassen, dass nur eine bestimmte Persönlichkeit glücklich werden kann. Das stellt auch eine Art Befreiung von der Urteilsperspektive dar, wer und was negativ zu bewerten ist, wie man sich fühlen und wann man glücklich sein soll. Jede Person ist emanzipiert genug, das selbst zu beurteilen und zu gestalten. Trotzdem steuern die Massenmedien durch die Globalisierung diesem Prozess entgegen, da ein Bild der glücklichen Person nach der nordamerikanischen *Happy-People*-Vorstellung unterstützt wird. Ein Gleichgewicht zwischen Arbeit und Privatleben allein macht nicht glücklich, ist aber mit hoher Wahrscheinlichkeit ein Schritt in diese Richtung.

Literaturverzeichnis

Abele, A. A. (2005). Ziele, Selbstkonzept und Work-Life-Balance bei der längerfristigen Lebensgestaltung. Befunde der Erlanger Längsschnittstudie BELA-E mit Akademikerinnen und Akademikern. Zeitschrift für Arbeits- und Organisationspsychologie, 4, 176-186.

Abele, A. A. & Becker, P. (1991) (Hrsg.). Wohlbefinden. Theorie – Empirie – Diagnostik (1. Aufl.). Weinheim: Juventa.

Argyle, M. & Martin, M. (1991). The psychological causes of happiness. In Strack, F., Argyle, M. & Schwarz, N. (Eds.), Subjective well-being: An interdisciplinary perspective. Oxford: Pergamon Press.

Augustin, M. (2001). Erfassung von Lebensqualität in dermatologischen Studien. Leitlinie der Subkommission „Pharmako-Ökonomie und Lebensqualität", Hautarzt, 8, 697-700.

Bamberg, E. (2007). Belastung, Beanspruchung, Stress. In Schuler, H. & Sonntag, K. (Hrsg.), Handbuch der Arbeits- und Organisationspsychologie (S. 141-148). Hogrefe Verlag: Göttingen.

Bauer, V. (2014). Ein Instrument zur Messung von Kundenzufriedenheit. Hamburg: Igel Verlag RWS.

Baumgartner, C. & Udris, I. (2006). Das "Zurcher Modell" der Arbeitszufriedenheit - 30 Jahre "Still Going Strong". In Fischer, L. (Ed.), Arbeitszufriedenheit. Konzepte und Empirische Befunde. Gottingen: Hogrefe.

Becker, P. (1994). Theoretische Grundlagen. In Abele, A. & Becker, P. (Hrsg.), Wohlbefinden. Theorie – Empirie – Diagnostik (2. Aufl.) (S. 13-49). Weinheim: Juventa.

Bengel, J., Strittmatter, R. & Willmann, H. (2010). Was erhält Menschen gesund? An-tonovskys Modell der Salutogenese – Diskussionsstand und Stellenwert – Online. Verfügbar unter: http://www.bzga.de-/pdf.php?id=0 ddf4b0628799d2005cc654f15e704b9 [Zugriff am 28.07.2014].

BMFSFJ (Hrsg.) (2004). Führungskräfte und Familie. Wie Unternehmen Work-Life-Balance fördern können. Ein Leitfaden für die Praxis. Berlin.

BMFSFJ (Hrsg.) (2005). Work Life Balance: Motor für wirtschaftliches Wachstum und gesellschaftliche Stabilität: Analyse der volkswirtschaftlichen Effekte. Zusammenfassung der Ergebnisse. Berlin.

BMFSFJ (Hrsg.) (2016). Renditenpotenzial der NEUEN Vereinbarkeit. Berlin.

Bongartz, N. (2000). Wohlbefinden als Gesundheitsparameter. Theorie und treatmentorientierte Diagnostik. Landau: Verlag Empirische Pädagogik.

Braun, O. L., Adjei, M. & Münch, M. (2003). Selbstmanagement und Lebenszufriedenheit. In Müller, G. F. (Hrsg.), Selbstverwirklichung im Arbeitsleben (S. 151-170). Lengerich: Pabst Science Publishers.

Breuer, K. (2008). Ehe- und Familiensachen in Europa. Gieseking.

Brickman, P., Coates, D. & Janoff-Bulman, R. (1978). Lottery winners and accident victims: Is happiness relative? Journal of Personality and Social Psychology, 36, 917-927.

Bruggemann, A., Groskurth, P. & Ulich, E. (1975). Arbeitszufriedenheit. Bern: Huber.

Bruggemann, A. (1976). Zur empirischen Untersuchung verschiedener Formen von Arbeitszufriedenheit. Zeitschrift für Arbeitswissenschaft, 30, 71–74.

Büssing, A. (2004). Arbeitszufriedenheit. In Gaugler, E., Oechsler, W. A. & Weber, W. (Hrsg.). Handwörterbuch des Personalwesens (S. 461-473). Stuttgart: Schäffer-Poeschel Verlag.

Cassens, M. (2003). Work-Life-Balance. Wie Sie Berufs- und Privatleben in Einklang bringen. (Executive Summary) o.O.: dtv.

Collatz, A. & Gudat, K. (2011). Work-Life-Balance. Praxis der Personalpsychologie. Göttingen: Hogrefe Verlag.

Dubin, R. (1956). Industrial workers' worlds: A study of the Central Life interests of industrial workers. Social Problems, 3, 131-142.

Duvander, A.-Z, Haas, L. & Thalberg, S. (2017). Fathers on Leave Alone in Sweden: Toward More Equal Parenthoode?. In O'Brien, M. & Wall, K. (Eds.), Comparative Perspectives on Work-Life-Balance and Gender Equality. Fathers on Leave Alone (pp. 125-146). Wiesbaden: Springer International Publishing.

Ferreira, Y. (2010). Messung der Arbeitszufriedenheit bei Arbeitszeitveränderungen. Gesellschaft für Arbeitswissenschaft, 117, 199-201.

Ferring, D., Filipp, S.-H. & Schmidt, K. (1996). Die "Skala zur Lebensbewertung": Empirische Skalenkonstruktion und erste Befunde zu Reliabilität, Stabilität und Validität. Zeitschrift für Differentielle und Diagnostische Psychologie, 17(3), 141-153.

Ferring, D. & Filipp, S.-H. (1997). Subjektives Wohlbefinden im Alter: Struktur- und Stabilitätsanalysen. Psychologische Beiträge, 39, 236-258.

Filipp, S.-H. & Klauer, T. (1991). Subjective well-being in the face of critical life events: the case of successful copers. In Strack, F., Argyle, M. & Schwarz, N. (Eds.), Subjective well-being: An interdisciplinary perspective (pp. 213-234). Oxford: Pergamon Press.

Fischer, K. (1989). Theoretische Grundlagen der Konjunkturprognose. Frankfurt: Peter Lang.

Fischer, L. (Hrsg.) (2006). Arbeitszufriedenheit. Konzepte und empirische Befunde. Göttingen: Hogrefe Verlag.

Fordyce, M. W. (1972) Happiness, its daily variation and its relation to values. California: United States International University.

FAZ (2017). Lieber mehr Urlaub als mehr Geld. Verfügbar unter: http://www.faz.net/aktuell/wirtschaft/deutsche-bahn-lieber-mehr-urlaub-als-mehr-geld-15098496.html [Zugriff am 09.05.2018].

Frey, D., Dauenheimer, D., Parge, O. & Haisch, J. (1993). Die Theorie sozialer Vergleichsprozesse. In Frey, D. & Irle, M. (Hrsg.), Theorien der Sozialpsychologie, Bd. 1, (2. Aufl.) (S. 81-121). Bern: Huber.

Frey, D. & Gaska, A. (1993). Die Theorie der kognitiven Dissonanz. In Frey, D. & Irle, M. (Hrsg.), Theorien der Sozialpsychologie, Bd. 1, (2. Aufl.) (S. 275-325). Bern: Huber.

Frey, D., Kerschreiter, R. & Raabe, B. (2013). Work-Life-Balance. Eine doppelte Herausforderung für Führungskräfte. In Kastner, M. (Hrsg.), Die Zukunft der Work-Life-Balance. Wie lassen sich Beruf und Familie miteinander vereinbaren? (5. Aufl.) (S. 305-323). Kröning: Asanger Verlag.

Fujita, F. & Diener, E. (2005). Life Satisfaction Set Point. Stability and Change. Journal of Personality and Social Psychology, 88, 158-164

Gendolla Morillo, F. (2005). Examen + Kind = Zufrieden? Lebenszufriedenheit von Akademikerinnen und Akademikern. Inaugural-Dissertation in der Philosophischen Fakultät I der Friedrich-Alexander-Universität Erlangen Nürnberg.

Genkova, P. (2008). Work-Life-Balance: Methodische Probleme beim Erforschen eines Konstrukts am Beispiel von Geschlechtsunterschieden. In GfA (Hrsg.), Produkt- und Produktions-Ergonomie - Aufgabe für Entwickler und Planer (S. 777-781). Dortmund: GfA Press.

Genkova, P. (2015). Work-Life-Balance? The challenge of the assessment of prospective teachers using the example of Work-Life-Balance). International Journal of Academic Research in Business and Social Sciences, 5(9), 32-45.

Genkova, P. (2009a). Work-Life-Balance – zwischen Zielklarheit und Wechseltendenz – wo findet man die Balance? In Raab, G. & Unger, A. (Hrsg.), Der Mensch im Mittelpunkt wirtschaftlichen Handelns (S. 409-427). Lengerich: Pabst Publishers.

Genkova, P. (2009b). „Nicht nur die Liebe zählt…" Lebenszufriedenheit und kultureller Kontext. Lengerich: Pabst Publishers.

Gerrig, R. & Zimbardo, P. (2008). Psychologie (18. Aufl.). München: Pearson Studium.

Greif, S. (1991). Streß in der Arbeit – Einführung und Grundbegriffe. In Greif, S. ,Bamberg, E. & Semmer, N. (Hrsg.), Psychischer Streß am Arbeitsplatz (S. 1-28). Göttingen: Hogrefe Verlag.

Grob, A., Lüthi, R., Kaiser, F.G., Flammer, A., Mackinnon, A. & Wearing, A. J. (1991). Berner Fragebogen zum Wohlbefinden Jugendlicher (BFW). Diagnostica, 37,66-75.

Guest, D. E. (2001). Perspectives on the Study of Work-Life Balance. Social Science Information, 2, Paris: Maison des Sciences de l'Homme, 255-279.

Guest, D. (202). Perspectives on the Study of Work-Life Balance. Social Science Information, 42(2), 255-279.

Hampel, J. (1985). Lebenszufriedenheit und Bereichszufriedenheiten. Eine Anwendung der LISREL-Methode. Arbeitspapier Nr. 178 aus dem Sonderforschungsbereich 3 (Mikroanalytische Grundlagen der Gesellschaftspolitik) der J.W. Goethe-Universität Frankfurt und der Universität Mannheim, o.O.

Harpaz, I. & Fu, X. (1997). Work Centrality in Germany, Israel, Japan, and the United States. Cross-Cultural Research, 31(3), 171-200.

Harpaz, I. (2002). Advantages and disadvantages of telecommuting for the individual, organization and society. Work Study, 51(2), 74-80.

Herzberg, F., Mausner, B., Peterson, R. D. & Capwell, D.F. (1957). Job attitudes: Review of research and opinions. Pittsburgh: Psychological Service of Pittsburgh.

Hillmann, K.-H. (2007). Wörterbuch der Soziologie. Stuttgart: Alfred Kröner Verlag.

Hofstätter, P. R. (1986). Bedingungen der Zufriedenheit. Zürich: Edition Interform.

Kaplan, R. S. (1985). Evidence on the effect of bonus schemes on accounting procedure and accrual decisions. Journal of Accounting and Economics, 7(1-3), 109-113.

Kastner, M. (1999). Stressbewältigung. Leistung und Beanspruchung optimieren. Herdecke: Maori-Verlag.

Kastner, M. (2004). Verschiedene Zugänge zur Work Life Balance. In Ders. (Hrsg.), Die Zukunft der Work Life Balance. Wie lassen sich Beruf und Familie, Arbeit und Freizeit miteinander verbinden? (S. 67-108). Kröning: Asanger Verlag.

Kastner, M. (2009). Die Zukunft der Work Life Balance: Wie lassen sich Beruf und Familie, Arbeit und Freizeit miteinander vereinbaren?. Kröning: Asanger Verlag.

Knesebeck, O., Joksimovic, L., Dragano, N. & Siegrist, J. (2004). Belastungen am Arbeitsplatz und in der Familie: Die Auswirkungen von „Spillover"-Effekten auf depressive Symptome. In Kastner, M. (Hrsg.), Die Zukunft der Work Life Balance. Wie lassen sich Beruf und Familie, Arbeit und Freizeit miteinander verbinden? (S. 261-281). Kröning: Asanger Verlag.

Lewinsohn, P., Redner, J. & Seeley, J. (1991). The relationship between life satisfaction and psychosocial variables: new perspectives. In Strack, F., Argyle, M. & Schwarz, N. (Eds.), Subjective well-being: An interdisciplinary perspective (pp. 141-169). Oxford: Pergamon Press.

Luong, A. & Rogelberg, S. G. (2005). Meetings and More Meetings: The Relationship Between Meeting Load and the Daily Well-Being of Employees. Group Dynamics: Theory, Research, and Practice, 9(1), 58-67.

Mannheim, K. (1993). The Ideological and the Sociological Interpretation of Intellectual Phenomena. London: Taylor & Francis Group.

Martin, A. (1992). Arbeitszufriedenheit. In Gaugler, E. & Weber, W. (Hrsg.), Handwörterbuch des Personalwesens (S. 481-493). Stuttgart: Poeschel Verlag.

Mayring, P. (1991). Psychologie des Glücks. Stuttgart: Kohlhammer.

Meijman, T. F. & Mulder, G. (1998). Psychological aspects of workload. In Drenth, P. J. D. & Thierry, H. (Eds.), Handbook of work and organizational psychology, 2, 5-33.

Meulemann, H. (2007). Lebenszufriedenheit, Lebensbereiche und Religiosität. In Nollmann, G. (Hrsg.), Sozialstruktur und Gesellschaftsanalyse (S. 261-277). Wiesbaden: Verlag für Sozialwissenschaften.

Michalk, S. & Nieder, P. (2007). Erfolgsfaktor Work-Life-Balance. Weinheim: Wiley-VCH Verlag.

Michalos, A. C. (1985). Multiple discrepancies theory (MDT). Social Indicators Research, 16, 347-413.

Michalos, A. C. (1980). Satisfaction and happiness. Social Indicators Research, 8, 347-413.

Morse, N. C. & Weise, R. S. (1955). The Function and Meaning of Work and the Job. American Sociological Review, 20(2), 191-198.

Mosler, H.J. (1992). Bedürfnisse und Wohlbefinden. Eine empirische Analyse von Daten des Fragebogens zu Lebenszielen und zur Lebenszufriedenheit (FLL). Frankfurt/Main: Deutsches Institut für Internationale Pädagogische Forschung.

Moser, K. (Hrsg.) (2007). Wirtschaftspsychologie, Berlin/Heidelberg: Springer Verlag.

Nes, R. B. (2010). Happiness in Behaviour Genetics: Findings and Implications. Journal of Happiness Studies, 11(3), 369381.

Nick, J. (2015). Work-Life-Balance – eine Frage der Leistungspolitik: Analysen und Gestaltungsansätze. Wiesbaden: Springer.

O'Brien, M. & Wall, K. (2017). Comparative Perspectives on Work-Life-Balance and Gender Equality. Fathers on Leave Alone. Wiesbaden: Springer International Publishing.

OECD (2007). Organization for Economic Co-operation and Development. Gesellschaft auf einen Blick. OECD Sozialindikatoren. Paris/Danvers: OECD Publishing.

OECD (2018). Work-Life-Balance. Verfügbar unter: http://www.oecdbetterlifeindex.org/de/topics/work-life-balance-de/ [Zugriff am 09.05.2018].

Okonek, R. & Genkova, P. (2009). „Gerne lange arbeiten?" – Diversity Management unter Berücksichtigung der Altersunterschiede bei Arbeitszufriedenheit. In Raab, G. & Unger, A. (Hrsg.), Der Mensch im Mittelpunkt wirtschaftlichen Handelns (S. 280-302). Lengerich: Pabst Science Publisher.

Opaschowski, H. W. (2004). Work Life Balance: Mehr Wunsch als Wirklichkeit? Zur Problematik der Vereinbarkeit von Beruf und Familie, Arbeit und Freizeit. In Kastner, M. (Hrsg.), Die Zukunft der Work Life Balance. Wie lassen sich Beruf und Familie, Arbeit und Freizeit miteinander verbinden? (S. 437-448). Kröning: Asanger Verlag.

Papmeyer, K. (2018). Work-Life-Balance im Kontext von mitarbeiterunterstützenden Dienstleistungen. Eine Untersuchung in einem globalen Technologiekonzern. Wiesbaden: Gabler.

Perrig-Chiello, P. (1997). Wohlbefinden im Alter: Körperliche, psychische und soziale Determinanten und Ressourcen. Weinheim: Juventa.

Poelmans, S., Odle-Dusseau, H. & Beham, B. (2008). Work-Life Balance; individual and organizational strategies and practices. In Cartwrigh, S. & Cooper, C. L. (Eds.), The Oxford handbook of organizational well-being (pp. 180–213). Oxford: Oxford University Press.

Raab G., Unger A., Unger F. (2010). Die Theorie kognitiver Dissonanz. In Raab, G., Unger, A. & Unger, F. (Hrsg.), Marktpsychologie. Grundlagen und Anwendung (3. Aufl.) (S. 42-64). Wiesbaden: Springer Gabler..

Resch, M. (2003). Work-Life Balance – neue Wege der Vereinbarkeit von Berufs- und Privatleben? In Luczak, H. (Hrsg.), Tagungsband der GFA Herbstkonferenz 2003. Kooperation und Arbeit in vernetzten Welten (S. 125-132). Stuttgart: ergonomia.

Resch, M. & Bamberg, E. (2005). Work-Life-Balance – Ein neuer Blick auf die Vereinbarkeit von Berufs- und Privatleben?. Zeitschrift für Arbeits- u. Organisationspsychologie, 49(4), 171–175.

Rogelberg, S. G., Luong, A., Sederburg, M. E. & Cristol, D. S. (2000). Employee attitude surveys: examining the attitudes of noncompliant employees. Journal of Applied Psychology, 85(2), 284-293.

Rosenstiel, L. v. (1980). Grundlagen der Organisationspsychologie. Basiswissen und Anwendungshinweise. Stuttgart: Poeschel.

Rosenstiel, L. v. (1992). Betriebsklima geht jeden an!. Bayerisches Staatsministerium für Arbeit und Sozialordnung: München.

Ruiz-Quintanilla, S. A. (1984). Bedeutung des Arbeitens. Berlin: Selbstverlag.

Ruiz-Quintanilla, S. A. & Wilpert, B. (1985). Zur subjektiven Bedeutung der Arbeit. In Lempert, W., Hoff, E. & Lappe, K. (Hrsg.), Arbeitsbiographie und Persönlichkeitsentwicklung. Bern: Hans Huber.

Schaarschmidt, U. & Fischer, A. W. (2008). Arbeitsbezogenes Verhaltens- und Erlebensmuster. AVEM (Standardform). AVEM-44 (Kurzform). Manual. Frankfurt am Main: Pearson.

Schobert, D. B. (2007). Grundlagen zum Verständnis von Work-Life Balance. In Esslinger, A. S. & Schobert, D. B. (Hrsg.), Erfolgreiche Umsetzung von Work-Life Balance in Organisationen. Strategien, Konzepte, Maßnahmen (S. 19-34). Wiesbaden: Deutscher Universitäts-Verlag.

Schreyögg, A. (2005). Coaching und Work-Life-Balance. Organisationsberatung – Supervision – Coaching. 5. Oberursel: Verlag für Sozialwissenschaften.

Schulte, K. (2005). Arbeitszufriedenheit über die Lebensspanne. Lengerich: Papst Science Publishers.

Schwennen, C. & Musahl, H.-P. (2003). Der Zusammenhang von Stressverarbeitung und impliziten Führungstheorien. In Giesa, H.-G. ,Timpe, K.P. & Winterfeld, U. (Hrsg.), Psychologie der Arbeitssicherheit und Gesundheit. 12. Workshop 2003 (S. 331-334). Kröning: Asanger Verlag.

Semmer, N. & Udris, I. (1995). Bedeutung und Wirkung von Arbeit. In Schuler, H. (Hrsg.), Lehrbuch Organisationspsychologie (2. Aufl.) (S. 133-165). Bern: Huber.

Sonnentag, S., & Fritz, C. (2007). The recovery experience questionnaire: Development and validation of a measure for assessing recuperation and unwinding from work. Journal of Occupational Health Psychology, 12, 204-221.

Steinmann, H. & Schreyögg, G. (2005). Management. Grundlagen der Unternehmensführung. Konzepte – Funktionen – Fallstudien. Wiesbaden: Gabler.

Stock-Homburg, R. & Bauer, E.-M. (2007). Work-Life-Balance im Topmanagement. ApuZ, 34, 25-32.

Taylor, S. E. (1991). Asymmetrical Effects of Positive and Negative Events: The Mobilization-Minimization Hypothesis. Psychological Bulletin, 110, 67-85.

Taylor, S. E. & Brown, J. D. (1988). Illusion and Well-Being: A Social Psychological Perspective on Mental Health. Psychological Bulletin, 103, 193-210.

Thiehoff, R. (2004). Work Life Balance mit Balanced Scorecard: die wirtschaftliche Sicht der Prävention. In Kastner, M. (Hrsg.). Die Zukunft der Work Life Balance. Wie lassen sich Beruf und Familie, Arbeit und Freizeit miteinander verbinden? (S. 409-436). Kröning: Asanger Verlag.

Ulich, E. (2006). Arbeitspsychologie. Stuttgart: Schäffer-Poeschel.

Ulich, E. (2007). Von der Work Life Balance zur Life Domain Balance. Handelsblatt, 4, 188-193.

Ulich, E. & Wiese, B. S. (2011). Life Domain Balance. Konzepte zur Verbesserung der Lebensqualität. Wiesbaden: Gabler.

Veenhoven, R. (1991a). Ist Glück relativ? Überlegungen zu Glück, Stimmung und Zufriedenheit aus psychologischer Sicht. Report Psychologie, 16, 14-20.

Veenhoven, R. (1991b). Questions on happiness: classical topics, modern answers, blind spots. In Strack, F.Argyle, M. &Schwarz, N. (Eds.), Subjective well-being: An interdisciplinary perspective (pp. 7-26). Oxford: Pergamon Press.

Waldbuesser, R. (2007). Freizeit und Familie. In Schuler, H. & Sonntag, K. (Hrsg.), Handbuch der Arbeits- und Organisationspsychologie (S. 312-319). Göttingen: Hogrefe Verlag.

Walther, D. (2013). Die 38-Stunden-Woche für Manager. Optimale Work-Life-Balance durch gute Führung. Wiesbaden: Gabler.

Weber, H. (1994). Veränderung gesundheitsbezogener Kognitionen. In Schwenkmezger, P. & Schmidt, L. R. (Hrsg.), Lehrbuch der Gesundheitspsychologie (S. 188-206). Stuttgart: Enke.

Weinert, A. B. (2004). Organisations- und Personalpsychologie. Weinheim: Beltz PVU.

Weinreich, I. & Weigl, C. (2002). Gesundheitsmanagement erfolgreich umsetzen. Ein Leitfaden für Unternehmen und Trainer. Neuwied: Luchterhand.

Wiendieck, G. (1994). Arbeits- und Organisationspsychologie. Berlin/München: Quintessenz.

Wiese, B. S. (2007). Work-Life-Balance. In Moser, K. (Hrsg.), Wirtschaftspsychologie (S. 245-263). Berlin/Heidelberg: Springer Verlag.

Wirtz, B. W. & Schwarz, J. (2004). Determinanten der Arbeitszufriedenheit in der Internetökonomie. Die Unternehmung. 1. Zürich: Versus Verlag.

Herausgeber-
und Autorenverzeichnis

Herausgeber

Dipl.-Psych. Torsten Brandenburg, Studium der Psychologie an der Westfälischen Wilhelms- Universität Münster; 2004 – 2007 Unternehmensberater bei der Kienbaum Management Consultants GmbH; seit November 2007 bei der Generalzolldirektion (Direktion IX – Bildungs- und Wissenschaftszentrum der Bundesfinanzverwaltung), dort als Dozent im Rahmen von Fortbildungsprogrammen für Führungskräfte eingesetzt sowie als Berater für Organisationen der öffentlichen Verwaltung; im Rahmen von Lehraufträgen auch tätig an mehreren Hochschulen. Allgemeine Arbeitsschwerpunkte: Führungskräfteentwicklung, Change-Management, Kollegiale Praxis-/ Fallberatung, New Public Management, Feedback-Systeme, Personal-Diagnostik und Gruppen-/ Teamberatung.Coaching-Fortbildung am Institut für Systemische Beratung, Wiesloch.

torsten.brandenburg@web.de

Dipl.-Psych. Patrick Mehlich, Studium der Psychologie an der Westfälischen Wilhelms-Universität Münster; 2008 bis 2010 Projektmanager im Bereich Employer Branding der TARGOBANK, Schwerpunkte: Mitarbeiterbefragungen, Personalmarketing, Mitarbeiter-Bindung, Recruiting; 2010 bis 2012 Personalentwickler der TARGOBANK, Schwerpunkte: Fach- und Führungskräfteentwicklung, Personaldiagnostik, Kompetenzmanagement, Konzeption und Durchführung von Trainingsmaßnahmen, Projektmanagement; seit Juli 2012 Trainer und Berater bei der Generalzolldirektion (Direktion IX – Bildungs- und Wissenschaftszentrum der Bundesfinanzverwaltung); Schwerpunkte: Feedback-Systeme, Führungskräftetrainings (Themen z.B. Führung, Kommunikation, Konfliktmanagement, Motivation, Verwaltungssteuerung/-controlling, etc.), Beratung von Organisationen der öffentlichen Verwaltung (z.B. zu den Themen Change Management, Befragungen, Team- und Individualmaßnahmen), Personalauswahlverfahren.

Prof. Dr. Meinald T. Thielsch, Dipl.-Psych., Studium der Psychologie an der Westfälischen Wilhelms-Universität Münster; 2004 Diplom; 2004 bis 2008 Promotionsstudium Psychologie und Wirtschaftsinformatik; 2008 Promotion zum Dr. phil.; 2013 Habilitation. Seit 2019 außerplanmäßiger Professor (Organisational Psychology and Human-Computer Interaction) am Institut für Psychologie der Westfälischen Wilhelms-Universität Münster. Verschiedene ehrenamtliche und nebenberufliche Tätigkeiten, u. a. als wissenschaftlicher Berater, Redner, im Advisory Board des Start-Ups Echometer sowie von 2014 bis 2019 als Vorstandsmitglied der Deutschen Gesellschaft für Online-Forschung e. V. (DGOF). Lehraufträge an den Universitäten Bonn und Fribourg (Schweiz) sowie der Fachhochschule Münster. Arbeits- und Forschungsschwerpunkte: Angewandte wirtschaftspsychologische Forschung, User Experience, Forschungs-Praxis-Transfer, Evaluation, Qualitätssicherung und Online-Forschung. Weitere Informationen unter www.meinald.de

Autoren

Dipl.-Psych. Jessica Boltz, Studium der Psychologie an der Westfälischen Wilhelms-Universität Münster mit dem Schwerpunkt Arbeits- und Organisationspsychologie, 2007 - 2008 Personalauswahl bei der Deutschen Lufthansa AG; 2008 bis 2015 Dozentin und wissenschaftliche Mitarbeiterin an der Deutschen Hochschule der Polizei in Münster; seit 2015 Dozentin am Bildungs- und Wissenschaftszentrum der Bundesfinanzverwaltung, Bereich: u.a. Ausbildung des gehobenen Zolldienstes

Dipl.-Päd. Thomas Faber ist Bereichsleiter der Kienbaum Consultants International GmbH mit Sitz in Köln. Seine Arbeitsschwerpunkte im Bereich Human Resource Management liegen in den Themenfeldern Personaldiagnostik (Management-Audits, Assessment-Center, Potenzialanalysen), Personal- und Führungskräfteentwicklungssystemen und Coachings. Herr Faber ist zertifizierter Business Coach und DISG- Trainer. Basierend auf seiner vorherigen Tätigkeit als Leiter des Bereichs Training & Development der Lufthansa Consulting und Lufthansa School of Business beschäftigt er sich darüber hinaus schwerpunktmäßig mit den Themen Crew Resource Management, Human Factors, High Reliability Organisations und Fehlermanagement, die er beratend in sicherheitsrelevanten Branchen einführt und begleitet. Zu seinen Kunden zählen dabei u.a. Chemieunternehmen, Raffinerien, petrochemische Gewerke, Kraftwerke, Produktionsunternehmen und Kliniken. Darüber hinaus steht er in enger Zusammenarbeit mit der TU Chemnitz (Prof. Peter Pawlowsky). Herr Faber ist u. a. Mitglied im Verein Plattform – Menschen in komplexen Arbeitswelten e.V.

Dipl.-Kfm. Lars Förster, Studienschwerpunkte Organisation & Führung, Umweltmanagement und Wirtschaftspsychologie; zertifizierter systemischer Berater. Sein Fokus ist die Arbeit mit Führungskräften und Management-Teams aller Ebenen sowie die Ausbildung systemischer Berater in Kooperation mit dem Institut für systemische Beratung, Wiesloch. Bis 2011 angestellt bei der Kienbaum Management Consultants GmbH, zuletzt auf Projektleiterebene als Experte für Leadership und Change. Im Herbst 2011 Gründung von Förster und Netzwerk, einem Beraternetzwerk für Organisationsberatung. 2018 Überführung des Netzwerks in eine Organisation neuen Typs mit dem Namen subject: RESOUL, aufgestellt als Vereins-AG mit soziokratischem Steuerungssystem und neun gemeinschaftlich verantwortlichen Geschäftsführern mit sieben gemeinschaftlich verantwortlichen Vorständen. Lars Förster lebt mit seiner Familie in Berlin.

Prof. Dr. Silke Geithner, Dipl.-Hdl., ist Professorin für Führung und Organisation in der Sozial-und Gesundheitswirtschaft an der Evangelischen Hochschule Dresden (ehs) und zugleich Geschäftsführerin des Zentrum für Forschung, Weiterbildung und Beratung an der ehs Dresden gGmbH. Zuvor hatte sie eine Professur für Personalmanagement an der Wilhelm Löhe Hochschule Fürth inne und war von 2009 bis 2017 wissenschaftliche Mitarbeiterin an der Professur für BWL, insbesondere Organisation der Technischen Universität Dresden. Davor arbeitete sie am Lehrstuhl Personal und Führung sowie der Lehreinheit für soziale Kompetenzen und Planspiele der TU Chemnitz. Sowohl in ihrer Habilitation als auch in ihrer Promotion beschäftigte sie sich mit Fragen des Managements organisationalen Wandels und arbeitsprozessbezogenen Lernens. Ihre aktuellen Lehr-und Forschungsschwerpunkte sind die Veränderungen von Arbeit und Konsequenzen für die Personal- und Organisationsentwicklung, die demografische Entwicklung und ihre Folgen für Organisationen, situierte und tätigkeitstheoretische Theorien individuellen und kollektiven Lernens in der Arbeit sowie modellhaftes Lernen durch LEGO®Serious Play®.

Prof. Dr. Petia Genkova ist Professorin für Wirtschaftspsychologie an der Fakultät Wirtschafts-und Sozialwissenschaften an der Hochschule Osnabrück und leitet aktuell das Kompetenzzentrum Globale Kompetenz und mehrere Forschungsprojekte, die der vertiefenden Forschung der Interkulturellen Kompetenz, Interkulturellen Kommunikation und Zusammenarbeit sowie dem Erleben und der Gesundheit und Zufriedenheit von Personen mit Migrationshintergrund als auch dem Thema Diversity dienen. Sie ist zudem Vorstandsmitglied beim Deutschen Akademikerinnen Bund, Vorsitzende der Sektion Politische Psychologie sowie Sprecherin des Gleichbehandlungsausschusses beim BDP. Petia Genkova hat 2008 im Fach Psychologie sowie im Fach Interkulturelle Kommunikation an der Universität Passau habilitiert. 2002 hat sie an der Ruhr-Universität Bochum im Fach Psychologie promoviert. Ihre Forschungs- und Arbeitsschwerpunkte liegen in der Interkulturellen Kommunikation, Interkulturellen Psychologie, der Kulturvergleichenden Psychologie sowie der Sozialpsychologie, Diversity und Gender Mainstreaming.

Hochschule Osnabrück
Fakultät Wirtschafts- und Sozialwissenschaften
Caprivistrasse 30a
49076 Osnabrück
Tel: +49 (0)541/969-3772
P.Genkova@hs-osnabrueck.de
https://www.wiso.hs-osnabrueck.de/38933.html

Dipl.-Psych. Sarah Honrath, Studium der Psychologie an der Radboud Universiteit Nijmegen, Niederlande, Master of Work and Organisational Psychology, systemische Beraterin sowie ausgebildeter Coach. 2007-2009 Vertriebstrainerin bei der Citibank; Schwerpunkte Konzeption und Durchführung von vertriebsorientierten Verhaltens-und Fachtrainings, übergreifende Projekte zum Thema Kundenzufriedenheit, sowie Begleitung von Veränderungsprozessen. Seit 2009 Personalentwicklerin bei der TARGO-BANK mit den Schwerpunkten Fach-und Führungskräfteentwicklung, Begleitung von Teamentwicklungsprozessen, Kompetenzmanagement, Konzeption und Durchführung von Trainingsmaßnahmen und Coaching von Führungskräften.

Prof. Dr. Uwe Peter Kanning, geb. 1966, ab 1987 Studium der Psychologie, Pädagogik und Soziologie an der Westfälischen Wilhelms-Universität Münster; 1993 Dipl.-Psych.; 1993 bis 1994 Studium an der University of Kent at Canterbury, England; 1997 Dr. phil; 2006 Lehrpreis der Universität Münster; 2007 Habilitation; 2008 Transferpreis der Universität Münster; seit 2009 Professor für Wirtschaftspsychologie an der Hochschule Osnabrück; 2013-2019 viermalige Wahl unter die „40 führenden Köpfe des Personalwesens" (Personalmagazin); 2016 „Professor des Jahres" (Unicum Beruf). Autor und Herausgeber von mehr als 30 Büchern und psychologischen Testverfahren. Forschungsschwerpunkte: Personaldiagnostik, Soziale Kompetenz, Unseriöse Methoden der Personalarbeit. Seit mehr als 20 Jahren Beratung von Behörden und Unternehmen zu personalpsychologischen Themen.

U.Kanning@hs-osnabrueck.de
www.youtube.com/UwePeterKanning
http://www.hs-osnabrueck.de/prof-dr-uwe-p-kanning

Dipl.-Sportl. & Personalentwickler (M.A.) André Kasiske, Gründer & Partner der HPO Research & Consulting Part G, die sich zum Ziel setzt, Wirkzusammenhänge organisationaler Hochleistung in Kultur, Sport und Wirtschaft wissenschaftlich zu ergründen und auf Basis dieser Erkenntnisse Organisationen sowie Führungskräfte und -teams aus Konzernen und Mittelständischen Unternehmen bei der Gestaltung von Transformationsprozessen und der Kulturentwicklung zu begleiten. André Kasiske ist Lehrbeauftragter für Sozialkompetenz und Leadership an der Executive School, dem Institut für Customer Insights und dem Schweizerischen Institut für Klein- und Mittelunternehmen der der Universität St. Gallen.

Prof. Dr. Michael Krämer ist mit dem Lehrgebiet Wirtschaftspsychologie an der FH Münster tätig. In Praxisprojekten unterstützt er Unternehmen in Fragen der Personal- und Organisationsentwicklung. Ausbildung zum Bankkaufmann, Studium der Psychologie an der Justus-Liebig-Universität Gießen, Promotion am Fachbereich Psychologie der Johann-Wolfgang-Goethe-Universität Frankfurt/Main. Danach arbeitete er als Projekt- und schließlich als Leiter des Personalentwicklungsbereichs einer internationalen Personal- und Unternehmensberatung.

Dipl.-Psych. Ben MacKenzie fuhr nach einer Kapitänsausbildung in den Niederlanden mehrere Jahre zur See und sammelte Führungserfahrung als Offizier und Schiffsführer auf traditionellen Großseglern. Im anschließenden Psychologie-Studium an der Universität Mannheim spezialisierte er sich auf die Bereiche Führung und Personalentwicklung. Er arbeitete bei verschiedenen Beratungen bevor er Ende 2011 das Beraternetzwerk Förster und Netzwerk mitgründete. Anfang 2018 wurde das Netzwerk in eine progressive Organisationsform mit soziokratischer Steuerung überführt und in subject: RESOUL umbenannt. Ben MacKenzies Fokus sind neue Organisations- und Zusammenarbeitsformen und die Rolle der Führung darin. Er begleitet Organisationen und Führungskräfte beim Experimentieren damit.

Dr. Julia Maier, Dipl.-Psych., seit 2009 tätig als Luftfahrtpsychologin in den Bereichen Forschung und Personalauswahl für Verkehrsflugzeugführer beim Deutschen Zentrum für Luft- und Raumfahrt e.V., Hamburg. Studium der Psychologie an der Westfälischen Wilhelms-Universität Münster, 2005 bis 2009 wissenschaftliche Mitarbeiterin am Lehrstuhl für Psychologie der Universität Hohenheim, Stuttgart. 2009 Promotion im Bereich Eignungsdiagnostik/Kreativität. Parallel dazu freiberufliche Tätigkeit als Beraterin und Entwicklerin. Forschungsschwerpunkte: Eignungsdiagnostik, Thermischer Komfort, Personalentwicklung, Persönlichkeit, Kreativität.

Deutsches Zentrum für Luft- und Raumfahrt e.V.
Institut für Luft- und Raumfahrtmedizin
Luft- und Raumfahrtpsychologie
Sportallee 54a
22335 Hamburg
julia.maier@dlr.de
www.DLR.de

Dr. Peter Mistele, Dipl.-Kfm., arbeitet bei dem internationalen Beratungsunternehmen Accenture GmbH im Bereich HR Strategie und Talentmanagement und beschäftigt sich schwerpunktmäßig mit Fragen der Personal-und Organisationsentwicklung. Davor war er Projektleiter und wissenschaftlicher Mitarbeiter am Lehrstuhl Personal und Führung der TU Chemnitz und hat dort intensiv zum Thema Hochleistungsmanagement geforscht. Peter Mistele studierte Betriebswirtschaftslehre an den Universität Tübingen, der University of Edinburgh (UK) und promovierte am Lehrstuhl Personal & Führung der TU Chemnitz. Er ist Autor und Herausgeber verschiedener Bücher und Beiträge zum Thema Hochleistungsmanagement.

Dipl.-Kfm. Ilja Rep, Studium der Betriebswirtschaft an der Universität zu Köln, psychologische Aus- und Weiterbildungen, u.a. Co-Active Coaching, Coaching for Results, Systemisches Coaching, Reiss Profile. Seit über 20 Jahren Trainer und Coach für persönliche und unternehmerische Potenzialentfaltung. Inhaber von Trüffelnasen – ein Riecher für Potenziale. Schwerpunkte: Teamentwicklung, Einfluss nehmen (Leadership für die Generation Y) und Persönlichkeitsentfaltung. Mitbegründer vom „Fachsymposium Unternehmertum". Entwickler des Coachingmodells „Road to Wonderland". Initiator des offenen Coachingprogramms FÜhR DEIN LEBEN.

Dipl.-Psych. Johannes Sattler, geb. 1981, schloss 2006 sein Studium der Psychologie an der Westfälischen Wilhelms-Universität in Münster ab. Seine Schwerpunkte legte er auf die Bereiche Klinische Psychologie sowie Arbeits- und Organisationspsychologie. Zwischen 2009 und 2015 studierte er außerdem nebenberuflich Maschinenbau an der TU Berlin, um seiner Leidenschaft für technische Zusammenhänge nachzugehen. Während seiner Zeit in der Unternehmensberatung Kienbaum Management Consultants GmbH spezialisierte er sich auf die Bereiche Führungskräfteentwicklung, Teamentwicklungen, Trainerausbildungen und Coaching. Gleichzeitig hatte er die Gelegenheit an zwei Büchern zu den oben genannten Themenfeldern mitzuwirken. Ende 2011 war er Mitbegründer der Organisationsberatung Förster und Netzwerk, die seit Anfang 2018 unter dem Namen subject:RESOUL firmiert und seitdem einem starken Fokus auf sinnstiftende Zusammenarbeit legt. Passend dazu hat Johannes Sattler eine Soziokratie-Ausbildung durchlaufen und und begleitet Abteilungen oder ganze Unternehmen darin, sich selbstorganisiert(er) aufzustellen.

Dipl.-Psych. Lisa Singer, Studium der Psychologie an der Otto-von-Guericke Universität Magdeburg. Von 2006-2009 Personalentwicklerin bei Daimler Financial Services AG in Berlin; Schwerpunkte: Talent Management, Personal-und Eignungsdiagnostik sowie Durchführung von Assessment Centern und Audits. Von 2009-2012 Senior Personalentwicklerin bei der TARGOBANK AG & Co. KGaA in Düsseldorf; Fach-und Führungskräfteentwicklung, Personaldiagnostik, Kompetenzmanagement, Performance Management, Konzeption und Durchführung von Trainingsmaßnahmen, Führungskräftecoaching. Von 2012-2014 HR-Generalistin und Prokuristin bei der TARGOBANK; operative Betreuung von ca. 300 Mitarbeitern und Führungskräften, Auswahl und Einstellung neuer Mitarbeiter, Beratung zu arbeitsrechtlichen Fragen und Verhandlung von betrieblichen Interessenvertretungen. 2014-2018 Abteilungsleitung Vertriebstraining bei der TARGOBANK. Seit Oktober 2018 Head of Human Resources bei der ATOS Gruppe GmbH & Co. KG in München.

Karl Westhoff (Hrsg.)

Das Entscheidungsorientierte Gespräch (EOG) als Eignungsinterview

Eignungsinterviews ohne ausgefeilte Struktur vermitteln meist suboptimale Informationen und fehlerhafte Interpretationen.

Als verlässliches Eignungsinterview eignet sich hingegen das „Entscheidungsorientierte Gespräch" (EOG) mit wissenschaftlich fundierten und praktisch erprobten Strukturen. Professor Dr. Karl Westhoff und sein Team stellen die Details vor - übersichtlich, komprimiert und direkt umsetzbar.

Ein Leitfaden für Psychologen und Nichtpsychologen - u.U. auch für Bewerber.

Das EOG nutzt alle relevanten Ansätze, die sich als nützlich erwiesen haben - ohne Einschränkung auf bestimmte Typen, Arten oder Inhalte. Es nutzt das gesamte empirisch gesicherte Wissen zum Planen, Durchführen und Auswerten von Gesprächen.

Die Autoren bieten eine vielseitig anwendbare Technologie, die bei allen psychologisch-diagnostischen Fragestellungen - also auch bei der Eignungsbeurteilung - nutzbar ist.

Die Besonderheit des „Entscheidungsorientierten Gesprächs" liegt in der Möglichkeit zur systematischen Erhebung und Auswertung qualitativer Informationen (Tiefeninterview). Darin soll der Befragte sein konkretes Verhalten und Erleben so vermitteln, dass der Interviewer es sich vorstellen kann - wie in einem Film.

156 Seiten
ISBN 978-3-89967-550-4   **29,50 €**
PREIS inkl. MwSt.

 Dieser Titel und viele mehr auch online erhältlich:
www.pabst-publishers.com

 PABST SCIENCE PUBLISHERS
Eichengrund 28
D-49525 Lengerich/Westfalen

☎ +49 (0) 5484-308 | 🖶 +49 (0) 5484-550
✉ pabst@pabst-publishers.com
🌐 www.pabst-publishers.com